JN216798

はじめての
物理数学

自然界を司る法則を数式で導く

永野裕之
Nagano Hiroyuki

SB Creative

はじめに

先生：ようこそ！「物理数学」の世界へ‼＼(^o^)／

生徒：わ！　え⁉　わたしに言ってます？

先生：そうです！　あなたです。この本を開いてくれてありがとうございます！　m(_ _)m

生徒：「物理数学」っていう単語を初めて見たのでなんだろう、って。

先生：あなたは高校生ですか？

生徒：はい。高校２年生です。

先生：確かに高校生の皆さんにとってはあまり馴染みのない言葉かもしれませんね。でも大学以降ではそう珍しくない用語なんですよ。

生徒：そうなんですね。それでこの本はどういう本なのですか？

先生：ひとことで言えば、微分積分をまったく知らない方に、微分積分を使ってニュートン力学の問題を扱う方法をお伝えする入門書です。

生徒：物理数学って微分積分のことなんですか？

先生：ふつう物理数学と言うのは、物理で用いられる数学的手法全般を指すので、ベクトル解析や群論といった分野も含みますが、本書では微分積分に限っています。

生徒：こんなこと聞いちゃ失礼ですけど、あなたは何者ですか？

先生：私は普段、数学塾の塾長をしています。

生徒：物理の先生ってわけじゃないんですね。

先生：はい。でも、塾では物理を教えることも少なくありませんし、そもそも大学は地球惑星物理学科という学部を卒業したので専門はむしろ物理のほうが近いです。

生徒：そうですか……。ちなみにどうしてこういうタイトルの本を書こうと思ったんですか？　微分積分を教える本なら「微分積分」とつければいいし、物理を教える本なら単に「物理」でいいですよね。

先生：そのお話をする前に……あなたは物理に対してどんな印象を持っていますか？

生徒：どんなって……。まだあんまり勉強してないのでよくわかりませんが、公式に当てはめて答えを出す印象はあります。

先生：私も高校で物理を習い始めた当初は、もともとあった自然現象を数式で表現するとこういう公式になりますよ、ということを覚えるのが物理だと思っていました。

生徒：違うんですか？

先生：全然違います！　微分積分を使って考えると、教科書に神出鬼没に登場するたくさんの公式は数学的に繋がっていることがわかります。数学の中に自然界を司る法則を発見することができるのです！　自然界はたまたま公式どおりになっているわけではありません。

生徒：(・・？　でも、自然界は公式どおりなんですよね？

先生：結果的にはそうですが、歴史でもたとえば「桜田門外の変」をただ「こんなことがありました」と教えられるのと、事件に至るまでの伏線や物語を知ることで「桜田門外の変」が起きた理由を理解するのとでは全然理解度や学習の深さが違うでしょう？

生徒：まあ、それはそうですね。

先生：私はあなたと同じ高校２年生のときに、幸運にも微分積分を使って物理を扱う方法を教えてもらえる機会がありました。白い紙と鉛筆を使って自らの手で自然法則（公式）が導けることに興奮したものです。森羅万象の中心に美しい理論が存在することを知ったときの感動は今でもはっきりと憶えています。

生徒：興奮って……。(*￣0￣*)

先生：高校生の頃は一番自意識過剰な時期でもありますから、まるで自分がニュートンと並び立ったような気さえしました。(^_-)-☆

生徒：（さすがにそれは言い過ぎでしょ！　笑）。

先生：微分積分を通して物理を考える恩恵は他にもあるんですよ。

生徒：なんですか？

先生：数学ができるようになる、ということです。

生徒：物理を勉強すると数学ができるようになる、ってことですか？

先生：数IIB、数IIIと進んでいくと高校の数学も高度になってきて、計算はどんどん複雑になっていきます。何行にもわたる数式変形をやっていると「あれ？　この計算は何をやっていたんだっけ？」という気持ちになりませんか？

生徒：あ、その感覚はわかります。

先生：でも、物理はそういうことがありません。どんなに計算が複雑だったとしても、結果はなにかしらの現象を説明しているからです。微分積分を通して物理法則が導ける経験を積むと、得られた数式の意味を考えるようになります。これが数式を「読む」力を育てるのです。

　数学（特に微分積分）と物理は並行して学ぶことでお互いの理解を高めることができます。「物理数学」というタイトルを付けたのは、本書がこの相乗効果を狙った本であることをアピールしたいからです。

生徒：なるほど。ちなみに高校でこのまま物理を学んでいけば、先生の言われる「相乗効果」を実感できるようになりますか？

先生：なりません。

生徒：え？　ならないのですか？

先生：日本の高校では、物理を教えるときに微分積分は使わないことになっているので、物理公式の裏に潜む理論を理解したり、複雑な計算結果の意味を考えたりする機会に乏しいのです。

生徒：なぜ高校では微分積分を使わないのですか？

先生：それは……微分積分を使うには、微分積分の概念はもちろん、様々な関数についての知識等も必要でそれらが揃ってから物理を始めるのでは遅すぎる、という事情があるからだと思います。

生徒：大人の事情ってやつですね……(^_^;)

先生：とは言え、高校の数学では微分積分とは関係のない単元も学ぶために余計に時間がかかってしまう、という側面もあります。微分積分に必要な数学だけに絞ってしまえば、比較的短期間でものにすることも決して不可能ではありません。

生徒：さっき、この本は「微分積分を使ってニュートン力学の問題を扱う方法をお伝えする入門書」だと仰っていましたが、ニュートン力学ってなんですか？

先生：力学というのは、物体間に働く力と運動との関係を研究する物理学の一分野のことで、ニュートン力学というのはアインシュタインの相対性理論以前の力学のことです。要は高校の物理で学ぶ力学のことだと思ってもらってかまいません。

生徒：力学以外の単元は出てこないのですか？

先生：出てきません。紙幅に限りがあるのが最大の理由ではありますが、数学の意味をつかんでもらうための自然現象としては、力学の話題が最もイメージしやすいだろうと思いますので、あえて物理の話題はニュートン力学に絞りました。

生徒：わたし、まだ高校２年生になったばかりで微分とか積分をまったく習ってないんですけど……わたしには難しいでしょうか？

先生：大丈夫です。本書を読むのに必要な知識は数 IA の基礎的なことだけです。微分積分についてはもちろん、数Ⅱで習う三角関数や指数・対数関数、数Ｂのベクトルなどについても最も初歩のところからできるだけ丁寧に説明してありますから、その点は安心してください。

生徒：数学の成績はクラスの平均くらいなんですけど、本当にわたしでも大丈夫ですか？

先生：もちろんです。先の頁をめくってもらえればわかると思いますが、他には類書がないくらいに丁寧に解説しているつもりです。数式変形の途中で迷子にならないように、随所にガイドもつけました。

生徒：(それなら大丈夫かな……) ちなみに、この本の数学の範囲は数 III までですか？

先生：いえ、３章の「微分方程式」では少し大学の範囲にも足を踏み入れます。でも、本書を読み進めてくれた人なら、無理なく理解できるはずです。それから大学の数学にありがちな「極端な厳密さ」にはこだわりすぎないようにも気をつけました。何よりもまず微分積分を「使える」ようになることを目指しています。

生徒：そこまで言ってくれるなら、読んでみようかな。ところで、この本は高校生向けなのですか？

先生：いえ、高校生から読めるように工夫はしてありますが、大学生や社会人の方も読者対象です。

生徒：わたし、お兄ちゃんが大学２年生でいつも「大学の数学も物理もチンプンカンプン」って言ってて……。(^_^;)

先生：そういう方にも是非読んでもらいたいです。先ほども申し上げたとおり、高校の物理では微分積分を使わないのに、大学の物理の講義ではごく当たり前に微分積分を使います。これにつまずく人は少なくありません。本書はそういう方の助けになると自負しています。

生徒：じゃあ、読み終わったらお兄ちゃんにも貸してあげようかな。それからなんで社会人も読者対象なんですか？　社会人になったら数学や物理を勉強する必要なんてないですよね？

先生：いえ、学生時代は数学や物理が苦手で避けてきたものの、社会人になってから改めてその必要性を思い知る人は少なくないようですよ。

生徒：へぇ～そうですか。でもそういう人が社会人になってから克服できるものなんですか？

先生：もちろん！　学生時代にいくら数学が苦手だったとしても、社会人になってから数学がわかるようになったり楽しんだりすることは十分可能です。実際、私の塾に来てくれるサラリーマンの方、OLの方、主婦の方、仕事をリタイアされたシルバーの方々は、例外なく数学が理解できる喜びを満喫し、長年の鬱憤を晴らされています。

生徒：高校時代にわからなかったものが、そこまでわかるようになるなんて何か特別な教え方をされているのですか？

先生：私としては、特別な教え方をしているつもりはありません。むしろ、王道の勉強方法で教えているだけです。

生徒：王道の勉強方法って？

先生：つねに言葉の定義と原理原則から出発して、飛躍のないように論を積み重ね、結論を導くというスタイルで勉強を進めることです。

生徒：ふ～ん。なんだかとても難しそうですけど……？

先生：いえいえ。ものごとは定義や原理原則を疎かにすればするほどわかりにくくなるものなのですよ。それに、私はプロの教師としてこれまで20年以上いろいろな生徒さんを個別指導してきました。初学者が躓きやすいところはよく知っているつもりなので、「難所」は特に丁寧にフォローしながら授業を進めています。結果として、生徒さんからは「どうして、わたしのわからないところがわかるんですか⁉」って驚かれることもあります。(^_-)-☆

生徒：数学や物理を学ぶのに年齢制限はない、ってことですか？

先生：そのとおりです！　私は数学や物理というのは生涯学習に最も適した学問だと思っています。紙と鉛筆と参考書があれば、それぞれのレベルに合わせて、いつでも好きなときに好きなだけ学び直す（学び進める）ことができるからです。学生時代に数学が苦手だった方やすっかり忘れてしまった方にこそ、本書を通して数学と物理をともに学ぶ醍醐味を味わって頂きたいと切に願っています。

生徒：ってことは、私とお兄ちゃんが読み終わったあとは、お父さんやお母さんも読む価値があるってこと？

先生：そんなふうにご家族で読んで頂けたら、まさに著者としては本望です。

　本書には私がふだん塾で行っている授業の様子がそのまま再現されています。それは、数学や物理を学ぶ王道の勉強法であると同時に、ものごとがわかるようになるための最短・最適の方法です。たとえ幾つになられても、これを身に着けていただくことが人生にもたらす恩恵は計り知れないでしょう！

生徒：確かに。それに今の話をすれば、お小遣いを使わなくてもこの本は買ってもらえそうだし（笑）。とにかくまずは読んでみます。

先生：ありがとうございます！　本書は各節のおわりに「質問コーナー」を設けてあるので、そこでまた会いましょう。(^_-)-☆

はじめての物理数学

目次

第1章

微分

1-1　微分係数

「限りなく近づく値」それが微分・積分のはじまり

■瞬間を捉えるための数学

はじめに取り上げるのは、**瞬間を捉えるための数学**です。
たとえば、こんな問題があるとします。

> 最初止まっていた自動車が10秒間で100m進みました。
> この自動車の速度を求めなさい。

小学生ならこう言うかもしれません。
「そんなの簡単だよ。速度は距離 ÷ 時間だから、

$$\frac{100}{10} = 10 \quad [\text{m/秒}]$$

で、秒速10mでしょ」

しかし、問題文には「最初止まっていた」とあるので、自動車は止まっている状態から加速をして10秒間で100m進んだと考えられます。速度は刻一刻と変化したはずですから、「速度」と一口に言ってもどの瞬間の速度を求めるかで、答えは変わってきます。では、この小学生が「距離 ÷ 時間」で計算した「秒速10m」は何を求めたことになるのでしょうか？

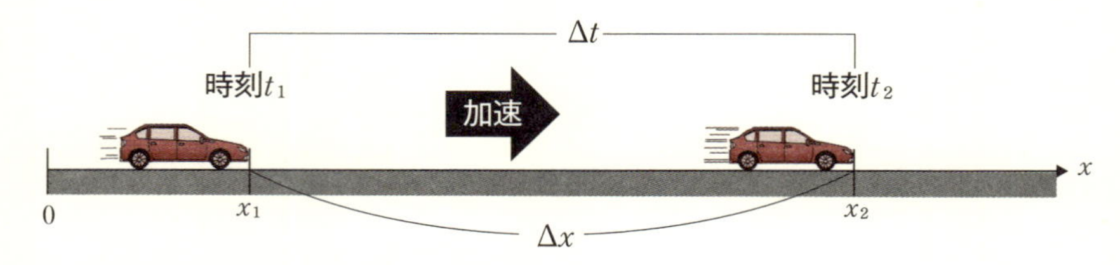

図1-1 ●速度は一定ではなく、加速している

図1-1のように、x軸に沿って加速度運動をする物体が時刻t_1から時刻t_2の間にx_1からx_2まで移動した場合、「距離 ÷ 時間」を計算すると、時刻t_1から時刻t_2まで**ずっと同じ速度で走ったと考えた場合の速度**、すなわち**平均の速度**が求まります。平均の速度を$\overline{v}$で表せば

$$\overline{v}=\frac{x_2-x_1}{t_2-t_1} \tag{1-1}$$

です。

冒頭の小学生が求めたのは、時刻0[秒]から時刻10[秒]の間の平均の速度でした。

(1-1)は、x_2-x_1をΔx、t_2-t_1をΔtと表せば、

$$\overline{v}=\frac{\Delta x}{\Delta t} \tag{1-2}$$

となります。

(注) $\overline{v}$（vバーと読みます）のように、文字（変数）の上に「−」を付けて**平均**を表したり、Δx（デルタxと読みます）のように文字（変数）の前に「Δ」を付けて**変化分**を表したりするのは、数学や物理では一般的です。本書でもこれらの記号は使っていきたいと思いますので慣れてください。

加速する物体の運動を横軸に時刻t、縦軸に位置xを取ったグラフ（***x-t*** **グラフ**と言います）で表すと曲線になります（次頁図1-2）。

このグラフ上に2点$P_1(t_1, x_1)$、$P_2(t_2, x_2)$をとると(1-1)や(1-2)で表される平均の速度$\overline{v}$は、**直線P_1P_2の傾き**になります（次頁図1-3）。

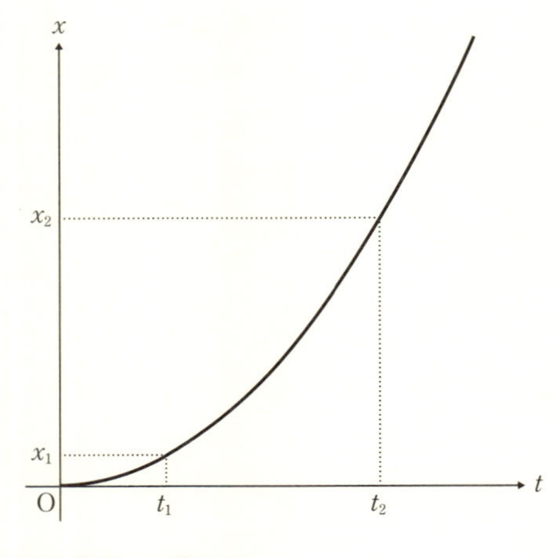

図 1-2 ● x-t グラフ

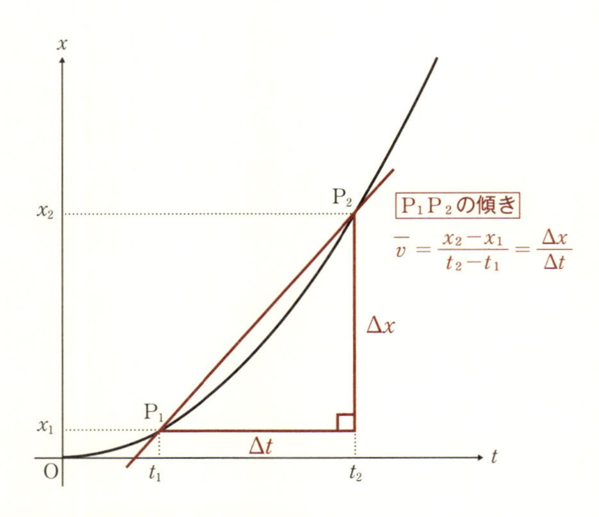

図 1-3 ● 平均速度 $\overline{v}$ は直線 P_1P_2 の傾き

前フリが長くなってしまいましたが、ここからが本題です。(^_^;)

加速をする運動においても平均の速度は、小学校から馴染みのある「距

離 ÷ 時間」で求めることができますが、ある時刻の**瞬間の速度**を求めるにはどうしたらいいでしょうか？

刻一刻と速度が変化する運動（加速のある運動）において、瞬間の速度を求めるためには、**極限**と**微分係数**という数学を用意する必要があります。

まずは極限から説明します。

■極限

関数 $f(x)$ が

$$f(x)=\frac{1}{x}$$

であるとき、x の値を限りなく大きくしていくと、$f(x)$ は限りなく 0 に近づいていきます。このことは下のグラフ（図 1-4）からも明らかですね。

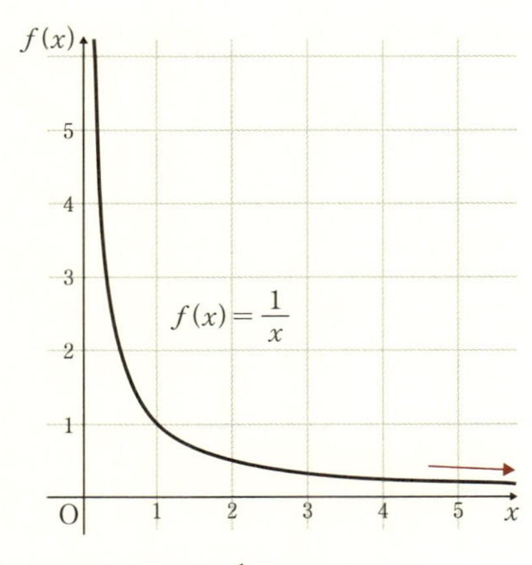

図 1-4 ● $f(x)=\frac{1}{x}$ のグラフ

このことを数学では

$$\lim_{x\to\infty} f(x)=\lim_{x\to\infty}\frac{1}{x}=0 \tag{1-3}$$

と表し、0 を **$x\to\infty$ のときの関数 $f(x)$ の極限値**または**極限**と言います。

また、同じ$f(x)$でxの値を1に限りなく近づけると、$f(x)$は限りなく1に近づいていきます（図1-5）。

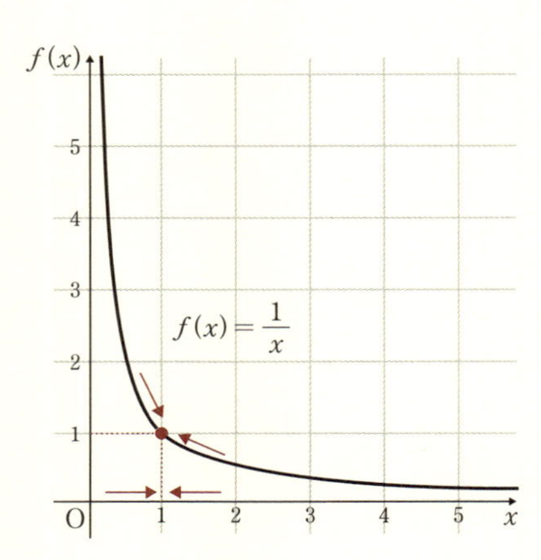

図1-5 ● $f(x)=\dfrac{1}{x}$ の $x=1$ における極限

このことは

$$\lim_{x\to 1} f(x) = \lim_{x\to 1}\frac{1}{x} = 0 \qquad (1\text{-}4)$$

と書きます。1は$x\to 1$のときの関数$f(x)$の極限（値）です。

なお、(1-3) や (1-4) のように$f(x)$の極限（値）が一定の値であるとき、$f(x)$は**収束**するといいます。

ところで (1-3) と (1-4) を並べて書くと、

「(1-4) の『＝』はいいけど、(1-3) の『＝』は、本当は『≒』でしょ？」

と訝（いぶか）しむ人が少なくありません。気持ちはよくわかります。確かに、$\dfrac{1}{x}$のxをいくら大きくしても絶対に0になることはありません。

でもやっぱり間違いなく「＝」でいいんです。

ここは多くの人が勘違いしているところなので、よく聞いてください。

$$\lim_{x\to\infty}\frac{1}{x}=0$$

は**全体で「x を限りなく大きくすると、$\frac{1}{x}$ は限りなく 0 に近づく」ということを意味する表現**なのです。決して「x を限りなく大きくすると、$\frac{1}{x}$ ＝0 になる」という意味ではありません。

同じく

$$\lim_{x\to 1}\frac{1}{x}=1$$

も「x を限りなく 1 に近づけると、$\frac{1}{x}$ は限りなく 1 に近づく」という意味であり、「$\frac{1}{x}$ の x に 1 を代入すると 1 になる」という意味ではないことに注意してください。

（くどいようですが）関数 $f(x)$ の**極限（値）**というのは、あくまで「**限りなく近づく値**」であり、$x\to\alpha$ のときの $f(x)$ の極限（値）と $f(\alpha)$ が等しくなることがあるかどうかは別問題です（次頁の注参照）。

ここまでをまとめておきましょう。

関数の極限

「関数 $f(x)$ において、変数 x が α と異なる値をとりながら、限りなく α に近づくとき、それに応じて $f(x)$ の値が一定の値 p に限りなく近づく」ことを

$$\lim_{x\to\alpha}f(x)=p$$

と表現し、p を $x\to\alpha$ のときの $f(x)$ の**極限（値）**という。

またこのとき、$f(x)$ は p に**収束**するという。

(注) たとえば

$$f(x)=\begin{cases}x^2 & [x\neq 0]\\ 3 & [x=0]\end{cases}$$

という関数があるとき、

$$\lim_{x\to 0}f(x)=0、\quad f(0)=3$$

なので、$x\to 0$ のときの $f(x)$ の極限と $f(0)$ は一致しません。

このとき $f(x)$ は $x=0$ で不連続です（図 1-6）。

ちなみに

$$\lim_{x\to a}f(x)=f(a)$$

が成立することは、すなわち x を限りなく a に近づけたときの $f(x)$ の極限と $f(a)$ [$f(x)$ の x に a を代入した値] が等しいことは、**$x=a$ で $f(x)$ が連続である**（$x=a$ でグラフが繋がっている）ための条件です（後で詳述します→ p.175）。

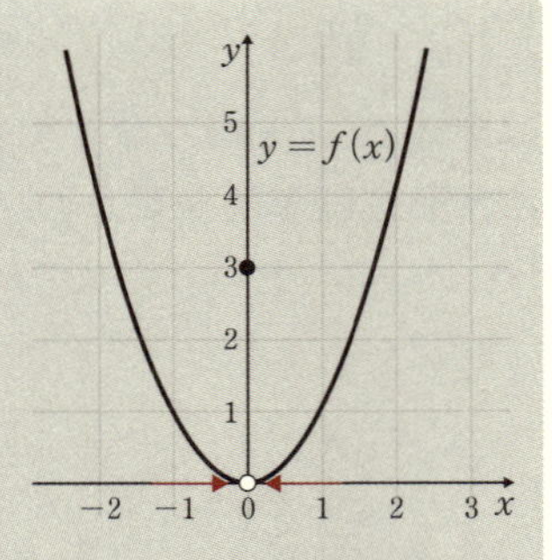

図 1-6 ● $f(x)$ は $x=0$ で不連続

$\lim_{x\to a}f(x)$ と $\lim_{x\to a}g(x)$ が有限確定値に収束するとき、次の性質が成り立ちます。

極限の性質

(i) $\lim_{x\to a}\{kf(x)+lg(x)\}=k\lim_{x\to a}f(x)+l\lim_{x\to a}g(x)$ [k, lは定数]

(ii) $\lim_{x\to a}f(x)g(x)=\lim_{x\to a}f(x)\lim_{x\to a}g(x)$

(iii) $\lim_{x\to a}g(x)\neq 0$のとき

$$\lim_{x\to a}\frac{f(x)}{g(x)}=\frac{\lim_{x\to a}f(x)}{\lim_{x\to a}g(x)}$$

(注) これらの性質は今後、極限に関する計算を行う際には随所で使います。厳密な証明には大学で学ぶいわゆる **ε - δ 論法**（イプシロンデルタ）が必要ですが、ここでは割愛します。m(_ _)m

例） $\lim_{x \to a} f(x) = 2$、$\lim_{x \to a} g(x) = 3$ のとき、

(i) $\lim_{x \to a}\{4f(x)+5g(x)\} = 4\lim_{x \to a} f(x) + 5\lim_{x \to a} g(x) = 4 \cdot 2 + 5 \cdot 3 = 23$

(ii) $\lim_{x \to a} f(x)g(x) = \lim_{x \to a} f(x) \lim_{x \to a} g(x) = 2 \cdot 3 = 6$

(iii) $\lim_{x \to a} \dfrac{f(x)}{g(x)} = \dfrac{\lim_{x \to a} f(x)}{\lim_{x \to a} g(x)} = \dfrac{2}{3}$

■「$\dfrac{0}{0}$」型の極限の求め方

ここからは実践的なお話をします。(^_-)- ☆

たとえば、

$$f(x) = \frac{x^2-1}{x-1}$$

という関数 $f(x)$ の、$x \to 1$ のときの極限、すなわち

$$\lim_{x \to 1} f(x) = \lim_{x \to 1} \frac{x^2-1}{x-1}$$

を考えてみましょう。$f(x)$ のグラフを書いてみると、

$$f(x) = \frac{x^2-1}{x-1} = \frac{(x-1)(x+1)}{x-1} = x+1 \quad [x \neq 1]$$

であることから、次頁の図 1-7 のようになります。ただし、この関数は $x=1$ のとき分母が 0 になってしまうので、$x=1$ では定義されない（グラフが途切れる）ことに注意してください。

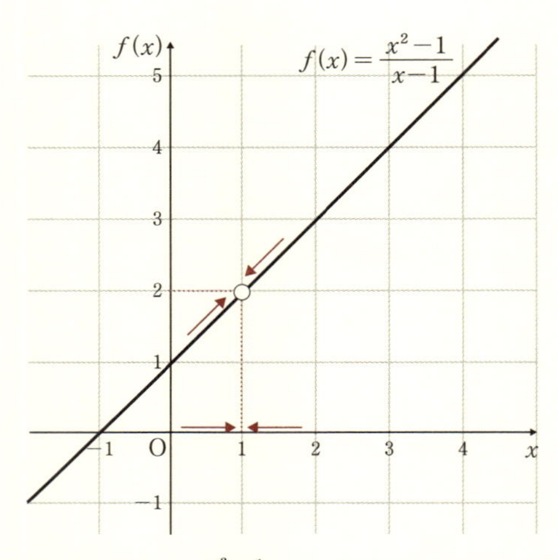

図 1-7 ● $f(x)=\dfrac{x^2-1}{x-1}$ **は** $x=1$ **で定義できない**

$f(x)$ は $x=1$ では定義されないものの、$x\to1$ のとき $f(x)$ が 2 に近づくことは明らかなので

$$\lim_{x\to1}f(x)=\lim_{x\to1}\frac{x^2-1}{x-1}$$

$$=\lim_{x\to1}\frac{(x-1)(x+1)}{x-1}$$

$$=\lim_{x\to1}(x+1)=2$$

です。

私は、$f(\alpha)=g(\alpha)=0$ のとき、$\displaystyle\lim_{x\to\alpha}\frac{f(x)}{g(x)}$ を勝手に「$\dfrac{0}{0}$」**型の極限**と呼んでいますが、「$\dfrac{0}{0}$」**型の極限**が収束するとき、その極限は今の計算と同じように次の手順で求めることができます。

「$\frac{0}{0}$」型の極限の求め方

$f(\alpha)=g(\alpha)=0$ のとき、$\lim_{x \to \alpha} \frac{f(x)}{g(x)}$ を求める手順

（i）**分母→0にする要因を消去（多くは約分）**

（ii）**$x \to \alpha$ のときの極限値を求める**

例）

約分　$x \to 0$

$$\lim_{x \to 0} \frac{x^2+3x}{x} = \lim_{x \to 0}(x+3) = 0+3 = 3$$

$$\lim_{x \to 1} \frac{\sqrt{x+1}-\sqrt{2}}{x-1} = \lim_{x \to 1} \frac{\sqrt{x+1}-\sqrt{2}}{x-1} \times \frac{\sqrt{x+1}+\sqrt{2}}{\sqrt{x+1}+\sqrt{2}}$$

$(p-q)(p+q)$
$=p^2-q^2$

$$= \lim_{x \to 1} \frac{\left(\sqrt{x+1}\right)^2-2}{(x-1)\left(\sqrt{x+1}+2\right)}$$

$$= \lim_{x \to 1} \frac{x-1}{(x-1)\left(\sqrt{x+1}+\sqrt{2}\right)}$$

約分　$x \to 1$

$$= \lim_{x \to 1} \frac{1}{\sqrt{x+1}+\sqrt{2}} = \frac{1}{\sqrt{1+1}+\sqrt{2}}$$

$$= \frac{\mathbf{1}}{\mathbf{2\sqrt{2}}}$$

極限の理解が進んだところで、次は微分係数の解説に入りたいと思いますが、後で詳述するとおり、微分係数は平均変化率の極限なので、まずは平均変化率をおさらいしておきます。(^_-)- ☆

■平均変化率

「平均変化率」とは、中学数学でいう「変化の割合」のことです。
$y=f(x)$ のとき

$$\text{平均変化率（変化の割合）} = \frac{y\text{の変化分}}{x\text{の変化分}}$$

でしたね。xの変化分をΔx、yの変化分をΔyと書けば

$$\textbf{平均変化率} = \frac{\Delta y}{\Delta x} \tag{1-5}$$

です。たとえば$y=x^2$のとき、xが1から3まで変化した場合、

x	1	→	3
y	1	→	9

となるので

$$\text{平均変化率} = \frac{\Delta y}{\Delta x} = \frac{9-1}{3-1} = \frac{8}{2} = 4$$

となります。

平均変化率は図1-8のように**２点を結ぶ直線の傾き**になります。

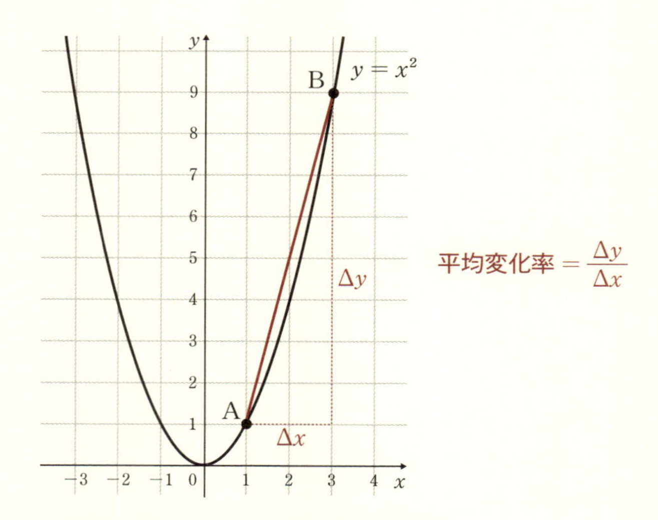

図1-8 ●平均変化率は２点を結ぶ直線の傾き

もうお気づきだとは思いますが、p.3の「平均の速度」とは物体の位置xを時刻tの関数[$x=f(t)$]と捉えたときの、平均変化率に他なりません。

平均変化率を一般化しておきます。

$y=f(x)$ のとき x が a から b まで変化した場合

x	a	→	b
y	$f(a)$	→	$f(b)$

となるので (1-5) より

$$平均変化率=\frac{\Delta y}{\Delta x}=\frac{f(b)-f(a)}{b-a} \tag{1-6}$$

です。このとき**平均変化率は2点 A $(a, f(a))$、B $(b, f(b))$ を結ぶ直線の傾き**になります。

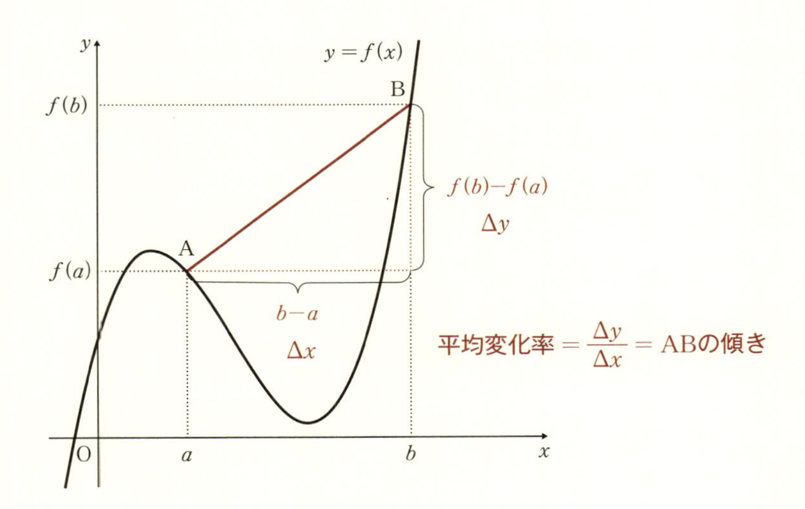

平均変化率の定義

$y=f(x)$ において x が a から b まで変化するとき、

$$平均変化率=\frac{\Delta y}{\Delta x}=\frac{f(b)-f(a)}{b-a}$$

物理への展開……瞬間の速度

■微分係数

「距離 ÷ 時間」で求めることができる平均の速度は、位置を時間の関数と捉えたときの平均変化率であることはわかってもらえたと思います。では、ある時刻の瞬間の速度を求めるにはどうしたらいいのでしょうか？

p.2の図1-1のように、x 軸に沿って加速度運動をする物体について、時刻 t_1 と時刻 t_2 の差が大きいとき、(1-1) で求められる平均の速度は、時刻 t_1 での瞬間の速度とはだいぶ違う値になるでしょう。でも、たとえば最初から10秒後〜10.1秒後の平均の速度と、ちょうど10秒後の瞬間の速度はほとんど変わらないはずですよね。一般に時刻 t_1 と時刻 t_2 の差が小さければ、(1-1) で求められる平均の速度と時刻 t_1 での瞬間の速度は近い値になります。**t_2 を限りなく t_1 に近づけると、(1-1) で求められる平均の速度は時刻 t_1 での瞬間の速度に限りなく近づくことは明らかです。**

さあ、既に学んだ極限を使ってこのことを数式で表してみましょう。$t_2 \to t_1$ にしたとき、平均の速度が限りなく近づく値（極限値）が瞬間の速度ですから、

$$\lim_{t_2 \to t_1}(\text{平均の速度}) = \text{瞬間の速度}$$

と書けます。平均の速度を $\overline{v}$ 、瞬間の速度を v_1 で表すと

$$\Rightarrow \quad \lim_{t_2 \to t_1} \overline{v} = v_1$$

ですね。(1-1) より

$$\Rightarrow \quad \lim_{t_2 \to t_1} \frac{x_2 - x_1}{t_2 - t_1} = v_1 \tag{1-7}$$

となります。

また平均の速度を (1-2) のように表すと、$t_2 \to t_1$ にしたとき $\Delta t \to 0$ となるので、(1-7) は

$$\lim_{\Delta t \to 0} \frac{\Delta x}{\Delta t} = v_1 \tag{1-8}$$

と表すこともできます。

ところで、時刻 t_1 から時刻 t_2 までの平均の速度は、x-t グラフ上では2点 $P_1(t_1, x_1)$、$P_2(t_2, x_2)$ を通る直線 P_1P_2 の傾きを表すのでしたね (p.4)。図1-9からもわかるとおり、t_2 を限りなく t_1 に近づけると直線 P_1P_2 は t_1 **での接線に限りなく近づきます**。

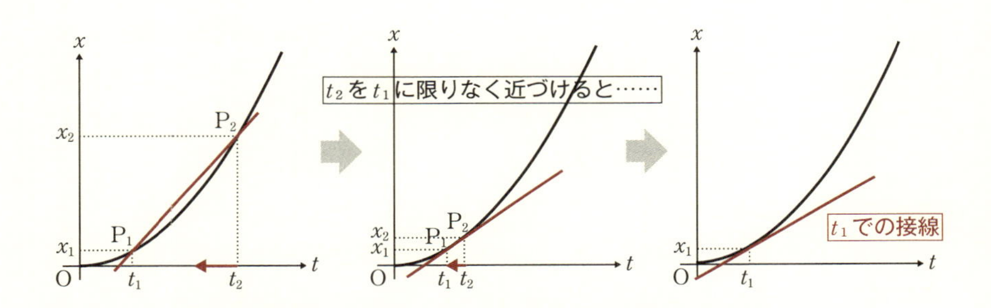

図 1-9 ● t_2 を t_1 に限りなく近づけると、直線 P_1P_2 は t_1 での接線に限りなく近づく

つまり

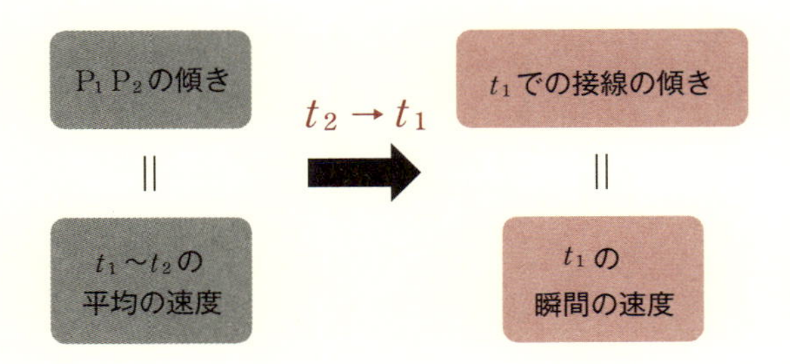

です。

結局、**瞬間の速度とは、平均の速度の極限値であり、x-t グラフの接線の傾きです**。

数学では一般に、関数 $y=f(x)$ の平均変化率（1-6）において、a の値を定め、b を a に限りなく近づけるとき、（1-6）の極限値がある一定の値 α である場合、この値 α を $f(x)$ の **$x=a$ における微分係数**（differential coefficient）といい、**$f'(a)$** と書きます。式で書けば

$$\boldsymbol{f'(a)=\lim_{b\to a}\frac{f(b)-f(a)}{b-a}} \tag{1-9}$$

です。

ここで $b=a+h$ とおけば、$b-a=h$ であり、$b\to a$ のとき $h\to 0$ なので、（1-9）は

$$\boldsymbol{f'(a)=\lim_{h\to 0}\frac{f(a+h)-f(a)}{h}} \tag{1-10}$$

と書くこともできます。

A $(a, f(a))$、B $(b, f(b))$ のとき、平均変化率は直線 AB の傾きを表しますから、$b\to a$ の極限値である**微分係数 $f'(a)$** は **$y=f(x)$ のグラフ上の $x=a$ における接線の傾き**を表します。

以上をまとめておきましょう。

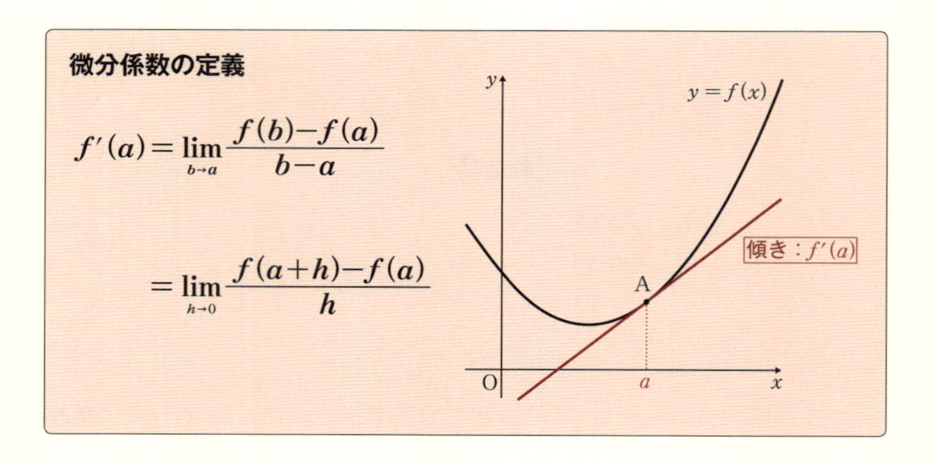

例） $f(x)=2x^2+x$ の $x=1$ における微分係数 $f'(1)$ を求めましょう。
ここでは (1-10) を使って計算してみます。

$$f'(1)=\lim_{h\to 0}\frac{f(1+h)-f(1)}{h}$$

← $\frac{0}{0}$ 型

$$=\lim_{h\to 0}\frac{\{2(1+h)^2+(1+h)\}-(2\cdot 1^2+1)}{h}$$

$(p+q)^2$
$=p^2+2pq+q^2$

$$=\lim_{h\to 0}\frac{\{2(1+2h+h^2)+(1+h)\}-(2+1)}{h}$$

$$=\lim_{h\to 0}\frac{(2h^2+5h+3)-3}{h}$$

$$=\lim_{h\to 0}\frac{2h^2+5h}{h}$$

約分

$$=\lim_{h\to 0}(2h+5)$$

$h\to 0$

$$=\mathbf{5}$$

（注） (1-9) を使うと次のように計算できます。

$$f'(1)=\lim_{b\to 1}\frac{f(b)-f(1)}{b-1}=\lim_{b\to 1}\frac{\{2b^2+b\}-(2\cdot 1^2+1)}{b-1}$$

$$=\lim_{b\to 1}\frac{2(b^2-1^2)+(b-1)}{b-1}$$

$$=\lim_{b\to 1}\frac{2(b+1)(b-1)+(b-1)}{b-1}$$

$$=\lim_{b\to 1}\{2(b+1)+1\}=5$$

入試問題に挑戦

ここまでの理解をもとに次の入試問題をやってみましょう。

問題１ センター試験

まっすぐな道路上で信号待ちをしていた自動車が、青信号で発進した。その後の時間と進んだ距離との関係を図に示してある。

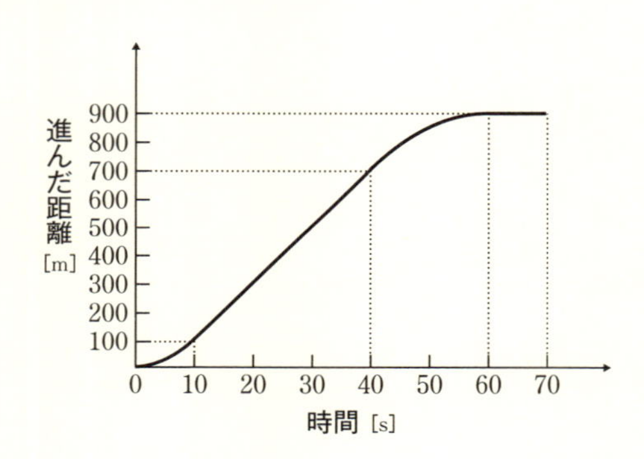

(1) 発進後60秒間の自動車の平均の速さはいくらか。次の①〜④のうちから正しいものを１つ選べ。［ 1 ］m/s

① 10　② 15　③ 20　④ 25

(2) 速さの最大値はいくらか。次の①〜④のうちから正しいものを１つ選べ。
［ 2 ］m/s

① 10　② 15　③ 20　④ 25

◇ 解説

問題に与えられたグラフは縦軸が「進んだ距離」、横軸が「時間」なのでいわゆる「x-t グラフ」です。平均の速度はグラフ上の２点を結ぶ直線の傾き、瞬間の速度はグラフの接線の傾きでしたね。

❖ 解答

(1)　0秒（原点）と60秒の点を結んだ直線の傾きを求めます。

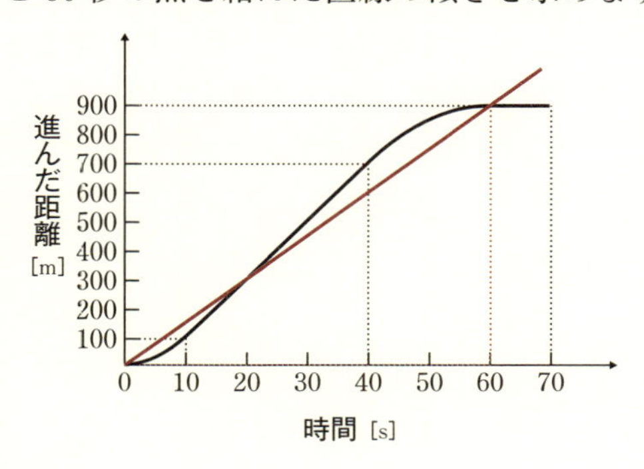

$$\frac{900}{60}=\mathbf{15}\quad [\mathrm{m/s}]$$　よって答えは②

(2)　接線の傾きが最大のところを探します。

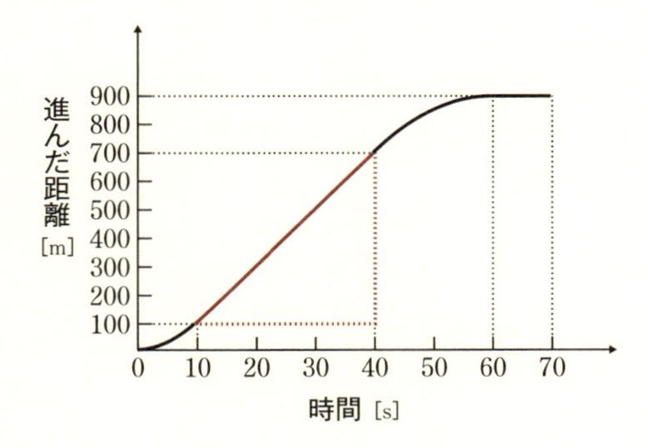

グラフを見ると10秒から40秒までの30秒間が最も傾きが大きく、速度はこの間に最大になっていると考えられます。10秒から40秒まではグラフがほぼ直線なので、この間の速度はほぼ一定で、「瞬間の速度＝平均の速度」です。つまり、求める速さの最大値は

$$\frac{700-100}{40-10}=\frac{600}{30}=\mathbf{20}\quad [\mathrm{m/s}]$$、よって答えは③

質問コーナー

生徒●「限りなく近づく値」が極限値で、平均変化率で b を a に限りなく近づけたときの極限値のことを、微分係数と呼ぶこともわかりました。でも、そもそもなんで「限りなく近づく」なんてまだるっこしい言い方をするんですか？ (・_・?

先生●それは、平均変化率

$$\frac{f(b)-f(a)}{b-a}$$

の分母を０にするわけにはいかないからです。

生徒●あ、「０で割ってはいけない」ってやつですね！

先生●そうです。

生徒●そもそも何で０で割ってはいけないのですか？

先生●０で割ることを許して、たとえば、

$$3\times2=6 \quad\Rightarrow\quad 3=6\div2$$

と同じように変形しようとすると、

$$1\times0=0 \quad\Rightarrow\quad 1=0\div0$$
$$2\times0=0 \quad\Rightarrow\quad 2=0\div0$$
$$3\times0=0 \quad\Rightarrow\quad 3=0\div0$$
$$\cdots\cdots \qquad\qquad \cdots\cdots$$

となって、

$$1=2=3=\cdots\cdots=0\div0$$

という明らかに理不尽な結果が得られます。このように、０で割ることを許すと数学はあっちこっちで不合理な結果を導いてしまうのです。

法律で覚せい剤を使うことが禁止されているのは、覚せい剤を使うと、人間が壊れてしまうことがわかっているからですが、同じよ

うに、数学で0で割ることを禁止しているのは、**0で割ることを許すと数学が壊れる**（論理が破綻する）ことがわかっているからです。

生徒●……子どもを心配して先回りする親心みたいなもんですね。(*￣0￣*)

でも、やっぱり「限りなく近づく値」っていうのは曖昧な感じがして気持ち悪いです……。(>_<)

先生●よくわかります。「限りなく近づく値」に対する気持ちの悪さは極限が考えだされた当初、誰もが感じるところでした。これを解決するために生まれたのが ε（イプシロン）-δ（デルタ）論法です。大学で学びますので、楽しみにしていてください。(^_-)-☆

いずれにしても、そこに到達できるかどうかにかかわらず「限りなく近づく値」を数学に持ち込むことで、**微分・積分という数学史上おそらく最強のツール**を人類が手に入れたということ、そしてそれによって物理学をはじめ、ありとあらゆる自然科学が飛躍的に発展したことは間違いありません。

物理学に使う数学を学ぶなかで、あなたにも是非これを実感してもらいたいと思います。

1-2　導関数

“原因”、そして、“原因”の“原因”まで捉える

■導関数

前節で、**微分係数 $f'(a)$ は $y=f(x)$ のグラフ上の $x=a$ における接線の傾きを表す**ことを学びました。

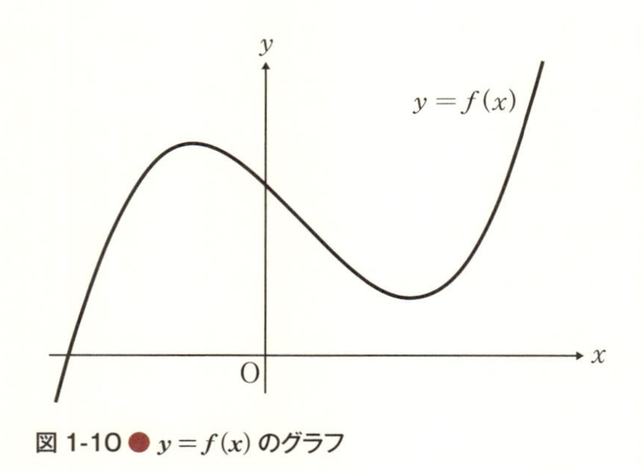

図 1-10 ● $y=f(x)$ のグラフ

今、関数 $y=f(x)$ のグラフが図 1-10 のような形をしているとき、いろいろな点で接線の傾きを求めてみると、次頁の図 1-11 のようになります。

こうしてみると、「接線の傾き＝$f'(a)$ の値」は a の値に応じてさまざまに変化することがわかります（当たり前ですね）。つまり**微分係数 $f'(a)$ は a の関数である**と考えることもできるわけです。

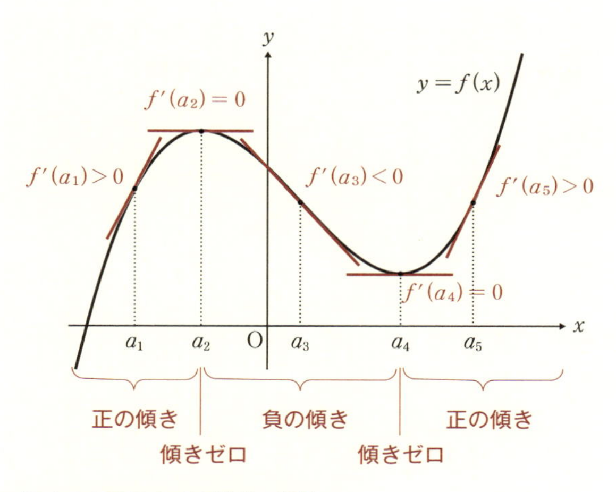

図 1-11 ●各点での接線の傾き

そこで、微分係数を接点（の x 座標）の関数として見たものを **$f'(x)$** と表し、これを **$f(x)$ の導関数**（derived function）と呼ぶことになりました。

$f'(a)$ の定義式の a を x で書き換えれば、$f'(x)$ の定義式が得られます。

$$f'(a) = \lim_{h \to 0} \frac{f(a+h) - f(a)}{h} \tag{1-10}$$

$$\boldsymbol{f'(x) = \lim_{h \to 0} \frac{f(x+h) - f(x)}{h}} \tag{1-11}$$

導関数の定義

関数 $f(x)$ に対し

$$\boldsymbol{f'(x) = \lim_{h \to 0} \frac{f(x+h) - f(x)}{h}}$$

で定められる関数 $f'(x)$ を $f(x)$ の**導関数**という。

(注) もうひとつの $f'(a)$ の定義式 (1-9) を使うと

$$f'(a)=\lim_{b\to a}\frac{f(b)-f(a)}{b-a} \quad \to \quad f'(x)=\lim_{b\to x}\frac{f(b)-f(x)}{b-x}$$

となりますが、$f'(x)$ の定義式は (1-11) を使うほうが一般的です。

■増減表とグラフの描き方

ふたたび図 1-11 のグラフをみると、

接点のx座標がa_2より小さいとき、接線の傾きは正
接点のx座標がa_2のとき、接線の傾きはゼロ
接点のx座標がa_2とa_4の間にあるとき、接線の傾きは負
接点のx座標がa_4のとき、接線の傾きはゼロ
接点のx座標がa_4より大きいとき、接線の傾きは正

であることがわかります。これを、表にまとめてみましょう。

表 1-1 ●増減表

x	……	a_2	……	a_4	……
$f'(x)$	+	0	−	0	+
$f(x)$	↗	$f(a_2)$	↘	$f(a_4)$	↗

表の中の「↗」は**接線の傾きが正**であることを「↘」は**接線の傾きが負**であることを表しています。

接線の傾きが正⇒グラフが右肩上がり⇒関数は増加
接線の傾きが負⇒グラフが右肩下がり⇒関数は減少

なので「↗」**の区間では関数は増加**し、「↘」**の区間では関数は減少**します。

$f'(x)$ の符号を調べて、関数がどこで増加し、どこで減少するかをまとめた表 1-1 のような表のことを**増減表**と言います。

なお、表 1-1 における a_2 や a_4 のように、**その値の前後で $f'(x)$ の符号が変化するとき**（グラフはその点で山の頂上になったり、谷底になったりします）の **$f(x)$ の値を極値**（extreme value）といいます。特に $f'(x)$ の符号が＋から－に変化するときの極値を**極大値**、$f'(x)$ の符号が－から＋に変化するときの極値を**極小値**と言います。

表 1-1 の $f(x)$ の場合、

極大値：$f(a_2)$　　　極小値：$f(a_4)$

です。

例）　$f(x)=x^3-3x$

について、$f'(x)$ の符号を調べて、増減表を作ってみましょう。

$$
\begin{aligned}
f'(x) &= \lim_{h\to 0}\frac{f(x+h)-f(x)}{h} \\
&= \lim_{h\to 0}\frac{\{(x+h)^3-3(x+h)\}-(x^3-3x)}{h} \qquad (a+b)^3 = a^3+3a^2b+3ab^2+b^3 \\
&= \lim_{h\to 0}\frac{x^3+3x^2h+3xh^2+h^3-3x-3h-x^3+3x}{h} \\
&= \lim_{h\to 0}\frac{3x^2h+3xh^2+h^3-3h}{h} \qquad \leftarrow \frac{0}{0}\text{型} \\
&\qquad \text{約分} \\
&= \lim_{h\to 0}(3x^2+3xh+h^2-3) \\
&\qquad h\to 0 \\
&= 3x^2-3
\end{aligned}
$$

$$f'(x)=3x^2-3=3(x^2-1)=3(x+1)(x-1)$$

より、$y=f'(x)$ のグラフは次のとおり。

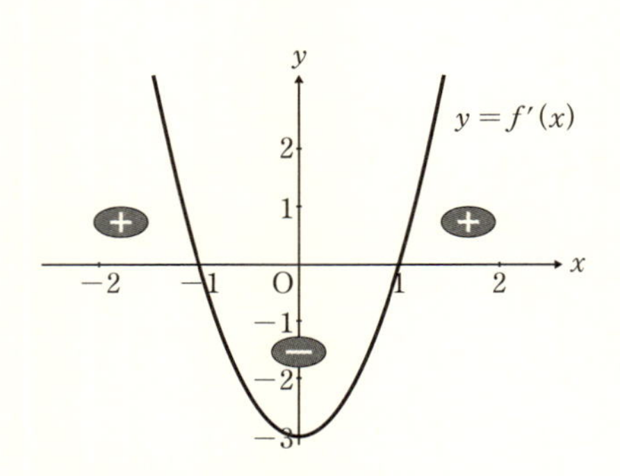

図 1-12 ● $f'(x)$ のグラフと符号変化

図 1-12 の $f'(x)$ のグラフを見ながら、増減表を書きます。

x	……	-1	……	1	……
$f'(x)$	$+$	0	$-$	0	$+$
$f(x)$	↗	2	↘	-2	↗

$f(x)=x^3-3x$

極大値：$f(-1)=(-1)^3-3\cdot(-1)=-1+3=2$
極小値：$f(1)=1^3-3\cdot 1=1-3=-2$

ちなみに、この増減表にしたがってグラフを描くと次のとおり。

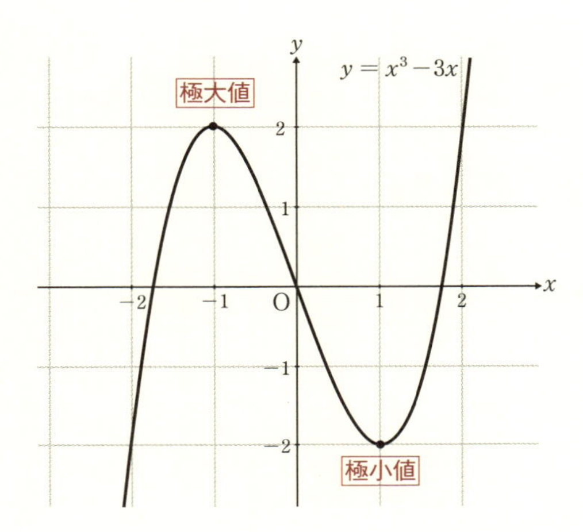

■ $f(x)=x^n$ の微分公式を求める

関数 $f(x)$ からその導関数 $f'(x)$ を求めることを、**$f(x)$ を微分する**といいます。ただし、$f(x)$ を微分しようとするときに、いつも定義に従って計算するのは面倒なので (^_^;)

$$f(x)=x^n \quad [n=1, 2, 3, \cdots\cdots] \tag{1-12}$$

の微分公式（導関数を求める公式）を導いておきましょう。

定義式（1-11）より

$$f'(x)=\lim_{h\to 0}\frac{f(x+h)-f(x)}{h}=\lim_{h\to 0}\frac{(x+h)^n-x^n}{h} \tag{1-13}$$

となりますね。ここで $(x+h)^n$ を計算するために**二項定理**と呼ばれる次の定理を使います（二項定理の詳細は本節末の『質問コーナー』を参照してください）。

二項定理

$$(a+b)^n={}_n\mathrm{C}_0\,a^n+{}_n\mathrm{C}_1\,a^{n-1}b+{}_n\mathrm{C}_2\,a^{n-2}b^2+\cdots\cdots+{}_n\mathrm{C}_n\,b^n$$

(注) ${}_n\mathrm{C}_r$ は異なる n 個から r 個取る組合せの総数を表し、

$$ {}_n\mathrm{C}_r = \frac{n!}{r!(n-r)!} $$

です。$n!$（n の階乗と言います）は

$$ n! = n \times (n-1) \times (n-2) \times \cdots\cdots \times 3 \times 2 \times 1 $$

を意味しますが、$0!=1$ と約束するので、特に ${}_n\mathrm{C}_n=1$、${}_n\mathrm{C}_0=1$ です。

二項定理より、

$$ (x+h)^n = {}_n\mathrm{C}_0 x^n + {}_n\mathrm{C}_1 x^{n-1} h + {}_n\mathrm{C}_2 x^{n-2} h^2 + \cdots\cdots + {}_n\mathrm{C}_n h^n $$

ここで、

$$ {}_n\mathrm{C}_0 = 1、{}_n\mathrm{C}_1 = n、{}_n\mathrm{C}_2 = \frac{n(n-1)}{2}、\cdots\cdots、{}_n\mathrm{C}_n = 1 $$

なので、

$$ (x+h)^n = x^n + nx^{n-1} h + \frac{n(n-1)}{2} x^{n-2} h^2 + \cdots\cdots + h^n $$

これを (1-13) に代入すると

$$ f'(x) = \lim_{h \to 0} \frac{(x+h)^n - x^n}{h} $$

$$ = \lim_{h \to 0} \frac{x^n + nx^{n-1} h + \frac{n(n-1)}{2} x^{n-2} h^2 + \cdots\cdots + h^n - x^n}{h} $$

$$ = \lim_{h \to 0} \frac{nx^{n-1} h + \frac{n(n-1)}{2} x^{n-2} h^2 + \cdots\cdots + h^n}{h} $$ ← $\frac{0}{0}$ 型

約分

$$ = \lim_{h \to 0} \left\{ nx^{n-1} + \frac{n(n-1)}{2} x^{n-2} h + \cdots\cdots + h^{n-1} \right\} $$

$h \to 0$

$$ = \boldsymbol{nx^{n-1}} \qquad (1\text{-}14) $$

▭の部分は h を含むので、$h \to 0$ のとき▭$\to 0$ です。

また、特に c を定数とするとき、定数関数

$$f(x) = c$$

の導関数は定義式（1-11）より

$$f'(x) = \lim_{h \to 0} \frac{f(x+h) - f(x)}{h}$$

$$= \lim_{h \to 0} \frac{c - c}{h}$$

$$= \lim_{h \to 0} 0$$

$$= 0 \qquad (1\text{-}15)$$

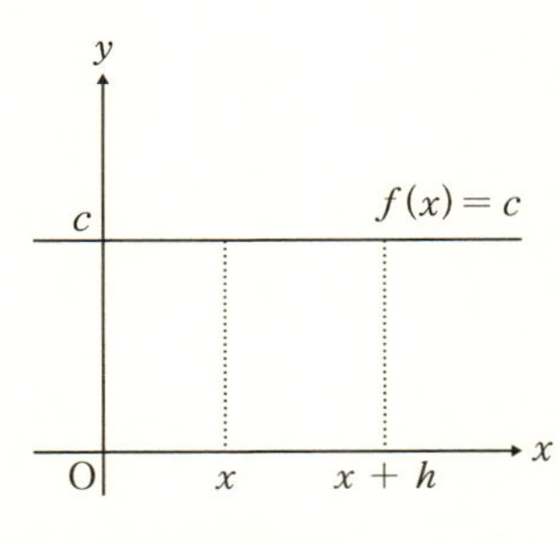

図 1-13 ●定数関数

となります（図 1-13 参照）。

関数 $f(x) = x^n$ や $f(x) = c$ の導関数は単に $(x^n)'$ や $(c)'$ と表すことがあるので、この記号を使うと（1-14）、（1-15）から次の微分公式が得られます。

関数 x^n と定数関数の微分公式

n を正の整数、c を定数とするとき

$$(x^n)' = nx^{n-1}$$

$$(c)' = 0$$

■導関数を表す記号

$y=f(x)$ の導関数を表す記号には、$f'(x)$ のほかに

$$\boldsymbol{y'}、\ \frac{\boldsymbol{dy}}{\boldsymbol{dx}}、\ \frac{\boldsymbol{d}}{\boldsymbol{dx}}\boldsymbol{f(x)}$$

なども用いられます。

ここからは余談ですが、$y=f(x)$ の導関数を $\frac{dy}{dx}$ と表すことを考えたのは、ニュートンと並んで「微積分学の父」と呼ばれる**ゴットフリート・ライプニッツ**（1646-1716）です。ライプニッツは数学以外にも、法律学、歴史学、文学、論理学、哲学などの分野において歴史に残る業績を残した18世紀を代表する知の巨人でしたが、**記号を考える天才**でもありました。

既にお話ししたように、導関数は微分係数を関数として捉えたものであり、微分係数は $\frac{\Delta y}{\Delta x}$（平均変化率）の $\Delta x \to 0$ の極限です。つまり

$$\frac{dy}{dx}=\lim_{\Delta x\to 0}\frac{\Delta y}{\Delta x}$$

なので、Δx が0に近い値であれば、

$$\frac{dy}{dx}\fallingdotseq\frac{\Delta y}{\Delta x}$$

と考えることができます。

微分で（導関数として）定義される物理量はたくさんありますが、その**物理的な意味を考えるときには、$\frac{\Delta y}{\Delta x}$ を考えるとわかりやすい**ことが少なくありません。

■導関数の性質

k, l を定数とするとき

$$I(x)=kf(x)+lg(x)$$

の導関数がどうなるかを調べておきます。p.23の定義式（1-11）より

$$I'(x)=\lim_{h\to 0}\frac{I(x+h)-I(x)}{h}$$

$$=\lim_{h\to 0}\frac{\{kf(x+h)+lg(x+h)\}-\{kf(x)+lg(x)\}}{h}$$

$$=\lim_{h\to 0}\frac{k\{f(x+h)-f(x)\}+l\{g(x+h)-g(x)\}}{h}$$

$$=\lim_{h\to 0}\left\{k\frac{f(x+h)-f(x)}{h}+l\frac{g(x+h)-g(x)}{h}\right\}$$

$$=k\lim_{h\to 0}\frac{f(x+h)-f(x)}{h}+l\lim_{h\to 0}\frac{g(x+h)-g(x)}{h}$$

$$=\boldsymbol{kf'(x)+lg'(x)}$$

極限の性質（p.8）
$\lim_{x\to a}\{kf(x)+lg(x)\}$
$=k\lim_{x\to a}f(x)+l\lim_{x\to a}g(x)$

$\lim_{h\to 0}\frac{f(x+h)-f(x)}{h}=f'(x)$、 $\lim_{h\to 0}\frac{g(x+h)-g(x)}{h}=g'(x)$

導関数の性質

k, l を定数とする。

$$\{kf(x)+lg(x)\}'=kf'(x)+lg'(x)$$

p.29 の微分公式と導関数についてのこの性質を使えば、

$$y=a_nx^n+a_{n-1}x^{n-1}+a_{n-2}x^{n-2}+\cdots\cdots+a_2x^2+a_1x+a_0$$

の形をしている関数はすべて微分できます！＼(^o^)／

例）

$$y=x^3+3x^2+2x+4$$

のとき、

$$
\begin{aligned}
y' &= (x^3+3x^2+2x+4)' \\
&= (x^3)'+3(x^2)'+2(x)'+(4)' \\
&= 3x^{3-1}+3\cdot 2x^{2-1}+2\cdot 1\cdot x^{1-1}+0 \\
&= 3x^2+6x+2
\end{aligned}
$$

$\{kf(x)+lg(x)\}'=kf'(x)+lg'(x)$

$(x^n)'=nx^{n-1}$、$(c)'=0$

$x^0=1$

（注）一般に

$$a^0=1$$

が成立します。これについては後ほど（p.279）解説します。

物理への展開……位置・速度・加速度

■微分の意味

x 軸上を動く物体の位置が t の１次関数になっている場合、すなわち

$$x = mt + n \quad [m, n\text{は定数}]$$

であるとき、

$$\frac{\Delta x}{\Delta t} = \frac{\{m(t+\Delta t)+n\}-(mt+n)}{\Delta t} = \frac{m\Delta t}{\Delta t} = m \qquad (1\text{-}16)$$

となるので、$\frac{\Delta x}{\Delta t}$ の値は Δt の取り方によらず一定です。これは x-t グラフの傾きが一定であることを意味します（図 1-14）。

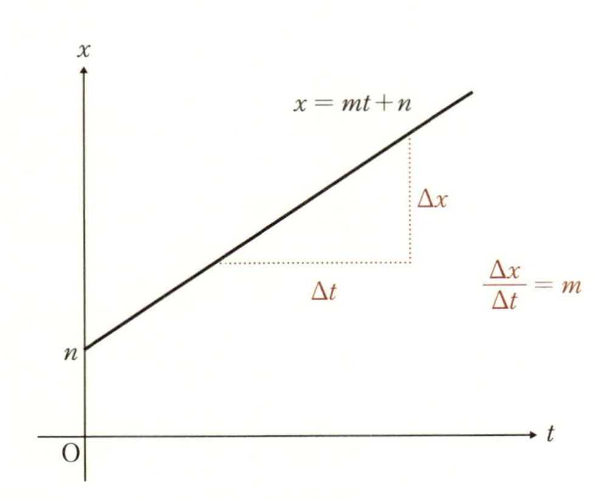

図 1-14 ● x-t グラフの傾きが一定

このようなとき、x の導関数 $\frac{dx}{dt}$ は

$$\frac{dx}{dt} = \frac{d}{dt}(mt+n) = m$$

$$\frac{d}{dt}(mt+n) = (mt)' + (n)' = m \cdot 1 \cdot t^{1-1} + 0 = mt^0 = m$$

となり、つねに

$$\frac{dx}{dt} = \frac{\Delta x}{\Delta t}$$

が成立します。**わざわざ微分を持ち出す必要はありません。**

前節で $\dfrac{\Delta x}{\Delta t}$ は平均の速度（$\overline{v}$）を表すことを学びました（p.3）。つまり（1-16）は平均の速度が Δt の取り方によらず、一定であることを示しています。**平均の速度が一定ということは、速度一定の等速運動をしているということ**なので、小学校のときから使っている「距離 ÷ 時間＝速さ」で十分でしょう。(^_-)- ☆

やはり、**微分を使う意義が感じられるのは、x が t の1次関数ではないとき、すなわち x-t グラフが曲線になるときです！**

このようなときは、$\dfrac{\Delta x}{\Delta t}$ の値は Δt の取り方によって変わってしまいますから、ある瞬間の $\dfrac{\Delta x}{\Delta t}$ の値を知るためには、$\Delta t \to 0$ における極限を考える必要があります。

たとえば、x 軸上を運動する物体の位置 x が時刻 t の2次関数として

$$x = \frac{1}{2}t^2 \tag{1-17}$$

で与えられるとき、これを微分して得られる導関数

$$\frac{dx}{dt} = \frac{1}{2} \cdot 2t = t \tag{1-18}$$

は、x-t グラフの接線の傾き（微分係数）を関数として捉えたものであり、x-t グラフの接線の傾きは瞬間の速度を表す（p.15）わけですから、**導関数 $\dfrac{dx}{dt}$ は瞬間の速度を時刻 t の関数として表したもの**と考えられます。（1-18）は（1-17）に従って運動する物体の速度を表しているわけです。

すなわち、（刻々と変化する瞬間の）速度を v と書けば

$$v = \frac{dx}{dt} \tag{1-19}$$

ですね。

■加速度と２階導関数

言うまでもなく、速度のない物体は位置を変えません。**速度は位置を変化させる原因であるとも**言えます。

言わば、導関数とは関数に「変化をもたらすもの」の正体です。実際、(1-15) でも計算したとおり、もとの関数が定数関数で値が変化しないとき、導関数は 0 でした。

微分は「微(かす)かに分ける」と書きますが、**ある関数を微分するということは結局、関数を細かく分断し、各点におけるグラフの接線の傾きを調べることを通して、関数の値に変化をもたらすものの正体をつきとめようとする計算**だと言うことができるのです。だからこそ、変化の原因が知りたいとき、私たちは微分を行ってその導関数を求めます。

位置や速度に限らず、多くの物理量は時刻 t の関数になっています。

刻一刻と変化する現象に対してその原因をつきとめようとすることは物理の基本的な姿勢なので、**ある物理量 P の導関数 $\frac{dP}{dt}$ も重要な物理量である**ということは珍しくありません。

速度 v が時刻 t の関数であるとき、これを微分して得られる導関数

$$a=\frac{dv}{dt} \tag{1-20}$$

を**加速度**といいます。

加速度は速度を変化させる「原因」であり、速度は位置を変化させる「原因」ですから、加速度は位置を変化させる「原因の原因」です。

(^_-)- ☆

(1-19) を (1-20) の v に代入して

$$a=\frac{dv}{dt}=\frac{d\left(\frac{dx}{dt}\right)}{dt}=\frac{d}{dt}\left(\frac{dx}{dt}\right)=\left(\frac{d}{dt}\right)\left(\frac{d}{dt}\right)x=\left(\frac{d}{dt}\right)^2 x=\frac{d^2x}{dt^2} \tag{1-21}$$

と書くこともできます。

位置が時刻 t の関数であるとき、位置を微分したものが速度であり、速度を微分したものが加速度ですから、**位置を２回微分したものが加速度**です。

$$a=\left(\frac{d}{dt}\right)^2 x$$

と書けば、このこと（x を 2 回微分していること）がよくわかるわけですが、この表記はやや煩雑なので、$\left(\frac{d}{dt}\right)^2 x$ は簡略化して $\frac{d^2 x}{dt^2}$ と書くことになっています。

一般に、関数 $y=f(x)$ の導関数 $f'(x)$ をさらに微分して得られる導関数を関数 $y=f(x)$ の**２階導関数**あるいは**第２次導関数**といい、記号では次のように表します。

$$f''(x)、\quad y''、\quad \frac{d^2 y}{dx^2}、\quad \frac{d^2}{dx^2}f(x)$$

(1-21) の $\frac{d^2 x}{dt^2}$ は、関数 $x=f(t)$ の 2 階導関数（第 2 次導関数）です。

位置・速度・加速度

x 軸上を動くある物体の位置 x が t の関数で与えられるとき、速度 v と加速度 a はそれぞれ次式で与えられる。

$$v=\frac{dx}{dt}、\quad a=\frac{dv}{dt}=\frac{d^2 x}{dt^2}$$

(1-17) で与えられる運動の加速度を計算してみましょう。$\frac{dx}{dt}$ には (1-18) を代入します。

$$a=\frac{d^2 x}{dt^2}=\frac{d}{dt}\left(\frac{dx}{dt}\right)=\frac{d}{dt}t=1$$

$$\frac{d}{dt}t=(t^1)'=1\cdot t^{1-1}=t^0=1$$

(1-17) で与えられる運動の位置、速度、加速度をグラフで表すと次のとおりです。

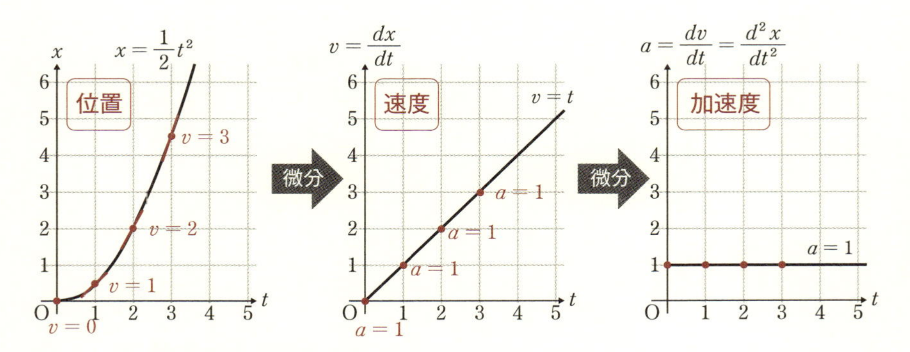

図 1-15 ●位置、速度、加速度のグラフ

入試問題に挑戦

まとめとして入試問題に挑戦しておきましょう。

問題 2 センター試験

K さんは、バスに乗って運転席の速度メーターに注目していた。バスが地点 A を出発して地点 B に到着するまでの間、速さ v [m/s] は時間 t [s] とともに図のように変化した。この間の道路は直線で、水平であった。

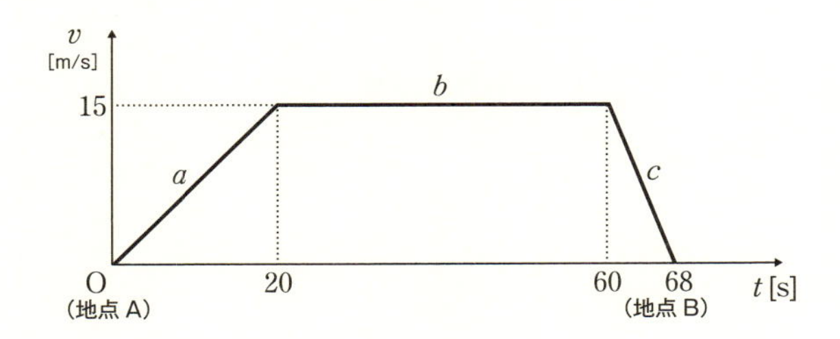

地点 A からバスが走った距離 x [m] は、時間とともにどのように変化したか。最も適当なものを、次の①～⑥のうちから 1 つ選べ。

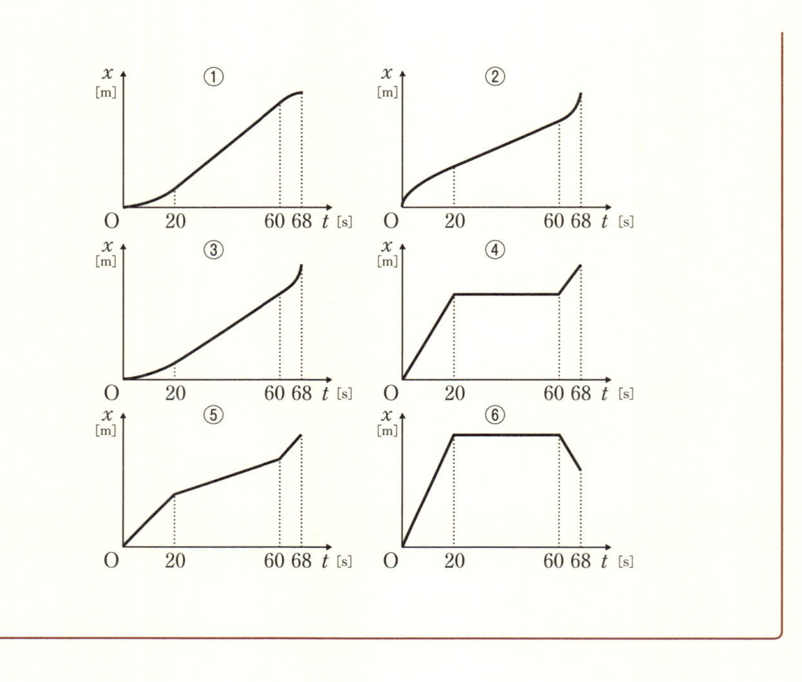

◇ 解説・解答❖

$v=\dfrac{dx}{dt}$ より速度 v は位置（移動距離）x の導関数なので、v-t グラフは「x-t グラフの接線の傾きの変化」を捉えたものです。

問題に与えられた v-t グラフは

a区間（０～20秒）：vの値が増加
b区間（20～60秒）：vの値が一定
c区間（60～68秒）：vの値が減少

となっていますね。これはすなわち

a区間（０～20秒）：x-tグラフの接線の傾きが増加
b区間（20～60秒）：x-tグラフの接線の傾きが一定
c区間（60～68秒）：x-tグラフの接線の傾きが減少

となることを意味します。

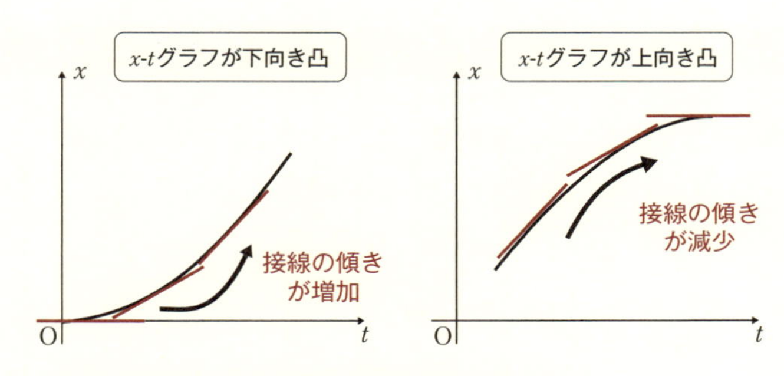

図 1-16●グラフが下向き凸なときと上向き凸なとき

図 1-16 のとおり、

「接線の傾きが増加」するのは「グラフが下向き凸」のとき
「接線の傾きが減少」するのは「グラフが上向き凸」のとき

です。また

「接線の傾きが一定」なのは「グラフが直線」のとき

です。

以上より

a区間（ 0 ～ 20秒）：x-tグラフが下向き凸
b区間（20 ～ 60秒）：x-tグラフが直線
c区間（60 ～ 68秒）：x-tグラフが上向き凸

になっているものを選択肢から選びます。**①が正解**ですね。

質問コーナー

生徒●本文中に出てくる「**二項定理**」について教えてください！

先生●はい、はい。ところで $(a+b)^3$ の展開式は知っていますか？

生徒●数Ⅰで習いました。

$$(a+b)^3=a^3+3a^2b+3ab^2+b^3$$

ですよね。

先生●そのとおりです。では $(a+b)^4$ の展開式はどうですか？

生徒●それは……知りません。(-_-;)
$(a+b)^4=(a+b)^3(a+b)$ と考えれば計算はできると思いますが……。

先生●そうですね。でも、たとえば $(a+b)^{10}$ の計算をしろ、と言われたらやる気しませんよね。

生徒●もちろん、嫌です。(*￣0￣*)

先生●一般に $(a+b)^n$ の展開式を地道な計算で求めるのは n が大きくなればなるほど非常に骨が折れます。また n に具体的な数字を入れて計算した答えから係数について一般化できる法則を導くのも簡単ではありません。そこで、視点を変えて、場合の数の考え方を使って各項の係数を求めることを考えます。

生徒●「場合の数」って、順列や組合せで何通りあるかを数える、あの「場合の数」ですか？

先生●そうです。数Ａで勉強する内容です。
では、あなたがさっき答えてくれた、$(a+b)^3$ の展開式

$$(a+b)^3=a^3+3a^2b+3ab^2+b^3$$

において、a^2b の係数が「3」である理由を場合の数的に考えてみましょう。言うまでもなく $(a+b)^3$ はこのように $(a+b)$ を３回掛けあわせたものですね？

$$(a+b)^3=(a+b)\times(a+b)\times(a+b)$$

生徒●はい。

先生●このとき、「a^2b」の項が作られるのは

右端の（　）のbと、残りの2つの（　）のaを掛ける
真ん中の（　）のbと、残りの2つの（　）のaを掛ける
左端の（　）のbと、残りの2つの（　）のaを掛ける

のいずれかの場合しかありません（図1-17）。

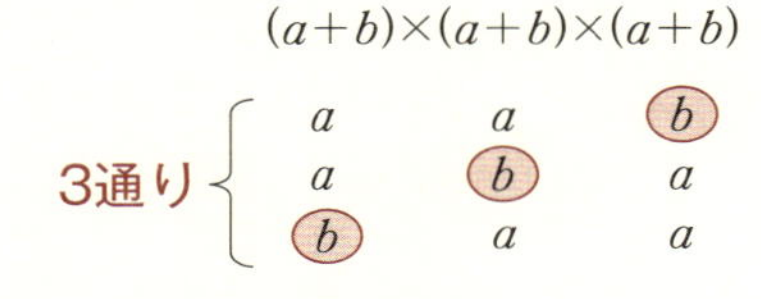

図1-17●a^2bの作り方

生徒●確かに……。

先生●以上より「a^2b」の係数が「3」である理由は、**3つの（　）からbを出す（　）を1つ選ぶ場合の数が「3」だから**と考えられます。

生徒●なるほど！　ちなみにこれは、「3つの（　）からaを出す（　）を2つ選ぶ」と考えてもいいのですか？

先生●はい。大丈夫です。ただ、二項定理ではbに注目するのが普通です。ところで、「3つから1つ選ぶ」という場合の数は順列ですか？それとも組合せですか？

生徒●選ぶだけなら、順序を考えなくていいので「組合せ」ですよね！

先生●そのとおりです。記号ではどう書くのでしたっけ？

生徒●「3つから1つ選ぶ」組合せなので${}_3C_1$です。

先生●そのとおりです。よく勉強していますね。

生徒●へへへ。

先生●結局、「a^2b」の係数が「3」であることは

$(a+b)^3$のa^2bの係数は${}_3C_1$

と書くことができます。

　では、同じように考えると、$(a+b)^5$ の a^3b^2 の係数はいくつでしょうか？

生徒● 5個の（　）の中から b を出す（　）を２つ選べばよいから……

$$ {}_5\mathrm{C}_2 = \frac{{}_5\mathrm{P}_2}{2!} = \frac{5!}{2!(5-2)!} = \frac{5!}{2!\cdot 3!} = \frac{5\times 4\times 3\times 2\times 1}{2\times 1\times 3\times 2\times 1} = 10 $$

ですか？（→次頁の注参照）

先生● ご名答！＼(^o^)／ではこれを一般化してみましょう。

生徒● 一般化……。(・_・;)

先生● いえ、ここまでくればそう難しいことではありません。$(a+b)^{100}$ の $a^{90}b^{10}$ の係数は ${}_{100}\mathrm{C}_{10}$ ですよね？　つまり

$(a+b)^n$ の、$a^{n-k}b^k$ の係数は ${}_n\mathrm{C}_k$

です！

生徒● わかりました！　これが二項定理ですか？

先生● いえ、$(a+b)^n$ の、$a^{n-k}b^k$ の係数のことは「**二項係数**」と言います。二項係数を使って、$(a+b)^n$ の展開式を表した次の式が**二項定理**です。

二項定理

$$ (a+b)^n = {}_n\mathrm{C}_0 a^n + {}_n\mathrm{C}_1 a^{n-1}b + {}_n\mathrm{C}_2 a^{n-2}b^2 + \cdots\cdots + {}_n\mathrm{C}_k a^{n-k}b^k + \cdots\cdots + {}_n\mathrm{C}_n b^n $$

（注） 数Aの復習

一般に異なる n 個から r 個を選ぶ**順列**（Permutation：選ぶ順序も考慮する場合の数）は ${}_n\mathrm{P}_r$ と書き、異なる n 個から r 個を選ぶ**組合せ**（Combination：選ぶ順序を考慮しない場合の数）は ${}_n\mathrm{C}_r$ と書く。

それぞれ**階乗**（$n!=n\times(n-1)\times(n-2)\times\cdots\cdots\times3\times2\times1$）を使って書けば次のとおり。

$$ {}_n\mathrm{P}_r=\frac{n!}{(n-r)!} \qquad {}_n\mathrm{C}_r=\frac{{}_n\mathrm{P}_r}{r!}=\frac{n!}{r!(n-r)!} $$

例）

$$ {}_4\mathrm{P}_2=\frac{4!}{(4-2)!}=\frac{4!}{2!}=\frac{4\times3\times2\times1}{2\times1}=12 $$

$$ {}_3\mathrm{C}_1=\frac{{}_3\mathrm{P}_1}{1!}=\frac{3!}{1!(3-1)!}=\frac{3!}{1!\cdot2!}=\frac{3\times2\times1}{1\times2\times1}=3 $$

1-3 ………… **三角関数の極限**

ある極限のための新しい角度の表し方

微分・積分を使うようになると、（小学校以来馴染みのある）１周 360° を基準とする度数法を使うことはほとんどありません。代わりに**弧度法**と呼ばれる方法で角度を表します。

わざわざ**度数法とは別の方法で角度を表す最大の理由は**

$$\lim_{\theta \to 0} \frac{\sin\theta}{\theta} = 1 \tag{1-22}$$

という極限を成立させて、計算を簡略化するためです。

「たった１つの式を成立させるためだけに新しい角度の表し方を考えるなんて大げさじゃない？」

と思う人がいるかもしれませんね。(^_^;)

でも三角関数（三角比）に関するすべての極限は (1-22) から求めることになりますし、後で三角関数の微分公式 (p.120) を導く際にもこの極限を使います。(1-22) はそれだけ大事な極限なのです。

そこで (1-22) を成立させるためには、角度をどのように定義すればよいかを一緒に考えていきたいと思います。

(1-22) の極限を計算するためには

(i) **扇形の面積公式**
(ii) **三角比とその拡張**
(iii) **はさみうちの原理**

の３つが必要です。順々に説明します！

■扇形の面積公式

まずは扇形の中心角と半径、および弧の長さの関係を確認しておきましょう。

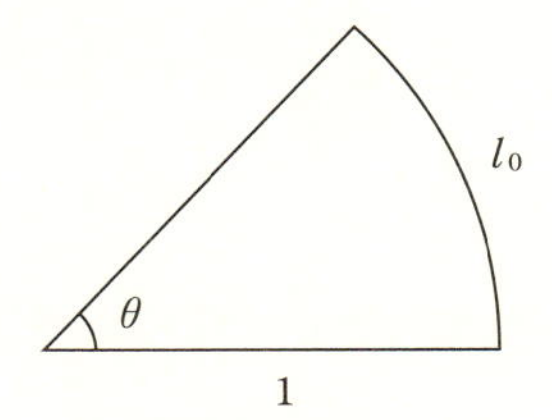

図 1-18 ●半径が 1 の扇形

半径が1の扇形の弧の長さ l_0 は、中心角 θ の大きさに比例します（中心角が2倍、3倍……となれば、弧の長さも2倍、3倍……となりますね）。すなわち比例定数を k（l_0 も θ も正の値なので k は正）とすれば、

$$l_0 = k\theta \quad [k>0] \tag{1-23}$$

です。ここで **(1-23) は角度の表し方によらず成立する**ことに注意してください。

また、中心角が同じであれば、半径が1の扇形と半径が r の扇形は相似なので（図 1-19）

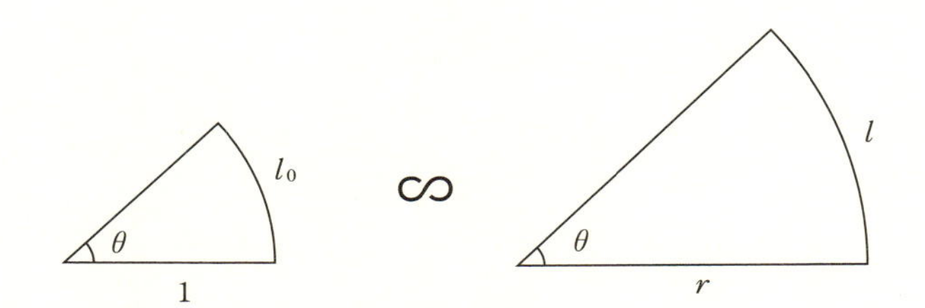

図 1-19 ●中心角が同じ 2 つの扇形は相似

$$1 : r = l_0 : l$$
$$\Rightarrow\ l = rl_0 \tag{1-24}$$

（1-24）に（1-23）を代入すると、

$$l = rl_0 = r \cdot k\theta$$
$$\Rightarrow\ l = kr\theta \tag{1-25}$$

となりますね。

（1-23）および（1-25）の**比例定数 k の値は、角度の表し方によって変わります**。

次に、扇形の半径・弧の長さおよび面積の関係式を計算しましょう。

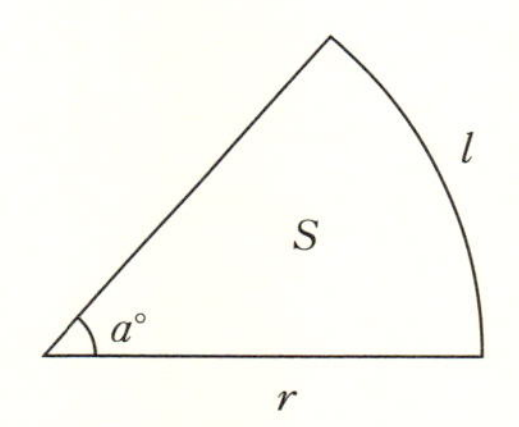

図 1-20 ●扇形の面積

１周を 360° とする度数法（小学校以来使っている角度の表し方）を使って中心角を表せば、図 1-20 の扇形の弧の長さは

$$l = 2\pi r \times \frac{a°}{360°} \tag{1-26}$$

となります（π：円周率）。

また面積 S は

$$S = \pi r^2 \times \frac{a°}{360°} \tag{1-27}$$

ですね。

（1-26）より

$$\frac{a°}{360°} = \frac{l}{2\pi r}$$

これを（1-27）に代入すると

$$S = \pi r^2 \times \frac{l}{2\pi r}$$

$$\Rightarrow S = \frac{1}{2} rl \qquad (1\text{-}28)$$

という関係式が得られます。

扇形の面積 S と半径 r、弧の長さ l の間には角度の表し方によらずつねに（1-28）が成立します。

（1-28）に（1-25）を代入すると

$$S = \frac{1}{2} r \cdot kr\theta$$

$$\Rightarrow S = \frac{k}{2} r^2 \theta \qquad (1\text{-}29)$$

ですね。半径と中心角から扇形の面積を求める公式が得られました。

（1-29）はあとで使いますので覚えておいてください。

■三角比とその拡張

直角以外の１つの角度が等しい直角三角形はすべて相似になるので

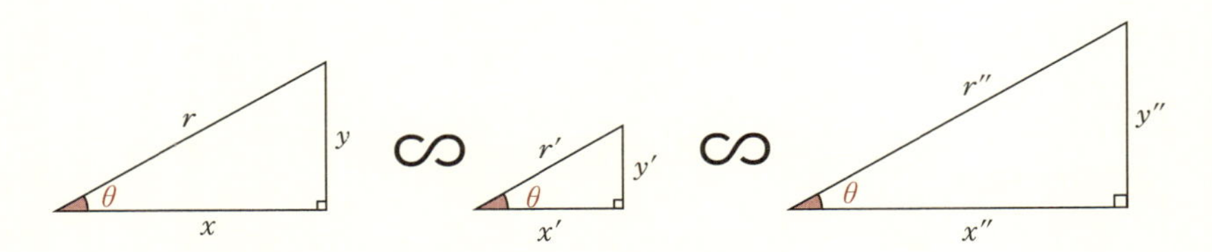

図 1-21 ●直角三角形の各比率は θ だけで決まる

たとえば

$$\frac{x}{r} = \frac{x'}{r'} = \frac{x''}{r''}、\quad \frac{y}{r} = \frac{y'}{r'} = \frac{y''}{r''}、\quad \frac{y}{x} = \frac{y'}{x'} = \frac{y''}{x''}$$

などの比（分数の値）は、直角以外の１つの角度 θ（シータ）だけで決まります。そこで、それぞれに $\cos\theta$（コサイン）、$\sin\theta$（サイン）、$\tan\theta$（タンジェント）と名前をつけることになったのが三角比の最初です。

$$\frac{x}{r}=\frac{x'}{r'}=\frac{x''}{r''}=\cos\theta、\quad \frac{y}{r}=\frac{y'}{r'}=\frac{y''}{r''}=\sin\theta、\quad \frac{y}{x}=\frac{y'}{x'}=\frac{y''}{x''}=\tan\theta$$

$\frac{x}{r}=\cos\theta$、$\frac{y}{r}=\sin\theta$、$\frac{y}{x}=\tan\theta$ より（分母を払うと）、

$$x=r\cos\theta、\quad y=r\sin\theta、\quad y=x\tan\theta$$

ですね。図にしておきます。

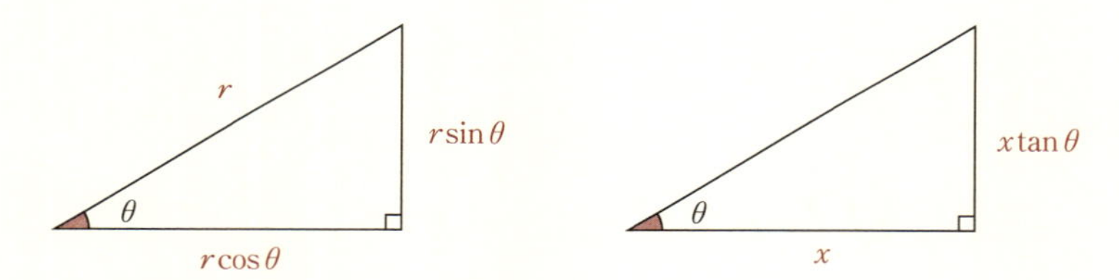

図 1-22 ●三角比の関係

ただし、直角三角形にこだわっていると、三角比は直角未満の正の角度でしか定義できないことになって、せっかく三角比というものを考えたのに応用範囲が限られてしまいます……と、いうわけで角度が０になったり、直角以上になったりしても三角比が使えるように定義を拡張することを考えます。(^_-)-☆

三角比の拡張

原点を中心とする半径１の円（単位円と言います）の周上にあって、x 軸の正の方向から反時計回りに角度 θ を取った点の座標を $(\cos\theta, \sin\theta)$ とする。

また、$\tan\theta$ は $\tan\theta=\dfrac{\sin\theta}{\cos\theta}$ で定める。

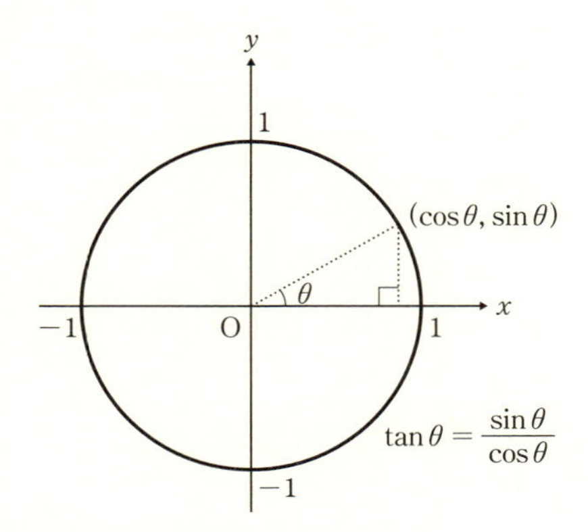

図 1-23 ●単位円で三角比を定義する

このように定義しておけば、$\theta=0$ のときは

$$\cos 0=1、\sin 0=0 \tag{1-30}$$

になることがわかりますし、直角を超える θ についても三角比の値を考えることができます。(^_-)- ☆

■はさみうちの原理

話は変わりますが、一般に、関数 $f(x)$、$g(x)$、$h(x)$ が、a に近い値の x についてつねに

$$g(x) \leqq f(x) \leqq h(x)$$

の関係にある場合、$x \to a$ の極限においてもこの大小関係は変わらず

$$\lim_{z \to a} g(x) \leqq \lim_{x \to a} f(x) \leqq \lim_{x \to a} h(x) \tag{1-31}$$

の不等式が成立します。このとき、もし関数 $g(x)$ と $h(x)$ が同じ極限値 p に収束するならば、すなわち

$$\lim_{x \to a} g(x) = \lim_{x \to a} h(x) = p$$

ならば（1-31）より

$$p \leqq \lim_{x \to a} f(x) \leqq p$$

ですね。

$\lim_{x \to a} f(x)$ は p 以上であり、かつ p 以下なので

$$\lim_{x \to a} f(x) = p$$

であると考えるのはごく自然なことでしょう。

これを**「はさみうちの原理」**と言います。

はさみうちの原理

$\lim_{x \to a} g(x) = p$、$\lim_{x \to a} h(x) = p$ のとき、a に近い x の値についてつねに、

$$g(x) \leqq f(x) \leqq h(x)$$

ならば

$$\lim_{x \to a} g(x) \leqq \lim_{x \to a} f(x) \leqq \lim_{x \to a} h(x) \quad \Rightarrow \quad p \leqq \lim_{x \to a} f(x) \leqq p$$

より

$$\lim_{x \to a} f(x) = p$$

例）　はさみうちの原理を使って

$$f(x) = x^2 \sin\frac{1}{x}$$

の $x \to 0$ における極限を求めてみましょう。$x \neq 0$ のとき

$$-1 \leqq \sin\frac{1}{x} \leqq 1$$

なので（$\sin\theta$ は単位円の y 座標だから）、

$$-x^2 \leqq x^2 \sin\frac{1}{x} \leqq x^2$$

です（図 1-24）。

よって、

$$\lim_{x\to 0}(-x^2) \leqq \lim_{x\to 0} x^2 \sin\frac{1}{x} \leqq \lim_{x\to 0} x^2$$

ここで、

$$\lim_{x\to 0}(-x^2) = \lim_{x\to 0} x^2 = 0$$

なので、「はさみうちの原理」より

$$\boldsymbol{\lim_{x\to 0} x^2 \sin\frac{1}{x} = 0}$$

と求まります。

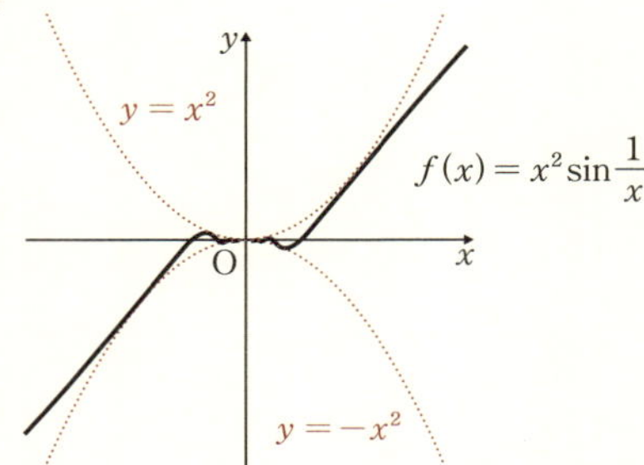

図 1-24 ● $f(x) = x^2 \sin\dfrac{1}{x}$ のグラフ

■ $\theta \to 0$ における $\dfrac{\sin\theta}{\theta}$ の極限

さあ（お待たせしました！）p.44 の(i)～(iii) を使って、いよいよ (1-22) の極限を計算していきましょう。

図 1-25 のような**半径 1 の扇形 OAB** に内接する**直角三角形 OPB** と外接する**直角三角形 OAQ** を考えます。

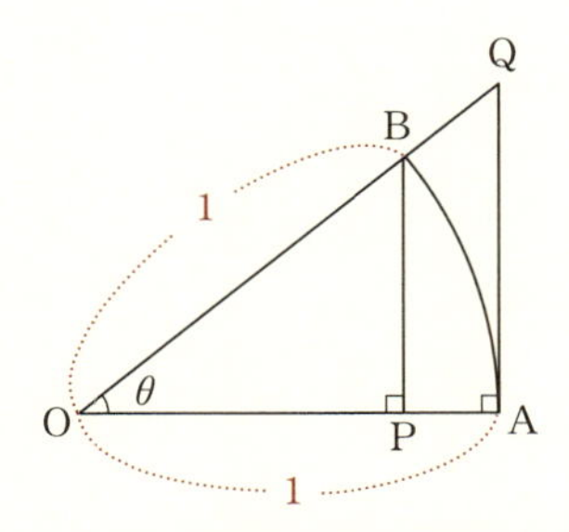

図 1-25 ●扇形の内と外の直角三角形を考える

これらの図形の面積を考えると明らかに

$$\triangle \mathrm{OPB} \quad \leqq \quad \text{扇形OAB} \quad \leqq \quad \triangle \mathrm{OAQ}$$

ですね。

図1-22や（1-29）式を使えば

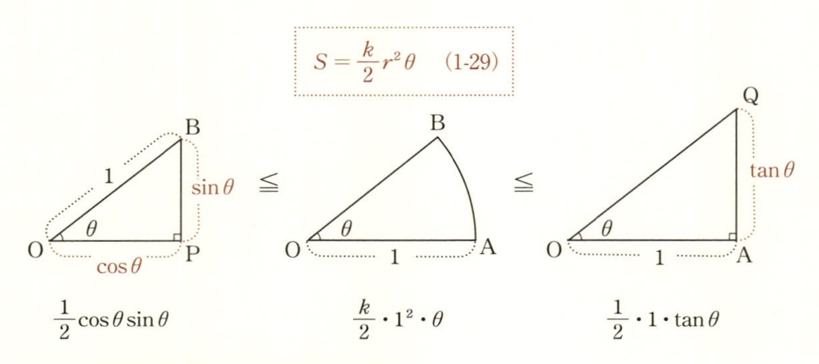

図1-26●面積の関係から不等式を導く

なので

$$\frac{1}{2}\cos\theta\sin\theta \leqq \frac{k}{2}\cdot 1^2\cdot\theta \leqq \frac{1}{2}\cdot 1\cdot\tan\theta$$

$$\Rightarrow \quad \cos\theta\sin\theta \leqq k\theta \leqq \tan\theta$$

$$\Rightarrow \quad \cos\theta\sin\theta \leqq k\theta \leqq \frac{\sin\theta}{\cos\theta}$$

$$\Rightarrow \quad \cos\theta \leqq \frac{k\theta}{\sin\theta} \leqq \frac{1}{\cos\theta}$$

$$\Rightarrow \quad \frac{\cos\theta}{k} \leqq \frac{\theta}{\sin\theta} \leqq \frac{1}{k\cos\theta}$$

$\tan\theta=\dfrac{\sin\theta}{\cos\theta}$

$\div\sin\theta$

$\theta>0$ より $\sin\theta>0$

$\div k$

(1-23) より $k>0$

という不等式が得られます。

さあ、ここで θ を限りなく0に近づけてみましょう。

(1-30) より

$$\lim_{\theta \to 0} \cos\theta = 1$$

$$\lim_{\theta \to 0} \frac{1}{\cos\theta} = \frac{1}{1} = 1$$

$\cos 0 = 1$

ですから

$$\frac{\cos\theta}{k} \leqq \frac{\theta}{\sin\theta} \leqq \frac{1}{k\cos\theta}$$

$$\Rightarrow \quad \lim_{\theta \to 0} \frac{\cos\theta}{k} \leqq \lim_{\theta \to 0} \frac{\theta}{\sin\theta} \leqq \lim_{\theta \to 0} \frac{1}{k\cos\theta}$$

$$\Rightarrow \quad \frac{1}{k} \leqq \lim_{\theta \to 0} \frac{\theta}{\sin\theta} \leqq \frac{1}{k}$$

はさみうちの原理より

$$\lim_{\theta \to 0} \frac{\theta}{\sin\theta} = \frac{1}{k}$$

です！　逆数を考えれば

$$\lim_{\theta \to 0} \frac{\sin\theta}{\theta} = k \qquad (1\text{-}32)$$

$$\lim_{\theta \to 0} \frac{\sin\theta}{\theta} = 1 \qquad (1\text{-}22)$$

となります。

さて、私たちの目標はなんであったか覚えていますか？　そうですね。冒頭に紹介した（1-22）の極限を成立させることでした。

（1-32）と（1-22）を見比べれば、**$k=1$ であればよい**ことがわかります！

■弧度法（ラジアン）

（1-22）の極限

$$\lim_{\theta \to 0} \frac{\sin\theta}{\theta} = 1$$

を成立させるためには、(1-23) における比例定数 k を 1 にすればよいことがわかったところで、これが何を意味するかを改めてみていきましょう。

$$l_0 = k\theta \quad (1\text{-}23)$$

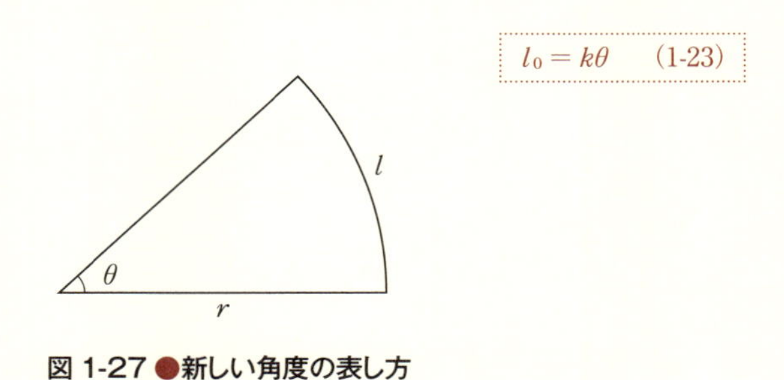

図 1-27 ●新しい角度の表し方

(1-23) から導いた (1-25) の k に 1 を代入すると

$$\boldsymbol{l = r\theta \quad \Rightarrow \quad \theta = \frac{l}{r}} \qquad (1\text{-}33)$$

$$l = kr\theta \quad (1\text{-}25)$$

となります。

(1-33) こそが (1-22) の極限を成立させるための**新しい角度の表し方**です！＼(^o^)／

(1-33) は**半径に対する弧の長さの割合で角度を表していますね**。このような角度の表し方を**弧度法**といい、単位は「**ラジアン (rad)**」を使います。1 ラジアンは、(1-33) で $\theta=1$ になるとき、すなわち $l=r$ のときの角度です。1 ラジアンが度数法では何度になるかを計算しておきましょう。

$l=r$ のとき、$a_0°$ とすると (1-26) から

$$r = 2\pi r \times \frac{a_0°}{360°}$$

$$l = 2\pi r \times \frac{a°}{360°} \quad (1\text{-}26)$$

$$\Rightarrow \quad 1 = \frac{a_0°}{180°}\pi \quad \Rightarrow \quad a_0° = \frac{180°}{\pi} \fallingdotseq 57.3°$$

なので、1 ラジアンはおよそ 57.3° です (次頁図 1-28)。

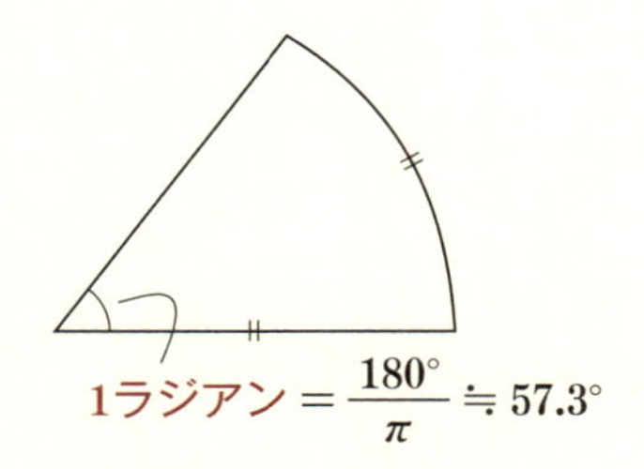

図 1-28 ● 1 ラジアンの大きさ

弧度法と度数法の換算式を求めておきます。上記のとおり 1 ラジアンは $\frac{180°}{\pi}$ なので、θ ラジアンのとき $a°$ とすると

$$1:\theta = \frac{180}{\pi} : a$$

$$\Rightarrow \quad a = \frac{180}{\pi}\theta$$

$$\Rightarrow \quad \theta = \frac{a\pi}{180} \tag{1-34}$$

弧度法（ラジアン）への換算公式

度数法（360 度法）で $a°$ の角度は、弧度法では

$$\boldsymbol{\theta = \frac{a\pi}{180}} \quad \textbf{[ラジアン(rad)]}$$

(1-34) の変換公式を図にすると次のとおりです。

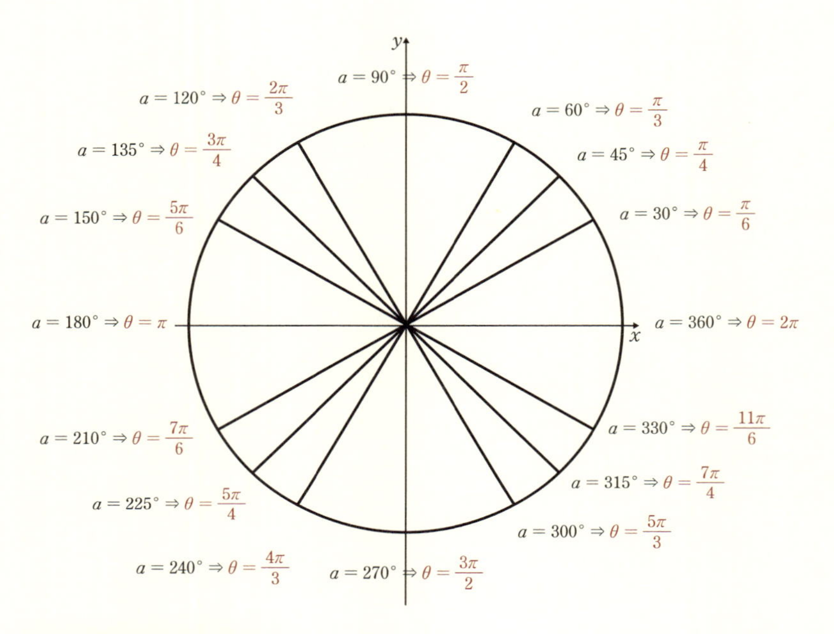

図 1-29 ●度数法⇒弧度法

弧度法は角度を（1-33）のように $\frac{\text{長さ}}{\text{長さ}}$ で表す点に注目してください。長さどうしの比なので、弧度法で表された角度は「無次元数」です。こんなふうに書くと「ラジアンという単位があるのに、無次元？」と不思議に思われるかもしれませんね。(^_^;)

「1ラジアン」というのは弧度法で角度を表すときの基準の大きさを示したにすぎません。実際、数学では弧度法で角度を表す際、後ろに「ラジアン」と添えることはほとんどありません。

ここまでずいぶん紙面を割いて、弧度法という新しい角度の表し方のもとに成立する (1-22) の極限についてお話ししてきましたが、それは、この極限が**等速円運動の加速度**を計算する際に必要になるからです。

前節の (1-20) で加速度は速度 v を時間 t で微分すれば求まることをお話ししました。

また、p.30 で Δx が 0 に近い値であれば、

$$\frac{dy}{dx} \fallingdotseq \frac{\Delta y}{\Delta x}$$

と考えられることも学びました。同じように Δt が 0 に近い値であれば、

$$a = \frac{dv}{dt} \fallingdotseq \frac{\Delta v}{\Delta t} \qquad (1\text{-}35)$$

$a = \frac{dv}{dt}$ (1-20)

です。今、

「等速円運動なんだから、Δv（速度の差）は 0 でしょ？」

と思ったあなた、その疑問はもっともだと思います。でも、等速であっても物体が円運動をするためには、刻々と向きを変える必要がありますね。この「向きの変化」が Δv なのです！

ここで、**「向きの変化」を数学的に扱うために**、**ベクトル**を導入します。

高校数学において「ベクトル」は数Bの約半分を占める大単元ですが、ここでは等速円運動の加速度を計算するのに必要な内容だけをざっと紹介します。

既にベクトルの基本がわかっている人は、10 頁後の《物理への展開》に進んでください。m(_ _)m

■ベクトルのイロハ

方向と大きさ（長さ）で決まる量のことを数学では**ベクトル（vector）**といいます。とりあえずは、ベクトルは「矢印」のことだと思ってもらってかまいません（大学以降の数学ではベクトルを多次元量として理解することも大切です）。

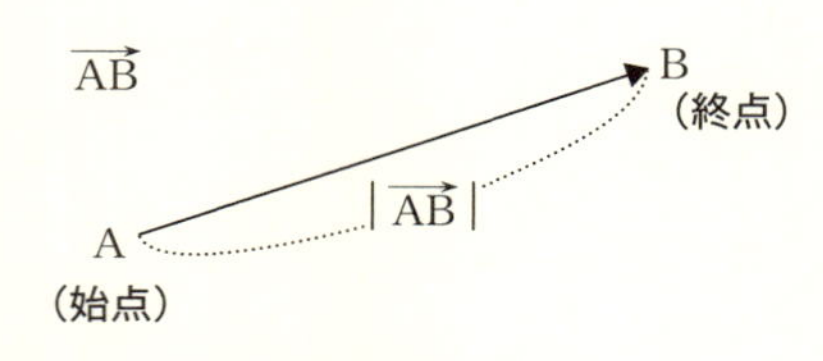

図 1-30 ●ベクトルとその大きさ

図 1-30 のように、**点 A を始点、点 B を終点とする矢印で表されるベクトル**を、$\overrightarrow{AB}$ と表します。ベクトルは1つの文字と矢印を用いて、$\vec{a}$ のように表すこともあります。

また、$\overrightarrow{AB}$、$\vec{a}$ の大きさ（長さ）をそれぞれ $|\overrightarrow{AB}|$、$|\vec{a}|$ と書きます。

●ベクトルの相等

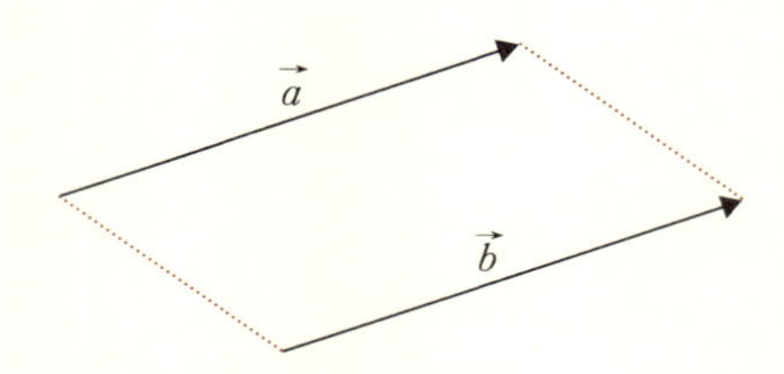

図 1-31 ●ベクトルの相等

図 1-31 のように、$\vec{a}$ と $\vec{b}$ の方向と大きさが同じであるとき、言い換えれば、$\vec{a}$ と $\vec{b}$ が平行移動によってぴったり重なるとき、2つのベクトルは**等しい**といい、「$\vec{a}=\vec{b}$」と表します。

●ベクトルの実数倍

$\vec{0}$ でないベクトル $\vec{a}$ と実数 k に対して、$\vec{a}$ の k 倍 $\boldsymbol{k\vec{a}}$ を次のように定めます。

(i)　$k>0$ の場合

$\vec{a}$ と向きが同じで、大きさが $|\vec{a}|$ の k 倍のベクトル

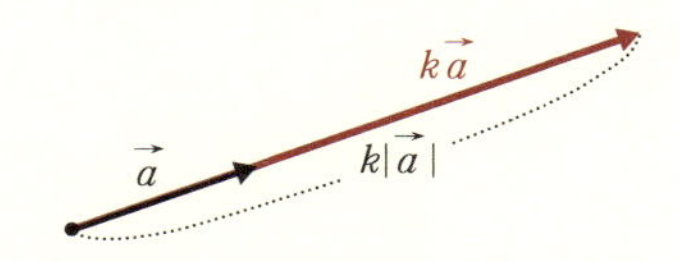

図 1-32 ●ベクトルの k 倍（$k>0$）

(ii)　$k<0$ の場合

$\vec{a}$ と向きが反対で、大きさが $|\vec{a}|$ の $|k|$ 倍のベクトル

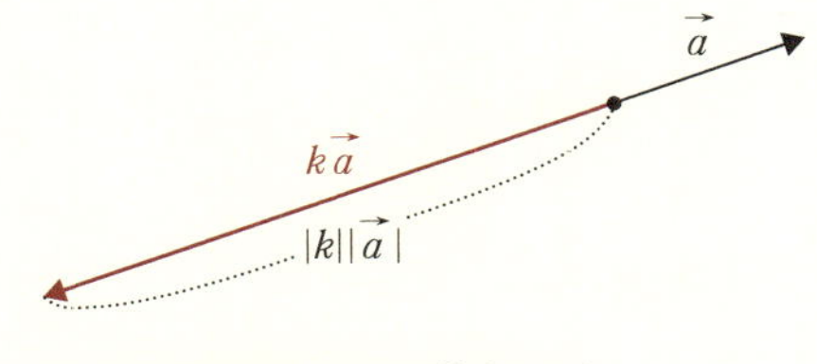

図 1-33 ●ベクトルの k 倍（$k<0$）

(iii)　$k=0$ の場合

零ベクトル：$0\vec{a}=\vec{0}$

●ベクトルの平行条件

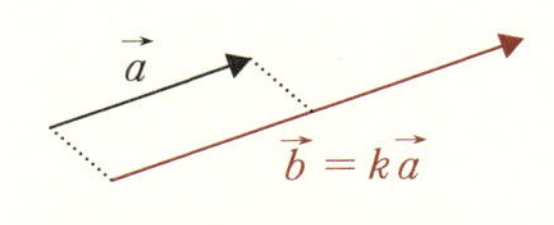

図 1-34 ●ベクトルの平行

前項で見たとおり、$\vec{0}$ でないベクトル $\vec{a}$ とベクトル $\vec{b}$ の間に

$$\vec{b} = k\vec{a} \qquad [k \neq 0]$$

が成り立つとき、$\vec{a}$ と $\vec{b}$ は同じ向きか、あるいは反対向きかのいずれかになります。このとき、**$\vec{a}$ と $\vec{b}$ は平行**であるといい、

$$\vec{a} /\!/ \vec{b}$$

と書きます。

●逆ベクトル

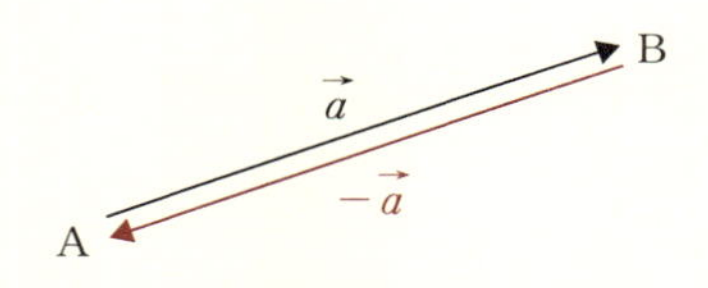

図 1-35 ●逆ベクトル

ベクトル $\vec{a}$ と大きさが等しく、**向きが反対のベクトル**を**逆ベクトル**といい、$-\vec{a}$ で表します。$\vec{a} = \overrightarrow{AB}$ なら $-\vec{a} = \overrightarrow{BA}$ です。

●ベクトルの加法

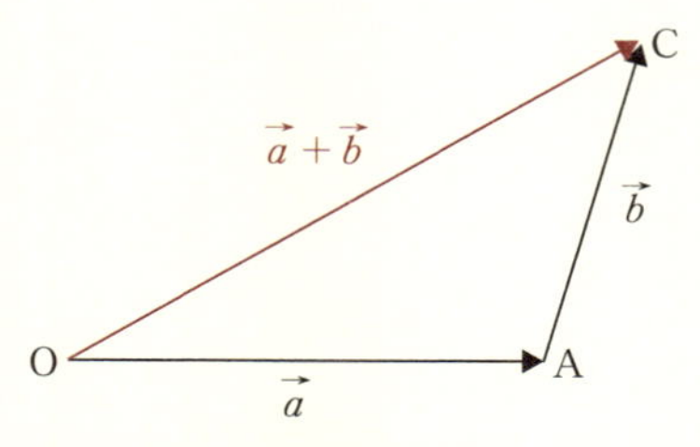

図 1-36 ●ベクトルのたし算

図 1-36 のように、$\vec{a}=\overrightarrow{\mathrm{OA}}$、$\vec{b}=\overrightarrow{\mathrm{AC}}$ であるとき、**$\vec{a}$ と $\vec{b}$ の和は、$\vec{a}+\vec{b}=\overrightarrow{\mathrm{OC}}$** と定義します。すなわち

$$\overrightarrow{\mathrm{OA}}+\overrightarrow{\mathrm{AC}}=\overrightarrow{\mathrm{OC}} \qquad (1\text{-}36)$$

$\overrightarrow{\mathrm{OA}}+\overrightarrow{\mathrm{AC}}=\overrightarrow{\mathrm{OC}}$

です。

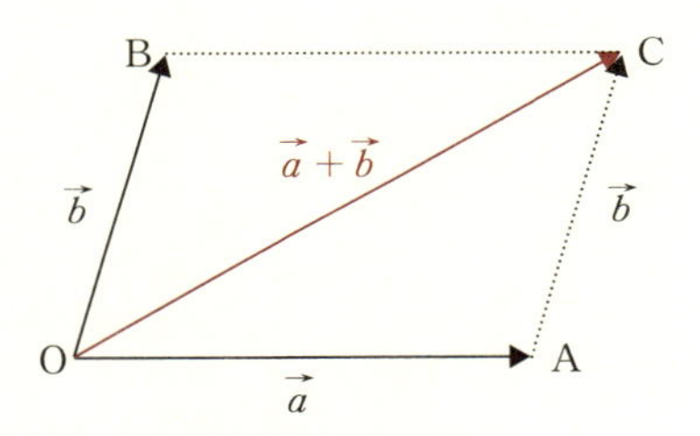

図 1-37 ●平行四辺形の法則

また、図 1-37 の平行四辺形 OACB において、$\overrightarrow{\mathrm{AC}}$ と $\overrightarrow{\mathrm{OB}}$ は平行移動によってぴったり重ねられる（平行四辺形の対辺は平行かつ長さが等しい）ので、$\overrightarrow{\mathrm{AC}}=\overrightarrow{\mathrm{OB}}$ です。すなわち四角形 **ABCD が平行四辺形であるとき、**(1-36) より

$$\overrightarrow{\mathrm{OA}}+\overrightarrow{\mathrm{OB}}=\overrightarrow{\mathrm{OC}}$$

です。このように **$\vec{a}$ と $\vec{b}$ の和は、$\vec{a}$ と $\vec{b}$ の始点をそろえてできる平行四辺形の対角線**と捉えることもできます。

●ベクトルの減法

図 1-38 のように、$\vec{a}=\overrightarrow{\mathrm{OA}}$、$\vec{b}=\overrightarrow{\mathrm{OB}}$ であるとき、ベクトルの加法の定義 (1-36) より

$$\overrightarrow{\mathrm{OB}}+\overrightarrow{\mathrm{BA}}=\overrightarrow{\mathrm{OA}} \quad \Rightarrow \quad \vec{b}+\overrightarrow{\mathrm{BA}}=\vec{a}$$

$\overrightarrow{\mathrm{OB}}+\overrightarrow{\mathrm{BA}}=\overrightarrow{\mathrm{OA}}$

です。そこで（自然な成り行きとして）**$\vec{a}$ と $\vec{b}$ の差は、$\vec{a}-\vec{b}=\overrightarrow{\mathrm{BA}}$** と定義します。すなわち

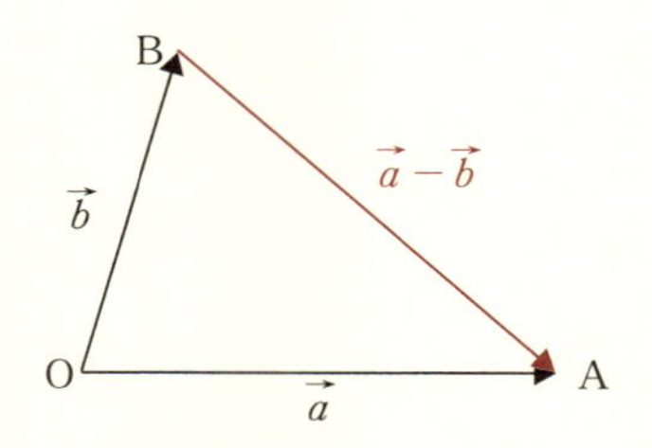

図 1-38 ●ベクトルのひき算

$$\overrightarrow{\mathrm{OA}}-\overrightarrow{\mathrm{OB}}=\overrightarrow{\mathrm{BA}} \quad (1\text{-}37)$$

です。また、点 B の O に関する対称点を B′とすると、逆ベクトルの定義より $-\vec{b}=\overrightarrow{\mathrm{OB'}}$ なので、図 1-39 より、

$$\vec{a}+(-\vec{b})=\vec{a}-\vec{b}$$

が成り立つ［$\vec{a}+(-\vec{b})$ と $\vec{a}-\vec{b}$ は平行移動するとぴったり重なる］ことがわかります。

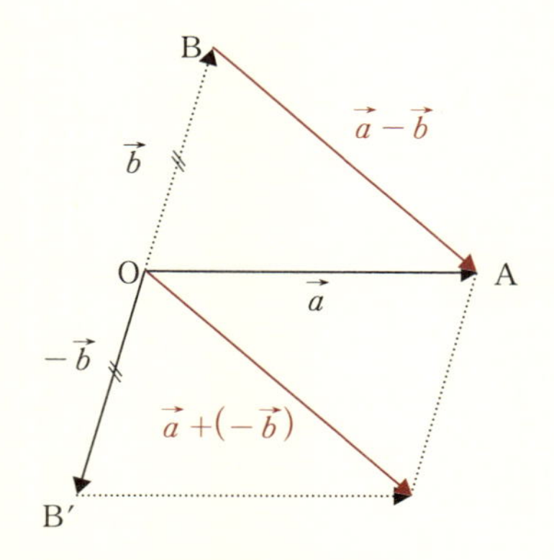

図 1-39 ●逆ベクトルとひき算

●ベクトルの成分表示

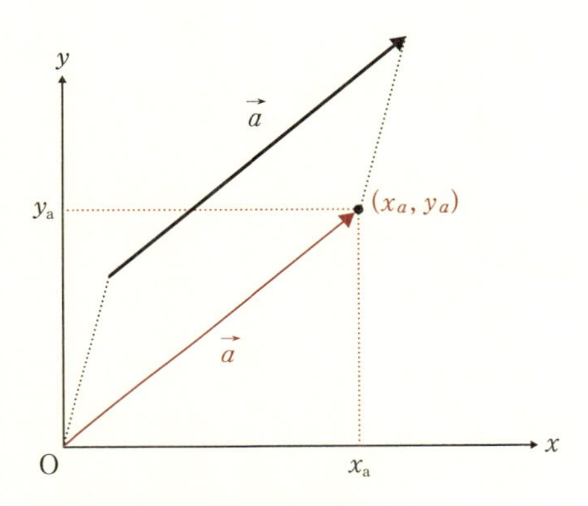

図 1-40 ●ベクトルの成分表示

座標平面上で、$\vec{a}$ を原点Oに始点が重なるように平行移動したとき、その終点の座標を **$\vec{a}$ の成分**（**x 座標が x 成分、y 座標が y 成分**）と言い、

$$\vec{a}=(x_a, y_a)$$

のように表すことを、ベクトルの**成分表示**と言います。

●成分によるベクトルの演算

次に、ベクトルの加法・減法・実数倍などの演算を、成分を用いて表してみましょう。

$$\vec{a}=(x_a, y_a) \qquad \vec{b}=(x_b, y_b)$$

とすると、図1-41より

$$\vec{a}+\vec{b}=(x_a+x_b, y_a+y_b)$$

であることは明らかです。よって、

$$\vec{a}+\vec{b}=(x_a, y_a)+(x_b, y_b)=(x_a+x_b, y_a+y_b) \tag{1-38}$$

が成立します。

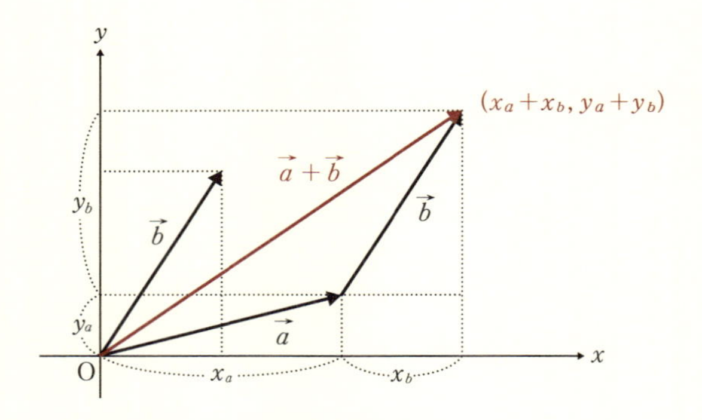

図 1-41 ●成分によるベクトルのたし算

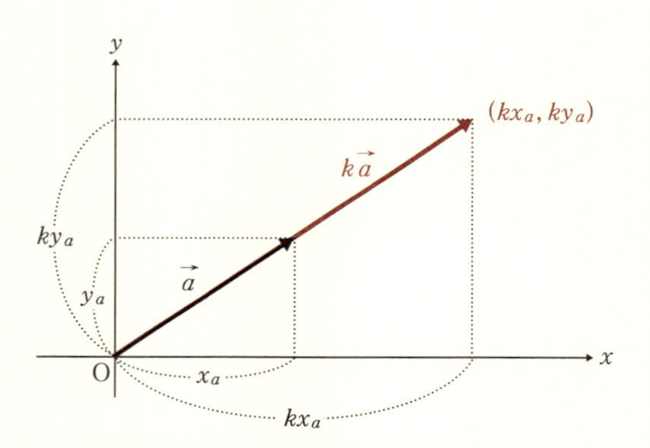

図 1-42 ●成分によるベクトルの実数倍

　また

$$\vec{a}=(x_a, y_a)$$

であるとき、実数 k に対して、上の図から

$$k\vec{a}=(kx_a, ky_a)$$

となることは明らかなので

$$\boldsymbol{k\vec{a}=k(x_a, y_a)=(kx_a, ky_a)} \tag{1-39}$$

が成立します。

(1-38) と (1-39) をまとめると、$\vec{a}=(x_a, y_a)$, $\vec{b}=(x_b, y_b)$ のとき、実数 k, l に対して

$$k\vec{a}+l\vec{b}=k(x_a, y_a)+l(x_b, y_b)=(kx_a+lx_b, ky_a+ly_b) \quad (1\text{-}40)$$

です。(1-40) で $k=1, l=-1$ とすれば、

$$\vec{a}-\vec{b}=(x_a, y_a)-(x_b, y_b)=(x_a-x_b, y_a-y_b) \quad (1\text{-}41)$$

が成立することもすぐに確かめられます。

●ベクトルの成分と大きさ

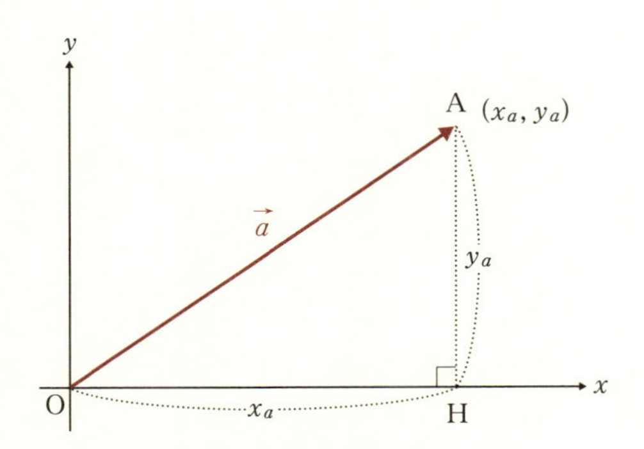

図 1-43 ●ベクトルの成分と大きさ

$\vec{a}=(x_a, y_a)$ であるとき、図 1-43 から、三角形 OAH は直角三角形なので三平方の定理より

$$OA^2=OH^2+AH^2 \quad \Rightarrow |\vec{a}|^2=x_a^2+y_a^2$$

$$\Rightarrow |\vec{a}|=\sqrt{x_a^2+y_a^2} \quad (1\text{-}42)$$

物理への展開……等速円運動の加速度

それではいよいよ、等速円運動の加速度を計算していきます！……と言いたいところですが、その前に xy 平面上を運動する物体の位置や速度を、ベクトルを使って表しておきましょう。(^_-)- ☆

まず、ある座標系に対して、時刻 t に物体が点 $(x(t), y(t))$ にあるとき、

$$\vec{r}(t)=(x(t), y(t)) \tag{1-43}$$

をこの**物体の位置ベクトル**と言うことにします。

ここで、x や y や $\vec{r}$ に (t) が付いているのは、物体の位置が時刻 t の関数になっている（時刻 t によって決まる）という意味です。

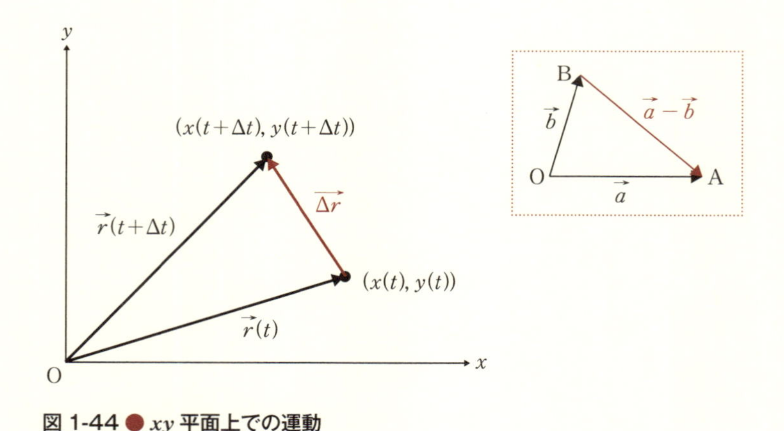

図 1-44 ● xy 平面上での運動

物体が Δt の間に $\vec{r}(t)$ から $\vec{r}(t+\Delta t)$ に移動した場合、$\overrightarrow{\Delta r}=\vec{r}(t+\Delta t)-\vec{r}(t)$ とすれば

$$\overline{(\vec{v})}=\frac{\overrightarrow{\Delta r}}{\Delta t}=\frac{\vec{r}(t+\Delta t)-\vec{r}(t)}{\Delta t} \tag{1-44}$$

で表される $\overline{(\vec{v})}$ は Δt の間の**平均の速度**を表します。

平均の速度（1-44）を、成分を使って表すと、

$$\overline{(\vec{v})}=\frac{\overrightarrow{\Delta r}}{\Delta t}$$

$\vec{r}(t)=(x(t),y(t))$
$\vec{r}(t+\Delta t)=(x(t+\Delta t),y(t+\Delta t))$

$$=\frac{\vec{r}(t+\Delta t)-\vec{r}(t)}{\Delta t}$$

（1-40）より
$k(x_a,y_a)+l(x_b,y_b)$
$=(kx_a+lx_b,ky_a+ky_b)$

$$=\frac{(x(t+\Delta t),y(t+\Delta t))-(x(t),y(t))}{\Delta t}$$

$$=\left(\frac{x(t+\Delta t)-x(t)}{\Delta t},\frac{y(t+\Delta t)-y(t)}{\Delta t}\right)$$

です。

平均の速度において $\Delta t\to 0$ の極限を考えれば、瞬間の速度が得られるのでしたね（p.15）。

$$\lim_{\Delta t\to 0}\frac{x(t+\Delta t)-x(t)}{\Delta t}=\lim_{\Delta t\to 0}\frac{\Delta x}{\Delta t}=\frac{dx}{dt}$$

$$\lim_{\Delta t\to 0}\frac{y(t+\Delta t)-y(t)}{\Delta t}=\lim_{\Delta t\to 0}\frac{\Delta y}{\Delta t}=\frac{dy}{dt}$$

であることも考えれば、（1-43）の $\vec{r}(t)$ を時刻 t で微分することで得られる次の（1-45）のベクトルは、この物体の時刻 t における（**瞬間の**）**速度**を表します。

$$\vec{v}(t)=\lim_{\Delta t\to 0}\frac{\overrightarrow{\Delta r}}{\Delta t}$$

x 軸上を運動する物体の速度
$v=\dfrac{dx}{dt}$　（1-19）

$$=\frac{d\vec{r}}{dt}$$

$$=\left(\frac{dx}{dt},\frac{dy}{dt}\right) \qquad (1\text{-}45)$$

まったく同様に考えれば、物体の**加速度**は

$$\vec{a}(t) = \lim_{\Delta t \to 0} \frac{\overrightarrow{\Delta v}}{\Delta t} = \frac{d\vec{v}}{dt} = \frac{d}{dt}\left(\frac{d\vec{r}}{dt}\right) = \left(\frac{d^2 x}{dt^2}, \frac{d^2 y}{dt^2}\right) \quad (1\text{-}46)$$

$\overrightarrow{\Delta v} = \vec{v}(t+\Delta t) - \vec{v}(t)$

x 軸上を運動する物体の加速度
$a = \dfrac{dv}{dt} = \dfrac{d^2 x}{dt^2}$　(1-21)

となります！ (^_-)- ☆

■等速円運動の加速度

お待たせしました！ m(_ _)m　以上で、ようやく準備が整いましたので、今度こそ等速円運動する物体の加速度を求めていきましょう。

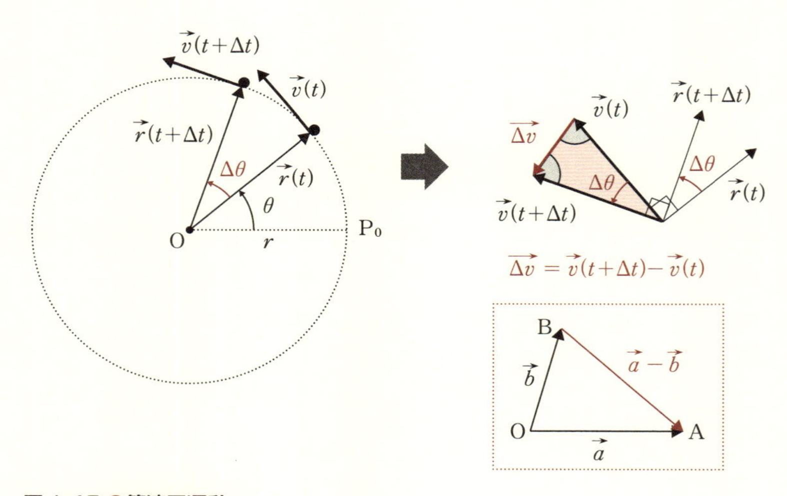

図 1-45 ●等速円運動

半径 r の円上にあって、時刻 t に図 1-45 の OP_0 から角度 θ の $\vec{r}(t)$ の位置にある物体が、Δt の間に角度 $\Delta\theta$ だけ進んで、$\vec{r}(t+\Delta t)$ の位置になっ

たとします。

速度ベクトルの方向はつねに円の接線方向です。等速円運動ですから、

$$|\vec{v}(t)| = |\vec{v}(t+\Delta t)| = v \quad [v\text{は定数}] \tag{1-47}$$

とします。

$|\vec{a}|$：$\vec{a}$の大きさ

（1-46）より

$$\vec{a}(t) = \lim_{\Delta t \to 0} \frac{\overrightarrow{\Delta v}}{\Delta t}$$

ですが、図1-45の左の図では $\overrightarrow{\Delta v}$ の方向がわかりづらいので図1-45の右の図のように $\vec{v}(t)$、$\vec{v}(t+\Delta t)$ を平行移動して、始点を $\vec{r}(t)$、$\vec{r}(t+\Delta t)$ にそろえます。

(注) そんなことを勝手にしていいのか、と怒られてしまうかもしれませんが(^_^;)、ベクトルは、平行移動してぴったり重ねられるものは互いに等しいと考えることができるので大丈夫です（p.58）。

こうすれば、$\vec{v}(t)$ が $\vec{r}(t)$ に対して垂直であり、$\vec{v}(t+\Delta t)$ も $\vec{r}(t+\Delta t)$ に対して垂直であることから、$\vec{v}(t)$ と $\vec{v}(t+\Delta t)$ のなす角（2つのベクトルで作られる角）は $\vec{r}(t)$ と $\vec{r}(t+\Delta t)$ のなす角 $\Delta\theta$ に等しいことがわかるでしょう。

今、図1-45の右のあかね色の三角形は（1-47）より等しい2辺の長さが v で、頂角が $\Delta\theta$ の二等辺三角形です。

ここで、

$$|\overrightarrow{\Delta v}| = \Delta v$$

とすると、Δv はこのあかね色の三角形の底辺の長さになります。少し拡大してみましょう。

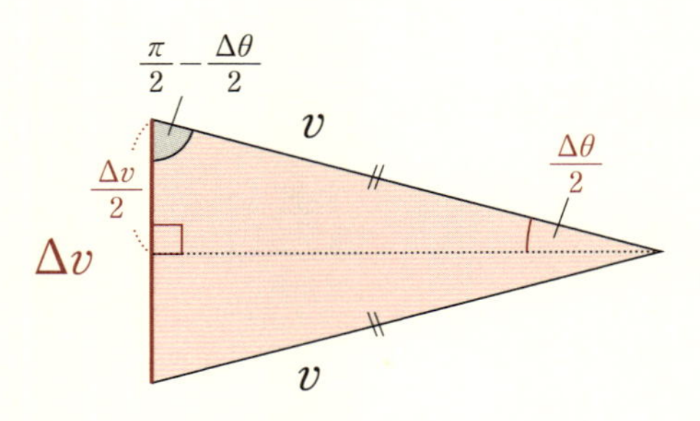

図 1-46 ● Δv を表す式を作る

図 1-46 より、三角比を使えば、

$$\frac{\Delta v}{2}=v\sin\frac{\Delta\theta}{2}$$

$$\Rightarrow \quad \Delta v=2v\sin\frac{\Delta\theta}{2} \qquad (1\text{-}48)$$

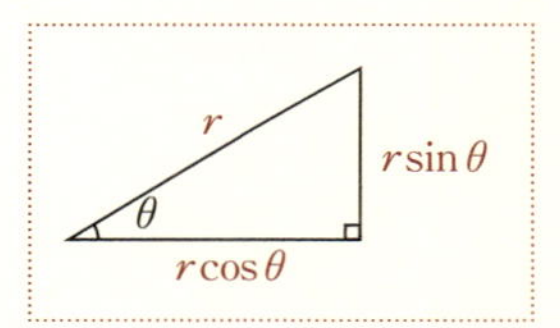

です。(1-46) より

$$\vec{a}(t)=\lim_{\Delta t\to 0}\frac{\overrightarrow{\Delta v}}{\Delta t}$$

なので

$$|\vec{a}(t)|=\lim_{\Delta t\to 0}\frac{|\overrightarrow{\Delta v}|}{\Delta t}$$

$$=\lim_{\Delta t\to 0}\frac{\Delta v}{\Delta t}$$

(1-48)

$$=\lim_{\Delta t\to 0}\frac{2v\sin\frac{\Delta\theta}{2}}{\Delta t} \qquad (1\text{-}49)$$

等速円運動の場合、Δθ は**単位時間あたりに進む角度** ω（オメガ）を使って、

$$\boldsymbol{\Delta\theta=\omega\Delta t} \qquad (1\text{-}50)$$

と書けます。この ω を**角速度**といいます。

(1-50) を (1-49) に代入しましょう。

$$\left|\vec{a}(t)\right| = \lim_{\Delta t \to 0} \frac{2v\sin\frac{\Delta\theta}{2}}{\Delta t} = \lim_{\Delta t \to 0} \frac{2v\sin\frac{\omega\Delta t}{2}}{\Delta t} \tag{1-51}$$

さて、やっと (1-22) の登場です。

ただし、(1-22) の極限では

$$\lim_{\theta \to 0} \frac{\sin\theta}{\theta} = 1$$

上のように色を付けた3か所の文字が同じでなければなりません。

そこで、$\Delta t \to 0$ のとき $\frac{\omega\Delta t}{2} \to 0$ であることも使って (1-51) を次のように変形します。

$$\begin{aligned}
\left|\vec{a}(t)\right| &= \lim_{\Delta t \to 0} \frac{2v\sin\frac{\omega\Delta t}{2}}{\Delta t} \\
&= \lim_{\frac{\omega\Delta t}{2} \to 0} \frac{2v\sin\frac{\omega\Delta t}{2}}{\frac{\omega\Delta t}{2} \cdot \frac{2}{\omega}} \\
&= \lim_{\frac{\omega\Delta t}{2} \to 0} \frac{2v\sin\frac{\omega\Delta t}{2}}{\frac{\omega\Delta t}{2}} \cdot \frac{\omega}{2} \\
&= \lim_{\frac{\omega\Delta t}{2} \to 0} v \cdot \frac{\sin\frac{\omega\Delta t}{2}}{\frac{\omega\Delta t}{2}} \cdot \omega \\
&= v\omega \lim_{\frac{\omega\Delta t}{2} \to 0} \frac{\sin\frac{\omega\Delta t}{2}}{\frac{\omega\Delta t}{2}} \\
&= v\omega \cdot 1
\end{aligned}$$

$$\frac{1}{\frac{2}{\omega}} = 1 \div \frac{2}{\omega} = 1 \times \frac{\omega}{2} = \frac{\omega}{2}$$

$$\lim_{\theta \to 0} \frac{\sin\theta}{\theta} = 1$$

等速円運動の場合、v も ω も定数なので、$|\vec{a}(t)|$ **も定数**であることがわかります。よって $|\vec{a}(t)|=a$ [a は定数] と書けば、

$$a=v\omega \qquad (1\text{-}52)$$

です。＼(^o^)／

また、$\Delta t\to 0$ のとき、$\Delta\theta\to 0$ なので、図1-46の二等辺三角形の底角（グレーの角度：$\frac{\pi}{2}-\frac{\Delta\theta}{2}$）は $\frac{\pi}{2}$（90°）に限りなく近づきます。このとき、図1-45を見ると、$\overrightarrow{\Delta v}$ と $\vec{v}(t)$ のなす角も限りなく $\frac{\pi}{2}$ に近づくことがわかります。さらに（1-46）より $\Delta t\to 0$ のとき $\overrightarrow{\Delta v}$ と $\vec{a}(t)$ は限りなく平行に近づくので結局、$\vec{a}(t)$ の方向は $\vec{v}(t)$ に垂直な方向になります。すなわち、**等速円運動の加速度の方向は円の中心方向**です。

$\vec{b}=k\vec{a}$ 　のとき　$\vec{a}//\vec{b}$

$\vec{a}(t)=\lim_{\Delta t\to 0}\frac{\overrightarrow{\Delta v}}{\Delta t}$ 　（1-46）

ふつう高校物理で扱う円運動は等速円運動ですが、もちろん円運動は等速とは限りません。でも（1-22）の

$$\lim_{\theta\to 0}\frac{\sin\theta}{\theta}=1$$

と、微分を使えば、これまでの計算とまったく同じようにして円運動（等速とは限らない）をする物体の速度 $\vec{v}$ を求めることができます。

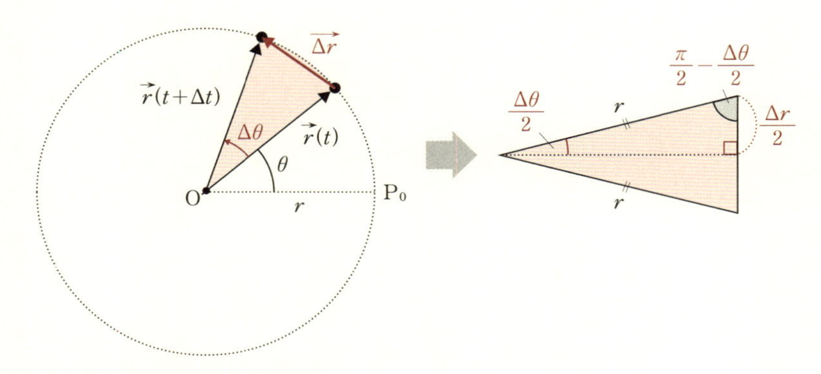

図 1-47 ●（等速でない）円運動

図 1-47 の左の図のように、半径 r の円上にあって、時刻 t に OP_0 から角度 θ の $\vec{r}(t)$ の位置にある物体が、Δt の間に角度 $\Delta\theta$ だけ進んで、$\vec{r}(t+\Delta t)$ の位置になったとします。

円運動であることから

$$|\vec{r}(t)|=|\vec{r}(t+\Delta t)|=r \quad [r\text{は定数}]$$

です。

また、

$$\overline{\omega}=\frac{\Delta\theta}{\Delta t} \tag{1-53}$$

で表される $\overline{\omega}$ は（等速ではないので）Δt の間の**平均の角速度**であり、(1-53) における $\Delta t\to 0$ の極限、すなわち

$$\omega=\lim_{\Delta t\to 0}\frac{\Delta\theta}{\Delta t}=\frac{d\theta}{dt} \tag{1-54}$$

は**瞬間の角速度**を表します。

ここで、$\overrightarrow{\Delta r}=\vec{r}(t+\Delta t)-\vec{r}(t)$ として

$$|\overrightarrow{\Delta r}|=\Delta r$$

と書けば、図 1-47 のあかね色の二等辺三角形について、先ほど（p.70）と同じように

$$\frac{\Delta r}{2} = r\sin\frac{\Delta\theta}{2} \quad \Rightarrow \quad \Delta r = 2r\sin\frac{\Delta\theta}{2}$$

と書けます。(1-45) より、加速度を計算したときとまったく同様に

$$|\vec{v}(t)| = \lim_{\Delta t \to 0} \frac{|\overrightarrow{\Delta r}|}{\Delta t}$$

$$\vec{v}(t) = \lim_{\Delta t \to 0} \frac{\overrightarrow{\Delta r}}{\Delta t} \qquad (1\text{-}45)$$

$$= \lim_{\Delta t \to 0} \frac{\Delta r}{\Delta t}$$

$$\Delta r = 2r\sin\frac{\Delta\theta}{2}$$

$$= \lim_{\Delta t \to 0} \frac{2r\sin\frac{\Delta\theta}{2}}{\Delta t}$$

$$\overline{\omega} = \frac{\Delta\theta}{\Delta t} \Rightarrow \Delta\theta = \overline{\omega}\,\Delta t$$

$$= \lim_{\Delta t \to 0} \frac{2r\sin\frac{\overline{\omega}\,\Delta t}{2}}{\Delta t}$$

$\Delta t \to 0$　のとき　$\frac{\overline{\omega}\,\Delta t}{2} \to 0$

$$= \lim_{\frac{\overline{\omega}\Delta t}{2} \to 0} \frac{2r\sin\frac{\overline{\omega}\,\Delta t}{2}}{\frac{\overline{\omega}\,\Delta t}{2} \cdot \frac{2}{\overline{\omega}}}$$

$$\frac{1}{\frac{2}{\omega}} = 1 \div \frac{2}{\omega} = 1 \times \frac{\omega}{2} = \frac{\omega}{2}$$

$$= \lim_{\frac{\overline{\omega}\Delta t}{2} \to 0} \frac{2r\sin\frac{\overline{\omega}\,\Delta t}{2}}{\frac{\overline{\omega}\,\Delta t}{2}} \cdot \frac{\overline{\omega}}{2}$$

$$= \lim_{\frac{\overline{\omega}\Delta t}{2} \to 0} r \cdot \frac{\sin\frac{\overline{\omega}\,\Delta t}{2}}{\frac{\overline{\omega}\,\Delta t}{2}} \cdot \overline{\omega}$$

$$= r \lim_{\frac{\overline{\omega}\Delta t}{2} \to 0} \frac{\sin\frac{\overline{\omega}\,\Delta t}{2}}{\frac{\overline{\omega}\,\Delta t}{2}} \cdot \overline{\omega}$$

$$\lim_{\theta \to 0} \frac{\sin\theta}{\theta} = 1$$

$\Delta t \to 0$　のとき　$\overline{\omega} \to \omega$

$$= r \cdot 1 \cdot \omega$$

$$= r\omega$$

以上より

$$\left|\overrightarrow{v}(t)\right| = r\omega \qquad (1\text{-}55)$$

です。

(1-54) より、$\Delta t \to 0$ ($\dfrac{\overline{\omega}\,\Delta t}{2} \to 0$) のとき $\overline{\omega} \to \omega$ であることに気をつけてくださいね。あとは等速円運動における加速度を求めたときとそっくりの計算です。(^_-)- ☆

また、$\overrightarrow{v}(t)$ の方向についても、等速円運動の加速度の方向を考えたときとまったく同じように考えれば、$\Delta t \to 0$ のとき、$\Delta\theta \to 0$ なので、図 1-47 の二等辺三角形の底角（グレーの角度：$\dfrac{\pi}{2} - \dfrac{\Delta\theta}{2}$）は $\dfrac{\pi}{2}$ (90°) に限りなく近づくことから、$\overrightarrow{\Delta r}$ の方向すなわち $\overrightarrow{v}(t)$ の方向は $\overrightarrow{r}(t)$ に垂直な方向になります。すなわち、**円運動の速度の方向は回転する向きの接線方向**です。

なお、(1-55) は円運動全般で成り立つので、等速円運動についても、もちろん成立します。ただし、等速の場合は

$$\left|\overrightarrow{v}(t)\right| = v \quad [v\text{は定数}]$$

と書けます。このとき (1-55) より

$$v = r\omega \qquad (1\text{-}56)$$

(1-56) を (1-52) に代入すれば

$$a = v\omega = r\omega \cdot \omega = r\omega^2 = r\left(\frac{v}{r}\right)^2 = \frac{v^2}{r}$$

$v = r\omega \Rightarrow \omega = \dfrac{v}{r}$

ですね。

以上をまとめておきましょう。

等速円運動の加速度

半径 r、速度 v の等速円運動をする物体の加速度の大きさを a とすると

$$\boldsymbol{a = v\omega = r\omega^2 = \frac{v^2}{r}} \quad [\omega：角速度]$$

また、

加速度の方向は円の中心方向

お疲れ様でした！

ここまでを理解できた人は是非、教科書や高校生向けの参考書では「等速円運動の加速度」が極限や微分を使わずに、どう説明されているかを調べてみてください。そこには「≒」を使った巧妙な（言葉は悪いですが）ごまかし（曖昧さ）があるはずです。

もちろんそれは、「高校物理では微積分を使わない」という文科省の方針にのっとった執筆陣による創意工夫の結晶でもありますから、馬鹿にするつもりは毛頭ありません。でも、そこでの記述と本書での記述を比べてもらえればきっと、物理の本質を理解するためには極限や微積分が不可欠なのだということがわかってもらえると思います。(^_-)-☆

入試問題に挑戦

最後に簡単な例題をやっておきましょう。

問題3　九州産業大学

洗濯機の脱水機は、多数の穴のあいている円筒形のカゴが、高速で回転し、衣服の水分を脱水するしくみになっている。いま直径0.2mの脱水機のカゴに十分水を含んだ洗濯物を入れ、カゴは1分間に1800回の一定の回転を持続していて衣服の水分を水滴として放出しているものとする。次の空欄をうめよ。ただし(4)、(6)の方向については図中の(ア)、(イ)、(ウ)、(エ)の記号で答え、円周率は3.14を用いよ。

カゴの回転数は［ 1 ］Hzであり、回転の角速度は［ 2 ］rad/sとなる。このときカゴから出ていく瞬間の水滴の速度の大きさは［ 3 ］m/sであり、その方向は［ 4 ］である。しばらく時間が経過して水が切れ、回転を続けているカゴの内側には、張りついた状態で質量0.1Kgの洗濯物があれば、その洗濯物の加速度の大きさは［ 5 ］m/s^2であり、その方向は［ 6 ］である。

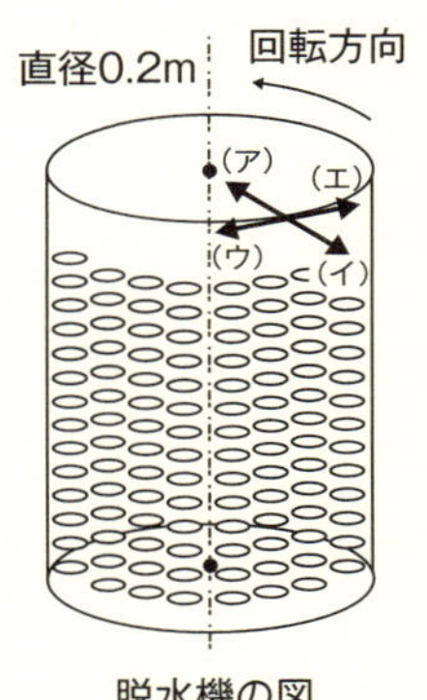

脱水機の図

◇ 解説・解答 ◇

(1)　物体が**1秒間に円周上を回転する回数**を**回転数**といい、単位にはHz（ヘルツ）を使います。カゴは1分間（60秒）で1800回転しているので、回転数をnとすると

$$n=\frac{1800}{60}=30\quad[\mathrm{Hz}]$$

(2)　角速度ωは、単位時間あたりに回転する角度でしたね。物理では、単位時間はふつう1秒間です。また角度は本節の前半で詳しくみたように、弧度法ラジアン（rad）で考えます。

(1)よりカゴは1秒間で30回転しており、(1-34)より、1回転（360°）は2π（rad）なので、角速度は

$$\omega = 30 \times 2\pi$$
$$= 60\pi$$
$$\fallingdotseq 60 \times 3.14$$
$$= 188.4 \fallingdotseq \mathbf{1.9 \times 10^2} \quad [\mathrm{rad/s}]$$

$\theta = \frac{a\pi}{180}$ [rad] （p.55、1-34）

(3) (4)　カゴから出ていく水滴は、半径0.1[m]、(2) より角速度188.4[rad/s] の円運動をしているので、水滴の速度 v は (1-56) から

$$v = r\omega$$
$$= 0.1 \times 188.4$$
$$= 18.84 \fallingdotseq \mathbf{19} \quad [\mathrm{m/s}]$$

$v = r\omega$　(1-56)

で、その方向は回転する向きの接線方向なので **(エ)**

(5) (6)　角速度 ω の回転を続けているカゴの内側に張りついた洗濯物は、やはり、半径0.1[m]、角速度188.4[rad/s] の円運動をしているので、洗濯物の加速度 a は (1-52) から

$$a = v\omega$$
$$= 18.84 \times 188.4$$
$$= 3549.456 \fallingdotseq \mathbf{3.5 \times 10^3} \quad [\mathrm{m/s^2}]$$

$a = v\omega$　(1-52)

で、等速円運動の加速度の方向は中心方向なので **(ア)**

質問コーナー

生徒●数Ⅰで「三角比」は勉強しましたが、三角比と三角関数って何が違うんですか？

先生●そもそも「関数」とはなにかわかっていますか？

生徒●え？　1次関数のグラフは直線、2次関数のグラフは放物線っていうのは知ってますけど……「関数とはなにか？」と言われたら困っちゃいます。(・_・?

先生●正直でいいですね。(^_-)- ☆

教科書には、「**ある変量 x の値に応じて変量 y の値が定まるとき、y は x の関数であるといい、x を独立変数、y を従属変数という**」と説明されています。

生徒●聞いたことはある気がします (*￣0￣*)

先生●ところで、関数はその昔、函館の「函」を使って、「**函数**」と書かれていたことを知っていますか？

生徒●いえ、（もちろん）知りません！

先生●「函」が当用漢字ではないので、1960年頃からは「関数」と書かれるようになったんです。

生徒●へぇ～……（突然ウンチク？）

先生●でも、一部の数学者は今でもあえて「函数」と書いています。なぜなら、こちらのほうが関数の本質を端的に表しているからです。

生徒●どうしてですか？

先生●函数の函には「箱」という意味がありますから、この漢字を使えば、「y は x の函数である」という字面から「ある箱に x という値を入力したときの出力が y である」というニュアンスを感じ取りやすいでしょう？（と言いながら、どこからか登場したホワイトボードに図を書く）

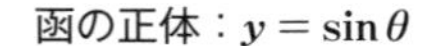

たとえば、$y=\sin\theta$ のとき、θ を「函（はこ）」に入力すれば出てくる y の値が定まりますから、三角比は関数であると言うことができそうですよね？

生徒●まあ、そうですね（まだ話が見えないけど……）。

先生●でも、まったく問題がないわけではありません。

生徒●どこがですか？

先生●数Ⅰで三角比を習うときは、ふつう角度は1周を360°とする度数法で表しますが、そうすると、入力値である θ には「°」という単位があるのに対して、出力値の y は、辺の比（無次元数）なので単位をもたないことになります。入力値と出力値の単位が違うことは関数であるために致命的な欠陥というわけではありませんが、できれば、入力値と出力値は単位が同じであるほうが、面倒がありません。その点、角度に弧度法を使えば弧度法は角度を長さの比で表す（p.56）ので、入力値も出力値も無次元数となり、好都合です。それから……。

生徒●まだあるんですか？（´・ω・｀）

先生●三角比は単位円を使って図1-23（p.49）のように拡張したとしても、このままでは使える角度は $0 \sim 2\pi$（$0° \sim 360°$）に限られてしまいます。せっかくなら、負の数や 2π（360°）を超える角度も考えられるようにしておいたほうが、すべての実数を入力値にすることができて、より応用範囲が広がります。そこで「一般角」というものを導入します。

生徒●いっぱんかく、ってなんですか？

先生● xy 平面上で原点 O を端点とする半直線 OP を、O のまわりに回転させます。ここでは最初 OP は x 軸に重なっていることにしましょう。このとき回転する半直線 OP を**動径**、半直線が最初にあった位置を示す x 軸を**始線**といいます。

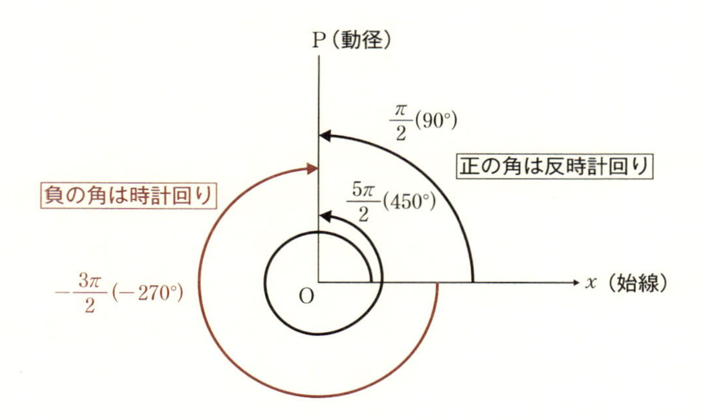

ただし、OP が回転する向きには 2 種類あることに注意しましょう。そこで

反時計回りを正の向き
時計回りを負の向き

と定めます。

一般に、動径 OP は 2π あるいは -2π 回転すると元の位置に戻るので

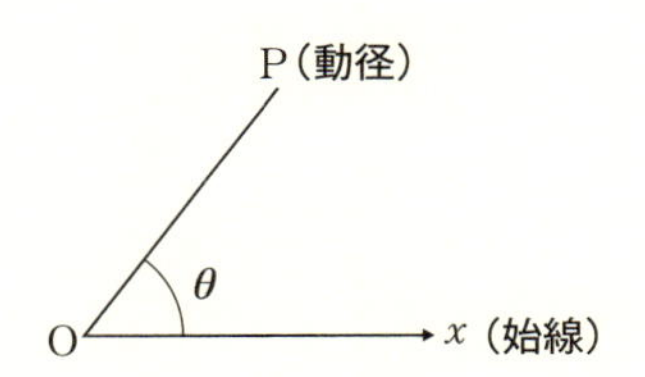

動径 OP と始線 x 軸のなす角の１つを θ としたとき、

$$\boldsymbol{\theta+2n\pi \quad (n=0, \pm 1, \pm 2 \cdots)}$$

で表される角度はすべて一致します。

このように角度の大きさを正、負すべての実数値にまで拡張して考えたものを**一般角**といいます。

生徒●なるほど。一般角についてはだいたいわかりました。

で、結局三角比と三角関数は何が違うんですか？

先生●話がまわりくどくてごめんなさいね。(^_^;)

結局、三角関数というのは、単位円を使って図 1-23 (p.49) のように拡張された三角比の角度を弧度法で表し、その範囲を一般角にまで広げたもののことです。

つまり、**弧度法と一般角を導入して三角比の利便性と汎用性を高めたものが三角関数だと言えるでしょう。**

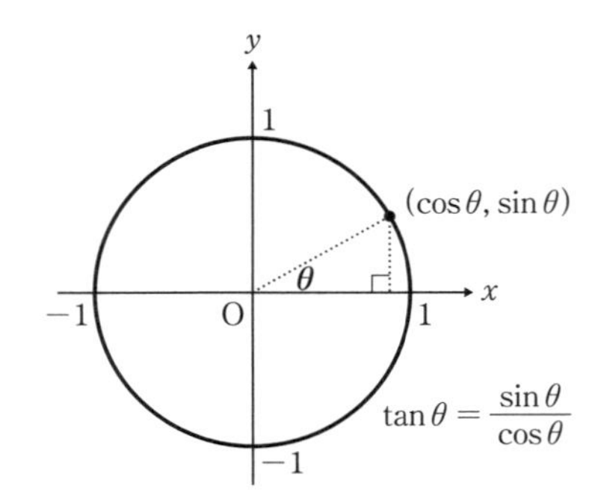

1-4　積の微分

「小さきもの」×「小さきもの」は無視できる

$f(x)$ と $g(x)$ がそれぞれ x の関数のとき、以下の「導関数の性質」が成立することを 1-2 節で学びましたね（p.31）。

$$\{kf(x)+lg(x)\}'=kf'(x)+lg'(x)\quad[k,l\text{ は定数}]$$

この調子（？）でいくと、$f(x)$ と $g(x)$ の**積の導関数**は「$\{f(x)g(x)\}'=f'(x)g'(x)$」になるんじゃないかと思う人がいるかもしれません。

でも、そうはならないんです。(^_-)- ☆

■積の導関数を図形から導く

導関数というのは、平均変化率の極限（微分係数）を関数として捉えたものでしたから

$$p(x)=f(x)g(x)$$

とおいて、$y=p(x)$ の平均変化率を調べてみましょう。(1-5) より

$$\frac{\Delta y}{\Delta x}=\frac{p(x+\Delta x)-p(x)}{\Delta x}$$

$$=\frac{f(x+\Delta x)g(x+\Delta x)-f(x)g(x)}{\Delta x}\tag{1-57}$$

平均変化率（p.13）
$\dfrac{\Delta y}{\Delta x}$

です。

ここで (1-57) の分子を長方形の面積で表してみたいと思います。

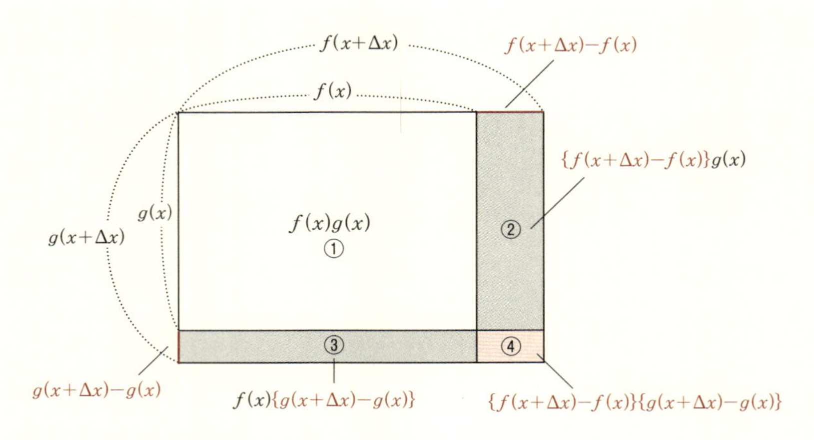

図 1-48 ● $\Delta\{f(x)g(x)\}$ を考える

（1-57）の分子 $f(x+\Delta x)g(x+\Delta x)-f(x)g(x)$ は図 1-48 の①〜④を足した大きな長方形の面積から①の長方形の面積を引いたものになります。すなわち、

$$f(x+\Delta x)g(x+\Delta x)-f(x)g(x)$$

$$=\underbrace{\{f(x+\Delta x)-f(x)\}g(x)}_{②}+\underbrace{f(x)\{g(x+\Delta x)-g(x)\}}_{③}$$

$$+\underbrace{\{f(x+\Delta x)-f(x)\}\{g(x+\Delta x)-g(x)\}}_{④}$$

です。

Δx が小さくなればなるほど、$f(x+\Delta x)-f(x)$ や $g(x+\Delta x)-g(x)$ も小さくなる（図 1-49）ので、図 1-48 の④（あかね色の長方形）の面積＝上の式の分子のあかね色部分は

小さきもの×小さきもの

となって、**無視できるほどごく小さな値になる**と考えるのは自然なことでしょう。

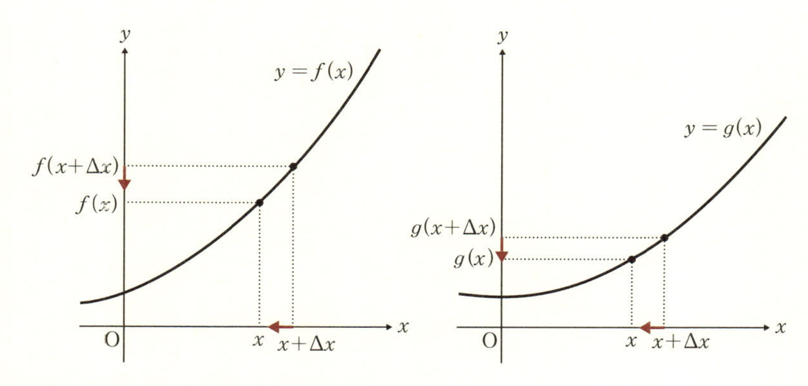

図 1-49 ● $\Delta x \to 0$ で Δy も小さくなる

つまり（1-57）の分子は

$$f(x+\Delta x)g(x+\Delta x)-f(x)g(x)$$

$$\fallingdotseq \{f(x+\Delta x)-f(x)\}g(x)+f(x)\{g(x+\Delta x)-g(x)\} \tag{1-58}$$

です。（1-58）の両辺を Δx で割ると

$$\frac{f(x+\Delta x)g(x+\Delta x)-f(x)g(x)}{\Delta x}$$

$$\fallingdotseq \frac{\{f(x+\Delta x)-f(x)\}g(x)+f(x)\{g(x+\Delta x)-g(x)\}}{\Delta x}$$

$$=\frac{f(x+\Delta x)-f(x)}{\Delta x}g(x)+f(x)\frac{g(x+\Delta x)-g(x)}{\Delta x} \tag{1-59}$$

$f(x+\Delta x)g(x+\Delta x)-f(x)g(x)=p(x+\Delta x)-p(x)$ なので、（1-59）は

$$\frac{p(x+\Delta x)-p(x)}{\Delta x}\fallingdotseq\frac{f(x+\Delta x)-f(x)}{\Delta x}g(x)+f(x)\frac{g(x+\Delta x)-g(x)}{\Delta x} \tag{1-60}$$

と書き直せます。

$\Delta x \to 0$ のとき、（1-58）～（1-60）の左辺と右辺の誤差も限りなく 0 に近

づくことは明らかなので、「≒」→「＝」となります。極限（p.7）を使って書けば、

$$\lim_{\Delta x \to 0}\frac{p(x+\Delta x)-p(x)}{\Delta x}$$

$$=\lim_{\Delta x \to 0}\left\{\frac{f(x+\Delta x)-f(x)}{\Delta x}g(x)+f(x)\frac{g(x+\Delta x)-g(x)}{\Delta x}\right\}$$

ですね。ここで、1-1 節で学んだ**極限の性質**（p.8）を使うと

極限の性質（p.8）

$$\lim_{x \to a}\{kf(x)+lg(x)\}$$

$$=k\lim_{x \to a}f(x)+l\lim_{x \to a}g(x)$$

$$\lim_{\Delta x \to 0}\frac{p(x+\Delta x)-p(x)}{\Delta x}$$

$$=\lim_{\Delta x \to 0}\left\{\frac{f(x+\Delta x)-f(x)}{\Delta x}\right\}\cdot g(x)+f(x)\cdot\lim_{\Delta x \to 0}\left\{\frac{g(x+\Delta x)-g(x)}{\Delta x}\right\} \tag{1-61}$$

導関数の定義（p.23）より、（1-61）から

$$\boldsymbol{p'(x)=f'(x)g(x)+f(x)g'(x)} \tag{1-62}$$

となります。

導関数の定義（p.23）

$$f'(x)=\lim_{h \to 0}\frac{f(x+h)-f(x)}{h}$$

■積の導関数を微分の定義式から導く

「小さきもの × 小さきもの」を無視することから得られた（1-62）を、微分の定義式からも導いておきましょう。途中で

$$\lim_{h \to 0}\frac{f(x+h)-f(x)}{h}=f'(x) \qquad \lim_{h \to 0}\frac{g(x+h)-g(x)}{h}=g'(x)$$

などを使うために不自然な式変形をしますので、注意深く追っかけてください。(^_-)- ☆

$$
\begin{aligned}
p'(x) &= \lim_{h\to 0}\frac{p(x+h)-p(x)}{h} \\
&= \lim_{h\to 0}\frac{f(x+h)g(x+h)-f(x)g(x)}{h} \\
&= \lim_{h\to 0}\frac{f(x+h)g(x+h)-f(x)g(x+h)+f(x)g(x+h)-f(x)g(x)}{h} \\
&= \lim_{h\to 0}\frac{\{f(x+h)-f(x)\}g(x+h)+f(x)g\{(x+h)-g(x)\}}{h} \\
&= \lim_{h\to 0}\left\{\frac{f(x+h)-f(x)}{h}\cdot g(x+h)+f(x)\cdot\frac{g(x+h)-g(x)}{h}\right\} \\
&= \boldsymbol{f'(x)g(x)+f(x)g'(x)}
\end{aligned}
$$

A−B = A−C+C−B
のような変形

$\dfrac{ab+cd}{r}=\dfrac{a}{r}\cdot b+c\cdot\dfrac{d}{r}$

$\to f'(x)$　$\to g(x)$　$\to g'(x)$

最後は $h\to 0$ で $g(x+h)\to g(x)$ になることにも注意してください。

結果は（1-62）と同じになりましたね。

$p(x)=f(x)g(x)$ より、

$$p'(x)=\{f(x)g(x)\}'$$

なので、次の**積の導関数公式**を得ます。

積の導関数公式

$$\{f(x)g(x)\}'=f'(x)g(x)+f(x)g'(x)$$

> $(x^n)' = nx^{n-1}$　[nは正の整数]
>
> $(c)' = 0$　[cは定数]

例）　$y = (x-1)(x^2+x+1)$ の場合

$$y' = \{(x-1)(x^2+x+1)\}'$$

$$= (x-1)'(x^2+x+1) + (x-1)(x^2+x+1)'$$

$$= (1-0)(x^2+x+1) + (x-1)(2x+1+0)$$

$$= 1 \cdot (x^2+x+1) + (x-1) \cdot (2x+1)$$

$$= x^2+x+1+2x^2-x-1$$

$$= \mathbf{3x^2}$$

（注） 上の結果は

$$y = (x-1)(x^2+x+1) = x^3-1$$

と微分する前に積を計算してから

$$y' = \{x^3-1\}' = 3x^2-0 = 3x^2$$

と微分したものと（もちろん）一致します。正直言って、この例は「積の導関数」の公式を使うより、微分の前に積を計算してしまったほうが楽ですが、数学では今後、この公式を使ったほうがうんと計算が楽になるケースがたくさん出てきます。

物理への展開……運動方程式と角運動量

本書の目的は、**微積分を使って、ニュートン力学の本質を理解する**ことです。では、そもそもニュートン力学とは何でしょうか？

（話は飛びますが）紀元前5世紀に古代ギリシャの哲学者ゼノンは、結論は明らかにおかしいのに、それを導く論証過程自体は正しそうに見える、いわゆる「ゼノンのパラドックス（逆説）」を発表しました。その中から有名な「アキレスと亀」をご紹介しましょう。

アキレスと亀

勇者アキレスは大変足が速い。そのアキレスと亀が徒競走をすることになった。亀はハンデをもらいアキレスより少し前からスタートする。しかし、アキレスは亀に追いつくことはできない。なぜならアキレスは、亀に追いつくより前に亀がスタートした地点に到着する必要があり、その時点で亀はスタート地点よりいくらか前に進んでいるからである。これは何度でもくり返すことができるので、結局アキレスは永遠に亀に追いつくことができない。

アキレスが亀に追いつくことができないのは明らかにおかしい結論ですが、これに反論することは簡単ではありません。当時のギリシャでも大混乱になりました。そんな中、かのプラトンは「これは考えるに及ばない」と結論づけたといいます。

プラトンは、ゼノンのパラドックスを論じるには「運動」や「限りなく小さいもの（無限小の極限）」などの概念が必要であり、そういうものは当時の考えの範囲を超えていることを見ぬきました。古代ギリシャの時代には、静止している物体の力学はありましたが、動く物体の力学を記述するための方法はなかったのです（そのことに気づくプラトンはさすがですね）。

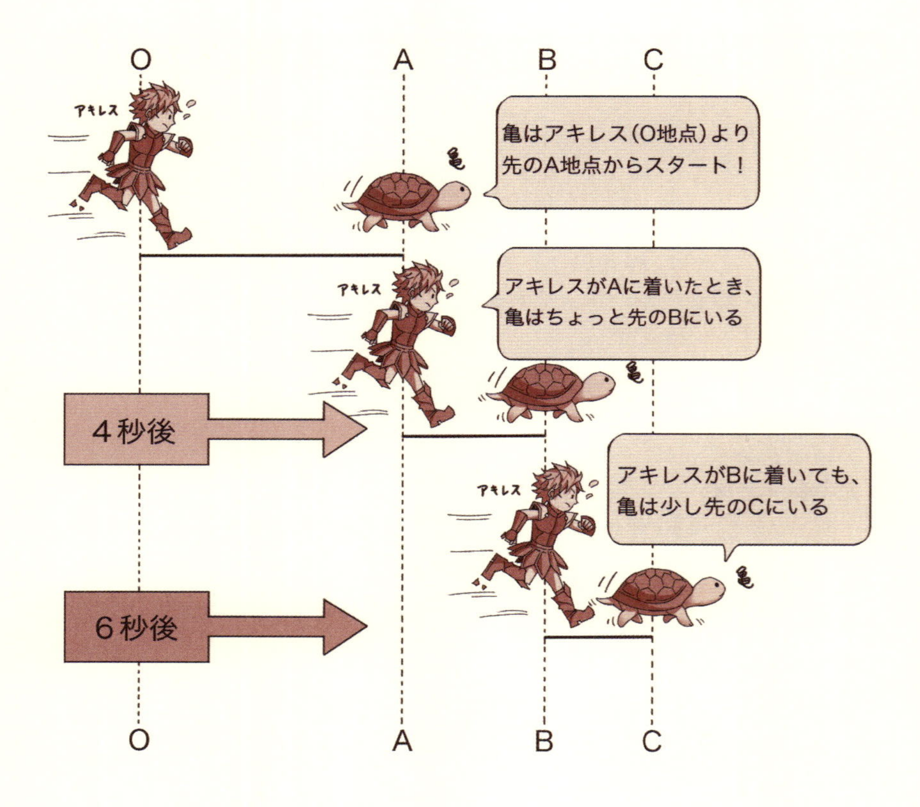

人類が「運動」を扱えるようになるには、ゼノンのパラドックスから2000年以上の時を待たなくてはなりません。

1687年に出版されたニュートンの名著『**自然哲学の数学的諸原理（プリンキピア）**』によって、「ニュートン力学」が確立されて初めて、人類は「運動」を数学的に記述するための方法を手にすることになります。

ニュートン力学の根幹は、次に紹介する**「運動の３法則」**と**万有引力**（後述：p.95）です。

ニュートンの「運動の３法則」

第１法則：慣性の法則
第２法則：運動の法則（運動方程式）
第３法則：作用・反作用の法則

■第１法則：慣性の法則

慣性とは、物体が**（静止も含む）運動状態を保とうとする性質**のことで、「慣性の法則」は教科書的には次のようにまとめられます。

慣性の法則

外部から力を受けないか、あるいは外部から受ける力があってもそれらがつりあっている場合には、静止している物体はいつまでも静止をし続け、運動している物体は等速直線運動をし続ける。

たとえば、止まっている車に乗っていて、車が発進すると、体が背中に押しつけられるような感覚になりますが、あれはその場所に留まろうとする体を、動いた車のシートが押すからです。決して後ろに引っ張られているわけではありません。

また、ストーンを氷上で滑らせるカーリングでは、ストーンを進ませたい場合、ブラシで氷面をはいてできるだけストーンと氷面の摩擦を少なくしようとします。

図 1-50 ●カーリング

もし、理想的にまったく摩擦も空気抵抗もない状態が実現したら、慣性の法則によってストーンは最初に投げ出された速度のまま等速直線運動をするでしょう。

■第２法則：運動の法則（運動方程式）

物体に力がはたらかないときは慣性の法則が成り立って、物体は静止したままか、等速直線運動するかのどちらかです。

逆に**物体に力がはたらけば**、速度が変化するので、物体は必ず**加速度**（p.35）**を持ちます**。

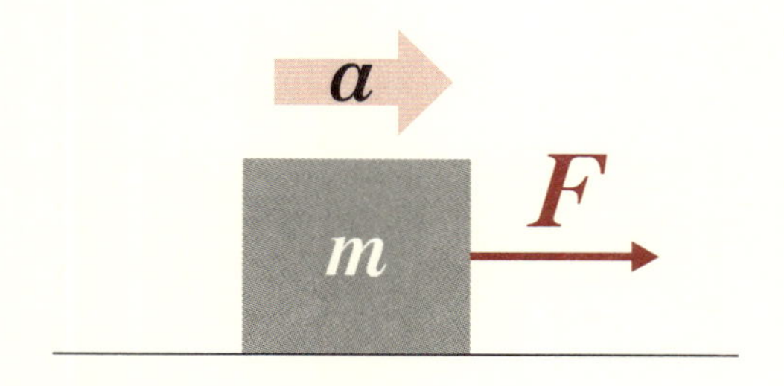

図 1-51 ●物体にはたらく力と加速度

このとき、物体の**加速度は力に比例し、質量に反比例する**ことが実験で確かめられています（予想どおりの結果ですね）。物体の加速度を a、質

量を m、物体にはたらく力を F とすれば、

$$a \propto \frac{F}{m} \quad \Leftrightarrow \quad a = k\frac{F}{m} \quad [k\text{は比例定数}] \tag{1-63}$$

（注） ∝は比例を表すマーク。
一般に、y が x に比例するとき

$$y \propto x \quad \Leftrightarrow \quad y = kx \quad [k\text{は定数}]$$

であり、y が x に反比例するときは、

$$y \propto \frac{1}{x} \quad \Leftrightarrow \quad y = \frac{l}{x} \quad [l\text{は定数}]$$

です。ここで定数 k や l を「比例定数」と言います。

（1-63）より

$$ma = kF \tag{1-64}$$

です。

力の単位**ニュートン（記号：N）**は比例定数 k の値が **$k=1$ になるように定められています**。すなわち、質量 $m=1$ [kg] の物体が加速度 $a=1$ [m/s^2] を持つとき、力の大きさが $F=1$ [N（ニュートン）] です。

このとき（1-64）は

$$\boldsymbol{ma = F} \tag{1-65}$$

です。（1-65）を**運動方程式**といいます。

加速度も力もベクトル（方向と大きさで決まる量：p.57）なので、運動方程式は一般にベクトルを使って次のように表します。

$$m\vec{a} = \vec{F} \tag{1-66}$$

(注) 単位について
物理（力学）では、ふつう長さの単位には**メートル** [m]、質量の単位には**キログラム** [kg]、時間の単位には**秒** [s] を使います。これらをまとめて **MKS 単位系**といい、MKS 単位系に電流の単位**アンペア** [A] と、温度の単位（絶対温度）**ケルビン** [K] などを加えたものが**国際単位系**（SI 単位系）の**基本単位**になっています。
一方、基本単位の組合せによってできる単位は**組立単位**といい、加速度の単位 [m/s²] や力の単位 [N＝kg･m/s²] などは組立単位です。

運動方程式
質量 m [kg] の物体に力 $\vec{F}$ [N] がはたらいて、加速度が $\vec{a}$ [m/s²] であるとき、次式が成り立つ。

$$m\vec{a} = \vec{F}$$

これを**運動方程式**という。

■第３法則：作用・反作用の法則

図 1-52 のように、物体 A から物体に B に力 $\vec{F}$ がはたらくとき、必ず物体 A も B から力 $-\vec{F}$（$\vec{F}$ と大きさが同じで向きが反対の力：$\vec{F}$ の逆ベクトル、p.60）を受けます。２つの力のうち一方を**作用**、他方を**反作用**といい、$\vec{F}$ の方向に引いた直線を**作用線**と言います。

「作用・反作用の法則」をまとめると次のとおり。

作用・反作用の法則
物体 A から物体 B に力をはたらかせると、物体 B から物体 A に、同じ作用線上で、大きさが等しく、反対向きの力がはたらく。

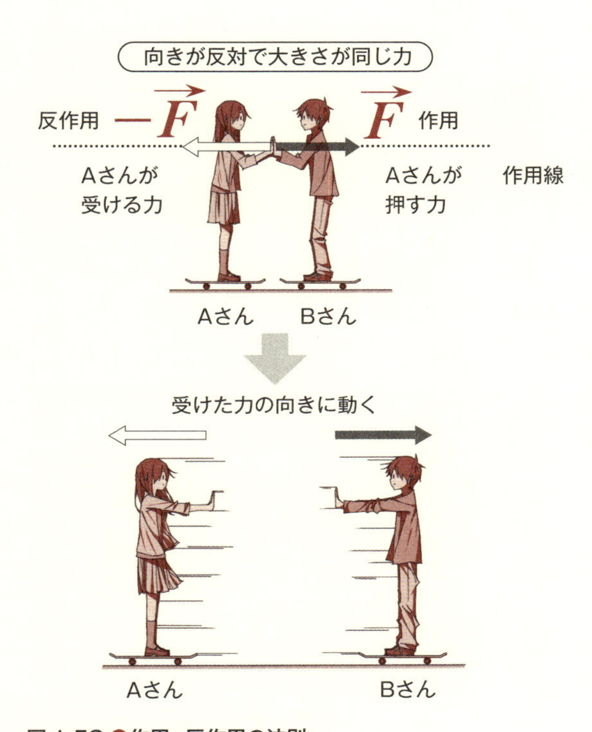

図 1-52 ●作用・反作用の法則

■万有引力の法則

運動の 3 法則と並んでニュートン力学の根幹をなす万有引力についても解説しておきましょう。万有引力は、その名のとおり質量を持つ 2 つの物体の間には必ずはたらく力です。

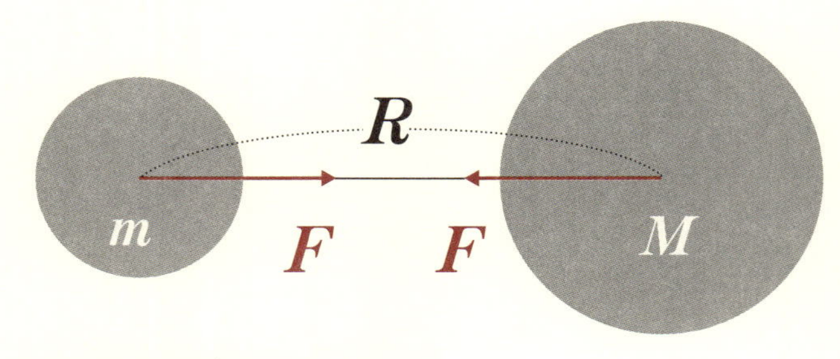

図 1-53 ●万有引力の法則

万有引力の大きさは**両者の質量の積に比例し、距離の2乗に反比例**します。2物体の質量を m と M、2物体の距離を R とすれば、万有引力 F は

$$F = G\frac{mM}{R^2} \tag{1-67}$$

と書けます。作用・反作用の法則は万有引力でも成立するので、質量 m の物体にはたらく万有引力と質量 M の物体にはたらく力の大きさは同じで向きは反対（お互いを引き合う向き）です。

(1-67) で G は万有引力定数と呼ばれる定数（比例定数）で、その値は

$$G = 6.67\times10^{-11}\quad[\mathrm{N\cdot m^2/kg^2}]$$

です。

地球が地球上の物体に及ぼす引力は、地球各部が及ぼす万有引力の合力ですが、これは地球の全質量が地球の中心に集まったときに及ぼす万有引力に等しくなります。

また、地球上の物体は地球の自転による遠心力（後述：p.137、139）を受けるので、物体にはたらく重力は厳密にはこの遠心力と万有引力の合力ですが、遠心力の大きさは、質量が約 6.0×10^{24} [kg] もある地球との万有引力に比べると 1/300 程度なので、通常は

地球上の重力＝地球との間にはたらく万有引力

と考えてさしつかえありません。

そこで、地球上の物体にはたらく重力の大きさを計算してみましょう。

なお、たとえば建物の1階と10階では地球の中心からの距離が違いますが地球の半径は桁違いに大きく約6400kmもあるので、地上の高低差は無視します。

今、地球上の質量m[kg]の物体にはたらく重力をF [N]とすると、(1-67)に

$$G=6.67\times10^{-11}\quad[\mathrm{N\cdot m^2/kg^2}]$$
$$R=6400\quad[\mathrm{km}]=6.4\times10^{6}\quad[\mathrm{m}]$$
$$M=6.0\times10^{24}\quad[\mathrm{kg}]$$

MKS単位系にそろえる

を代入して

$$F=G\frac{mM}{R^2}=6.67\times10^{-11}\times\frac{m\times6.0\times10^{24}}{(6.4\times10^{6})^2}\fallingdotseq m\times9.8\quad[\mathrm{N}]$$

と計算できます。

物体が地球上にあるかぎりは定数とみなせる$\dfrac{GM}{R^2}$は

$$\frac{GM}{R^2}\fallingdotseq9.8\quad[\mathrm{m/s^2}]$$

です。これを**重力加速度**（gravitational acceleration）と言い、頭文字を取ってgで表します。すなわち、地球上の質量m [kg]の物体にはたらく重力は$\boldsymbol{mg}$ [N]で、$\boldsymbol{g\fallingdotseq9.8}$ **[m/s²]**です。

万有引力と地球上の重力

質量m [kg]、M [kg]の物体がR [m]離れているとき、**万有引力**Fは

$$\boldsymbol{F=G\frac{mM}{R^2}}\quad(G=6.67\times10^{-11}\ [\mathrm{N\cdot m^2/kg^2}])$$

地球上の質量m [kg]の物体にはたらく**重力**は

$$\boldsymbol{mg}\quad(g\fallingdotseq9.8\ [\mathrm{m/s^2}])$$

入試問題に挑戦

では、ここまでを踏まえて、入試問題に挑戦してみましょう。

問題４　東京都市大学

図のように、なめらかな水平台上に質量 m [kg] の細いロープを置く。その一端Ａに質量 M [kg] の物体Ｐを結び付け、他端Ｂを M' [kg] の物体にはたらく重力に等しい力で水平に引いた。重力加速度の大きさを g [m/s²] とし、M、M'、m、g を用いて次の問いに答えよ。

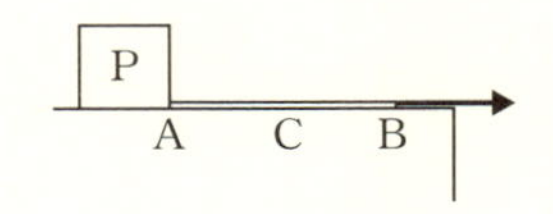

(1)　物体Ｐの加速度 a はいくらか。
(2)　ロープの中央Ｃにおける張力 T はいくらか。

◇ 解説

ロープをAC部分とBC部分に分けて考えるのがコツです。

AC部分とBC部分を２物体と考えれば、**作用・反作用の法則**よりＣにおいてBC部分が引かれる力とAC部分が引かれる力の大きさは同じで向きは反対になります。

同じくＡにおいても、AC部分が引かれる力とＰが引かれる力の大きさは同じで向きは反対です。

また「M' [kg] の物体にはたらく重力」は $M'g$ ですね。

❖ 解答

Ａ、Ｃ、Ｂにはたらく水平方向の力を書き入れると次頁の図のとおり。

ロープABをAC部分とBC部分に分けると、それぞれの質量は $\frac{m}{2}$ なので、物体Ｐ、AC部分、BC部分の水平方向の運動方程式は

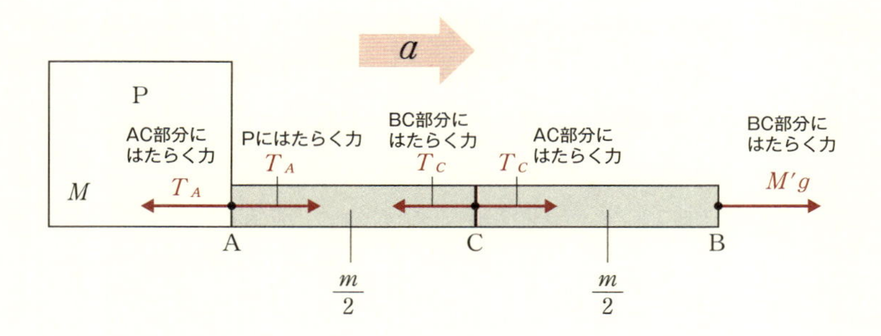

物体 P：$Ma = T_A$ ……①

AC 部分：$\frac{m}{2}a = -T_A + T_C$ ……②

BC 部分：$\frac{m}{2}a = -T_C + M'g$ ……③

運動方程式
$ma = F$

(1)　①＋②＋③より

$$\left(M+\frac{m}{2}+\frac{m}{2}\right)a = T_A - T_A + T_C - T_C + M'g$$

$$\Rightarrow\ (M+m)a = M'g \quad \cdots\cdots ④$$

$$\Rightarrow\ \boldsymbol{a = \frac{M'g}{M+m}}$$

(2)　④を③に代入すると

$$\frac{m}{2}a = -T_C + (M+m)a$$

$$\Rightarrow\ T_C = (M+m)a - \frac{m}{2}a = \left(M+\frac{m}{2}\right)a$$

(1)の結果を代入します。

$$\Rightarrow\ T_C = \left(M+\frac{m}{2}\right)\frac{M'g}{M+m} = \boldsymbol{\frac{(2M+m)M'g}{2(M+m)}}$$

■角運動量について

ここまで読んでくれた読者の中には

「あれ？　『積の導関数公式』なんてどこにも出てこないじゃん」と不満に思う人がいると思います。ごめんなさい。

実は、前半で積の導関数公式を学んでもらったのは、これから示すように、運動方程式を使って、「角運動量」という新しい物理量を定義するためです。でも、それには「運動方程式」についても知ってもらう必要があるので、ここまでは運動方程式を含む「ニュートンの運動の３法則」と万有引力について話をさせてもらいました。

p.98 の「問題 4」は運動方向が水平方向に限られていたので、水平方向のみの運動方程式を考えましたが、前述のとおり、運動方程式は一般にベクトルで書かれます。すなわち（平面の運動では）x 成分と y 成分を持ちます。

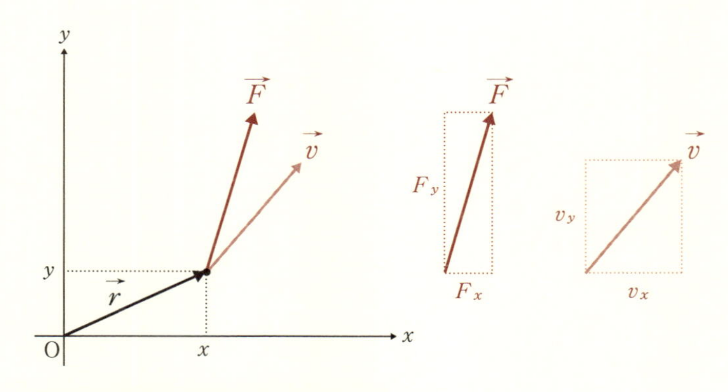

図 1-54 ●物体の位置と受ける力と速度

今、図 1-54 のように、物体の位置と物体が受ける力と物体の速度がそれぞれ、

$$\vec{r} = (x, y)、\quad \vec{F} = (F_x, F_y)、\quad \vec{v} = (v_x, v_y)$$

であるケースを考えます。

1-2 節で見たように加速度は速度の微分で

$$\vec{a}(t)=\frac{d\vec{v}}{dt}$$

で与えられますから、運動方程式は

$$m\vec{a}=\vec{F} \quad \Rightarrow \quad m\frac{d\vec{v}}{dt}=\vec{F} \qquad (1\text{-}68)$$

と書けます。(1-68) は成分を使って書けば、

$$m\frac{d\vec{v}}{dt}=\vec{F}$$

$$\Rightarrow \quad m\frac{d}{dt}(v_x, v_y)=(F_x, F_y)$$

$$\Rightarrow \quad \left(m\frac{d}{dt}v_x, m\frac{d}{dt}v_y\right)=(F_x, F_y)$$

$k\vec{a}+l\vec{b}=k(x_a, y_a)+l(x_b, y_b)$

ですね。x 成分と y 成分を分けて書きます。

$$\begin{cases} m\dfrac{d}{dt}v_x=F_x & \cdots\cdots① \\[2ex] m\dfrac{d}{dt}v_y=F_y & \cdots\cdots② \end{cases}$$

ここで ②×x−①×y をつくると

$$mx\frac{d}{dt}v_y-my\frac{d}{dt}v_x=xF_y-yF_x \qquad (1\text{-}69)$$

さあ、やっと「積の微分公式」の登場です。実は (1-69) の左辺は

$$mx\frac{d}{dt}v_y-my\frac{d}{dt}v_x=m\frac{d}{dt}(xv_y-yv_x) \qquad (1\text{-}70)$$

と変形できます。確かめてみましょう。

$$\frac{d}{dt}(xv_y - yv_x)$$

$$= \frac{d}{dt}(x \cdot v_y) - \frac{d}{dt}(y \cdot v_x)$$

$\{f(x)g(x)\}' = f'(x)g(x) + f(x)g'(x)$

$$= \frac{dx}{dt} \cdot v_y + x \cdot \frac{d}{dt} v_y - \left(\frac{dy}{dt} \cdot v_x + y \cdot \frac{d}{dt} v_x \right)$$

$\frac{d\vec{r}}{dt} = \vec{v}$

$\Rightarrow \frac{dx}{dt} = v_x, \frac{dy}{dt} = v_y$

$$= v_x \cdot v_y + x \cdot \frac{d}{dt} v_y - \left(v_y \cdot v_x + y \cdot \frac{d}{dt} v_x \right)$$

$$= x \cdot \frac{d}{dt} v_y - y \cdot \frac{d}{dt} v_x$$

$$\therefore \quad \frac{d}{dt}(xv_y - yv_x) = x \cdot \frac{d}{dt} v_y - y \cdot \frac{d}{dt} v_x$$

両辺に m を掛けて、左辺と右辺を入れ替えれば（1-70）を得ます。

（1-70）を（1-69）に代入すると

$$m\frac{d}{dt}(xv_y - yv_x) = xF_y - yF_x$$

$$\Rightarrow \quad \frac{d}{dt}\{m(xv_y - yv_x)\} = xF_y - yF_x \qquad (1\text{-}71)$$

ここで、$l = m(xv_y - yv_x)$ とおくと、（1-71）は

$$\frac{dl}{dt} = xF_y - yF_x \qquad (1\text{-}72)$$

と書けますが、この l を**原点Oのまわりの角運動量**と言います。

（1-72）の右辺が何を意味するかは次節で学ぶ三角関数の加法定理によって明らかになります。また角運動量についても後ほど詳しくお話をします。楽しみにしていてください。(^_-)- ☆

質問コーナー

生徒●「積の微分公式」というものがあるなら、**「商の微分公式」というのもあるんですか？**

先生●（なんて、都合のよい質問をしてくれる生徒なんだ、と感激しながら）あります、あります！

生徒●（なんでこんなに興奮してるのかしら？）

先生●今、

$$r(x)=\frac{f(x)}{g(x)}$$

とします。ここでは $g(x)\neq 0$ です。分母を払うと

$$f(x)=r(x)g(x)$$

ですね。これを「積の微分の公式」を使って微分すると……

$$f'(x)=r'(x)g(x)+r(x)g'(x)$$

となります。

これを $r'(x)$ について解きます。$g(x)\neq 0$ ですから安心して割り算してください。

$$r'(x)=\frac{f'(x)-r(x)g'(x)}{g(x)}$$

となりますね。

さあ、この式に最初の $r(x)$ を代入してください。

生徒●（最後まではやってくれないのね……）はい。

$$r'(x)=\left\{\frac{f(x)}{g(x)}\right\}'$$

$$=\frac{f'(x)-\dfrac{f(x)}{g(x)}g'(x)}{g(x)}$$

$$=\frac{1}{g(x)}\left\{f'(x)-\frac{f(x)}{g(x)}g'(x)\right\}$$

$$=\frac{1}{g(x)}\left\{\frac{f'(x)g(x)-f(x)g'(x)}{g(x)}\right\}$$

$$=\frac{f'(x)g(x)-f(x)g'(x)}{\{g(x)\}^2}$$

できました。＼(^o^)／　なんだか複雑ですね。

先生●確かにそうなのですが、この「商の微分公式」も非常に利用する機会が多い公式ですから、自分で導けるようにした上で、しっかり頭に入れておいてください。

商の微分の公式

$$\left\{\frac{f(x)}{g(x)}\right\}'=\frac{f'(x)g(x)-f(x)g'(x)}{\{g(x)\}^2}$$

1-5 三角関数の微分と合成関数の微分

「見かけの力」の正体

カーブを曲がる車に乗っている人は、カーブする方向とは逆に**遠心力**を感じますね。

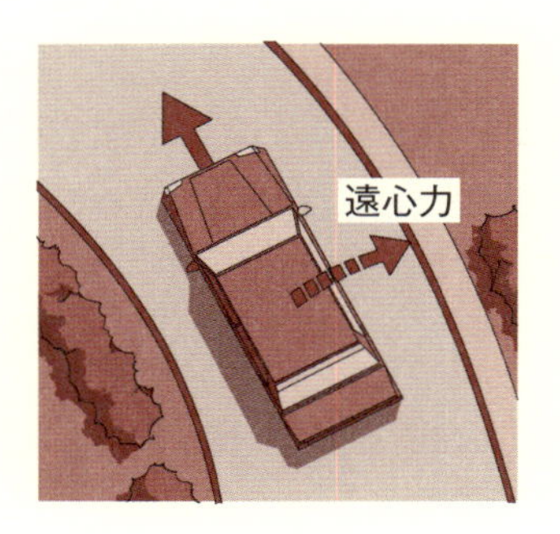

また、北半球の台風が反時計回りに渦を巻くのは、地球の自転によって台風の目（低気圧の中心）に流れ込む風が**コリオリ力**と呼ばれる進行方向右向きの力を受けるからです。

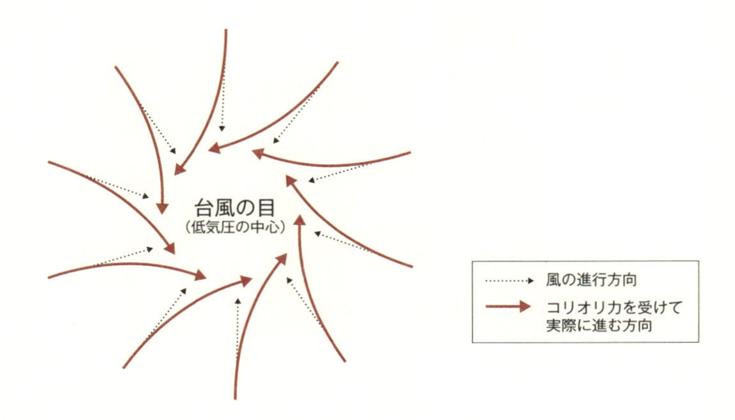

実は、遠心力とコリオリ力はいわゆる**見かけの力**（fictitious force）で、実体的起源を持ちません。高校の物理では遠心力やコリオリ力を、慣性の法則（p.91）を成り立たせるための力（**慣性力**）であると説明しますが、この説明で「本当には存在しない力」が生まれる理由を納得できる高校生は決して多くないと思います。

でも、この節で学ぶ**三角関数の微分**と**合成関数の微分**を理解すれば、**回転する座標系上での運動方程式**を考えることで、遠心力やコリオリ力の正体をすっきりと（簡単に、とは言いませんが……）理解することができます。少し長くなりますが、期待していてください！

まず、三角関数の微分を理解するためには**加法定理**という、おそらく**高校数学の中で最も証明が難しい定理**を理解する必要があります（加法定理の証明はかつて東大の入試でも出題されました）。

加法定理の証明には以下の３つが必要です。

- **2点間の距離の公式**
- **三角関数の相互関係**
- **負角・余角の公式**

順々に説明していきますね。(^_-)-☆

■ 2点間の距離の公式

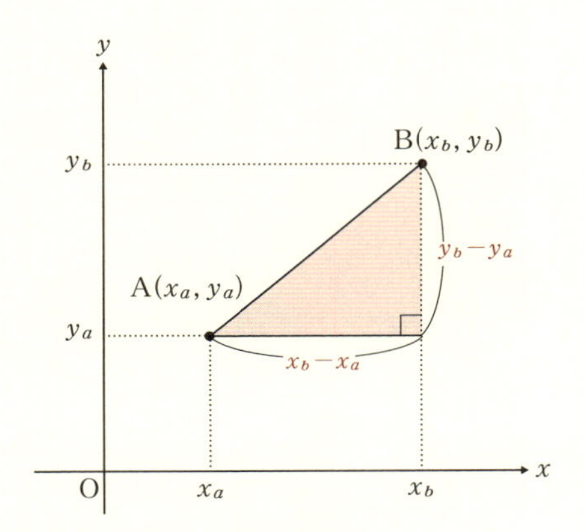

図 1-55 ● 2点ABの距離

座表平面上に2点A（x_a, y_a）、B（x_b, y_b）があるとき、図1-55のように ABを斜辺とする直角三角形を考えると三平方の定理より

$$AB^2 = (x_b - x_a)^2 + (y_b - y_a)^2$$

$$\Rightarrow \quad AB = \sqrt{(x_b - x_a)^2 + (y_b - y_a)^2} \qquad (1\text{-}73)$$

特に原点OとA（x_a, y_a）の距離は同じく三平方の定理より

$$OA^2 = x_a{}^2 + y_a{}^2$$

$$\Rightarrow \quad OA = \sqrt{x_a{}^2 + y_a{}^2} \qquad (1\text{-}74)$$

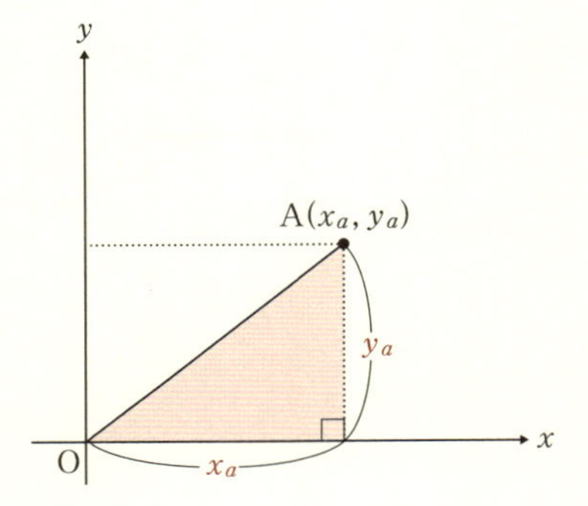

2点間の距離の公式

2点A (x_a, y_a)、B (x_b, y_b) 間の距離ABは

$$\mathbf{AB} = \sqrt{(x_b - x_a)^2 + (y_b - y_a)^2}$$

特に原点OとA (x_a, y_a) の距離は

$$\mathbf{OA} = \sqrt{x_a^2 + y_a^2}$$

■三角関数の相互関係

前述（p.82）のとおり、三角関数は三角比の拡張で使った次の図で定義されます。

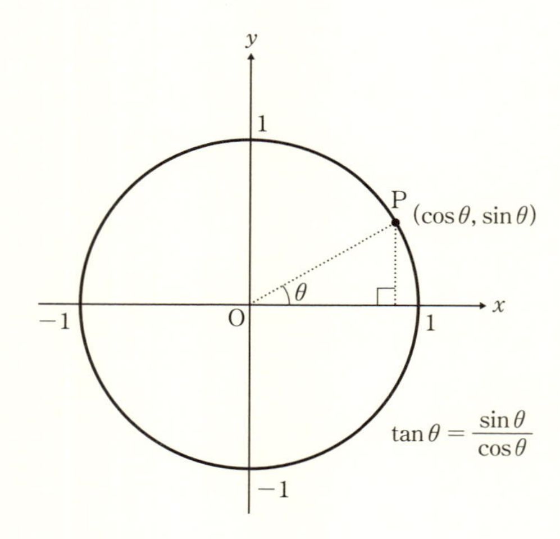

θ の値によらずOP＝1なので、先ほどの2点間の距離の公式を使えば

$$\mathrm{OP} = 1 \quad \Rightarrow \quad \sqrt{(\cos\theta)^2 + (\sin\theta)^2} = 1$$

$$\Rightarrow \quad (\cos\theta)^2 + (\sin\theta)^2 = 1^2$$

$$\Rightarrow \quad \cos^2\theta + \sin^2\theta = 1 \tag{1-75}$$

OとA(x_a, y_a)の距離は
$\mathrm{OA} = \sqrt{x_a^2 + y_a^2}$

また、定義より

$$\tan\theta = \frac{\sin\theta}{\cos\theta} \tag{1-76}$$

(1-75)、(1-76) から次の関係式も得られます。

$$1+\tan^2\theta = 1+\left(\frac{\sin\theta}{\cos\theta}\right)^2$$

$\tan\theta = \dfrac{\sin\theta}{\cos\theta}$

$$= 1+\frac{\sin^2\theta}{\cos^2\theta}$$

$$= \frac{\cos^2\theta+\sin^2\theta}{\cos^2\theta}$$

$\cos^2\theta+\sin^2\theta = 1$

$$= \frac{1}{\cos^2\theta}$$

つまり、

$$1+\tan^2\theta = \frac{1}{\cos^2\theta} \tag{1-77}$$

です。

(1-75)、(1-76)、(1-77) の 3 つを**三角関数の相互関係**と言います。

三角関数の相互関係

(i) $\cos^2\theta+\sin^2\theta = 1$

(ii) $\tan\theta = \dfrac{\sin\theta}{\cos\theta}$

(iii) $1+\tan^2\theta = \dfrac{1}{\cos^2\theta}$

■負角・余角の公式

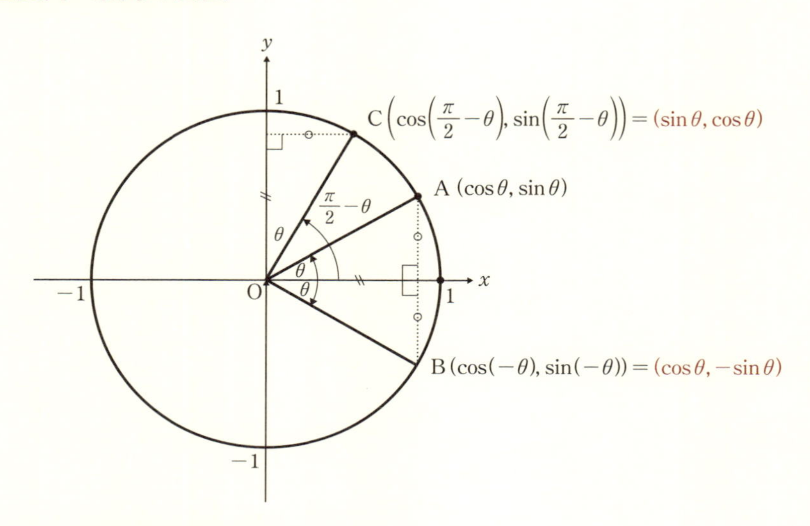

図 1-56 ●負角・余角の関係

図 1-56 のように単位円（半径が1の円）上に x 軸の正の向きと角度 θ をなす点 A $(\cos\theta, \sin\theta)$ を用意します。次に A とは反対向き（負の向き）に角度 θ をなす点 B $(\cos(-\theta), \sin(-\theta))$ を取ると、B は A と x 軸に関して対称になるので、x 座標は同じで、y 座標は符号が逆になります。

すなわち

$$(\cos(-\theta), \sin(-\theta))=(\boldsymbol{\cos\theta, -\sin\theta}) \quad [\text{負角の公式}] \tag{1-78}$$

です。

次に y 軸の正の方向から負の向きに角度 θ を取った点 C を用意すると、図より「C の x 座標＝A の y 座標」、「C の y 座標＝A の x 座標」なので

$$\left(\cos\left(\frac{\pi}{2}-\theta\right), \sin\left(\frac{\pi}{2}-\theta\right)\right)=(\boldsymbol{\sin\theta, \cos\theta}) \quad [\text{余角の公式}] \tag{1-79}$$

（注） 鋭角に対して、合わせて直角になる角度のことを「**余角**」と言います。

負角・余角の公式

$$\cos(-\theta)=\cos\theta、\quad \sin(-\theta)=-\sin\theta$$

$$\cos\left(\frac{\pi}{2}-\theta\right)=\sin\theta、\quad \sin\left(\frac{\pi}{2}-\theta\right)=\cos\theta$$

さあ、これで加法定理の証明を理解するための準備は終了です！
いよいよ証明に入っていきます。

■加法定理

加法定理

(i) $\cos(\alpha+\beta)=\cos\alpha\cos\beta-\sin\alpha\sin\beta$

(ii) $\cos(\alpha-\beta)=\cos\alpha\cos\beta+\sin\alpha\sin\beta$

(iii) $\sin(\alpha+\beta)=\sin\alpha\cos\beta+\cos\alpha\sin\beta$

(iv) $\sin(\alpha-\beta)=\sin\alpha\cos\beta-\cos\alpha\sin\beta$

(v) $\tan(\alpha+\beta)=\dfrac{\tan\alpha+\tan\beta}{1-\tan\alpha\tan\beta}$

(vi) $\tan(\alpha-\beta)=\dfrac{\tan\alpha-\tan\beta}{1+\tan\alpha\tan\beta}$

最初に、(i) の

$$\cos(\alpha+\beta)=\cos\alpha\cos\beta-\sin\alpha\sin\beta$$

を示し、その後は負角の公式や余角の公式、相互関係などを使って芋づる式に導いていきます。

❖ 証明

x 軸の正の方向を始線とし、角度 α、角度 $\alpha+\beta$、角度 $-\beta$ の動径と単位円との交点をそれぞれ P、Q、R とします。また (1, 0) を A とします。

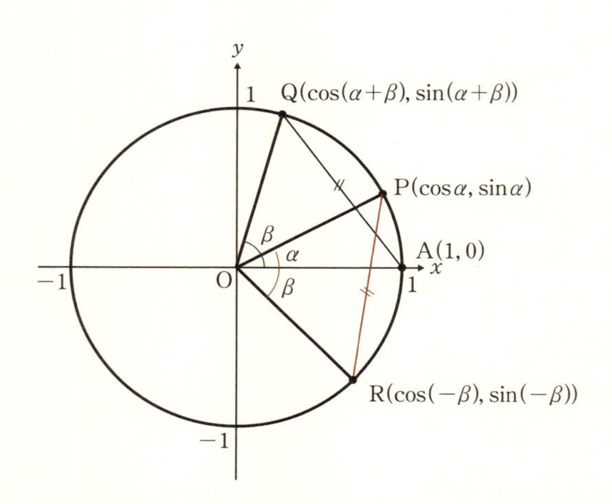

図 1-57 ● cos の加法定理、AQ=RP であることに注目

三角関数の定義から、各点の座標は次のとおり。

$$\mathrm{P}(\cos\alpha,\ \sin\alpha)$$

$$\mathrm{Q}(\cos(\alpha+\beta),\ \sin(\alpha+\beta))$$

$$\mathrm{R}(\cos(-\beta),\ \sin(-\beta))=\mathrm{R}(\cos\beta,\ -\sin\beta)$$

> 負角の公式
> $\cos(-\theta)=\cos\theta$
> $\sin(-\theta)=-\sin\theta$

R の座標には**負角の公式**を使いました。

図より RP を原点のまわりに β だけ回転すると AQ に重なることは明らかなので

$$AQ=RP$$

ですね。

2点間の距離の公式（p.108）を用いると

> $A(x_a, y_a)$ と $B(x_b, y_b)$ のとき
> $AB=\sqrt{(x_b-x_a)^2+(y_b-y_a)^2}$

$$\sqrt{\{\cos(\alpha+\beta)-1\}^2+\{\sin(\alpha+\beta)-0\}^2}$$

$$=\sqrt{(\cos\beta-\cos\alpha)^2+(-\sin\beta-\sin\alpha)^2}$$

両辺を2乗してから展開します。

> $(a-b)^2=a^2-2ab+b^2$

> $(-\sin\beta-\sin\alpha)^2=\{-(\sin\beta+\sin\alpha)\}^2$
> $=(\sin\beta+\sin\alpha)^2$

$$\underbrace{\cos^2(\alpha+\beta)-2\cos(\alpha+\beta)+1^2+\sin^2(\alpha+\beta)}_{\cos^2(\alpha+\beta)+\sin^2(\alpha+\beta)=1}$$

$$=\cos^2\beta-2\cos\beta\cos\alpha+\cos^2\alpha+\sin^2\beta+2\sin\beta\sin\alpha+\sin^2\alpha$$

（$\cos^2\beta+\sin^2\beta=1$、$\cos^2\alpha+\sin^2\alpha=1$）

三角関数の相互関係より「$\cos^2\theta+\sin^2\theta=1$」であることに注意すると、上の式は次のように整理できます。

$$2-2\cos(\alpha+\beta)=2-2\cos\beta\cos\alpha+2\sin\beta\sin\alpha$$

$$\Rightarrow\quad -2\cos(\alpha+\beta)=-2\cos\beta\cos\alpha+2\sin\beta\sin\alpha$$

$$\Rightarrow\quad \boldsymbol{\cos(\alpha+\beta)=\cos\alpha\cos\beta-\sin\alpha\sin\beta} \qquad \cdots\cdots(\mathrm{i})$$

これで（i）が導けました。

（i）式で $\beta\to-\beta$ とすると

$$\cos\{\alpha+(-\beta)\}=\cos\alpha\cos(-\beta)-\sin\alpha\sin(-\beta)$$

負角の公式
$\cos(-\theta)=\cos\theta$
$\sin(-\theta)=-\sin\theta$

$$\Rightarrow\quad \cos(\alpha-\beta)=\cos\alpha\cos\beta-\sin\alpha(-\sin\beta)$$

$$\Rightarrow\quad \boldsymbol{\cos(\alpha-\beta)=\cos\alpha\cos\beta+\sin\alpha\sin\beta} \qquad \cdots\cdots\text{(ii)}$$

また余角の公式などを使うと

$$\sin(\alpha+\beta)$$

$$=\cos\left\{\frac{\pi}{2}-(\alpha+\beta)\right\}$$

$$=\cos\left\{\left(\frac{\pi}{2}-\alpha\right)-\beta\right\}$$

$$=\cos\left(\frac{\pi}{2}-\alpha\right)\cos\beta+\sin\left(\frac{\pi}{2}-\alpha\right)\sin\beta$$

$$=\sin\alpha\cos\beta-\cos\alpha(-\sin\beta)$$

余角の公式
$\sin\theta=\cos\left(\frac{\pi}{2}-\theta\right)$

$\cos(\alpha-\beta)$
$=\cos\alpha\cos\beta+\sin\alpha\sin\beta$

余角の公式
$\cos\left(\frac{\pi}{2}-\theta\right)=\sin\theta$
$\sin\left(\frac{\pi}{2}-\theta\right)=\cos\theta$

よって、

$$\boldsymbol{\sin(\alpha+\beta)=\sin\alpha\cos\beta+\cos\alpha\sin\beta} \qquad \cdots\cdots\text{(iii)}$$

(iii) 式で $\beta\to-\beta$ とすると

$$\sin\{\alpha+(-\beta)\}=\sin\alpha\cos(-\beta)+\cos\alpha\sin(-\beta)$$

$\cos(-\theta)=\cos\theta$
$\sin(-\theta)=-\sin\theta$

$$\Rightarrow\quad \sin(\alpha-\beta)=\sin\alpha\cos\beta+\cos\alpha(-\sin\beta)$$

$$\Rightarrow\quad \boldsymbol{\sin(\alpha-\beta)=\sin\alpha\cos\beta-\cos\alpha\sin\beta} \qquad \cdots\cdots\text{(iv)}$$

次に、(i) (iii) と三角関数の相互関係を使って $\tan(\alpha+\beta)$ を変形して (v) を示します。

$$
\begin{aligned}
&\tan(\alpha+\beta)\\
&=\frac{\sin(\alpha+\beta)}{\cos(\alpha+\beta)}\\
&=\frac{\sin\alpha\cos\beta+\cos\alpha\sin\beta}{\cos\alpha\cos\beta-\sin\alpha\sin\beta}\\
&=\frac{\dfrac{\sin\alpha\cos\beta}{\cos\alpha\cos\beta}+\dfrac{\cos\alpha\sin\beta}{\cos\alpha\cos\beta}}{\dfrac{\cos\alpha\cos\beta}{\cos\alpha\cos\beta}-\dfrac{\sin\alpha\sin\beta}{\cos\alpha\cos\beta}}\\
&=\frac{\dfrac{\sin\alpha}{\cos\alpha}+\dfrac{\sin\beta}{\cos\beta}}{1-\dfrac{\sin\alpha}{\cos\alpha}\cdot\dfrac{\sin\beta}{\cos\beta}}
\end{aligned}
$$

分母分子を $\cos\alpha\cos\beta$ で割る

$\tan\theta=\dfrac{\sin\theta}{\cos\theta}$

よって

$$\boldsymbol{\tan(\alpha+\beta)=\frac{\tan\alpha+\tan\beta}{1-\tan\alpha\tan\beta}} \quad \cdots\cdots(\mathrm{v})$$

まったく同様にして（i）と（iv）から

$$
\begin{aligned}
&\tan(\alpha-\beta)\\
&=\frac{\sin(\alpha-\beta)}{\cos(\alpha-\beta)}\\
&=\frac{\sin\alpha\cos\beta-\cos\alpha\sin\beta}{\cos\alpha\cos\beta+\sin\alpha\sin\beta}\\
&=\frac{\dfrac{\sin\alpha\cos\beta}{\cos\alpha\cos\beta}-\dfrac{\cos\alpha\sin\beta}{\cos\alpha\cos\beta}}{\dfrac{\cos\alpha\cos\beta}{\cos\alpha\cos\beta}+\dfrac{\sin\alpha\sin\beta}{\cos\alpha\cos\beta}}\\
&=\frac{\dfrac{\sin\alpha}{\cos\alpha}-\dfrac{\sin\beta}{\cos\beta}}{1+\dfrac{\sin\alpha}{\cos\alpha}\cdot\dfrac{\sin\beta}{\cos\beta}}
\end{aligned}
$$

となるので

$$\tan(\alpha-\beta)=\frac{\tan\alpha-\tan\beta}{1+\tan\alpha\tan\beta} \qquad \cdots\cdots(\mathrm{vi})$$

が導けます。

以上で加法定理の６つの式がすべて示せました。

お疲れ様でした！　……でも、これで終わりではありません。(^_-)- ☆

本節の大きな目的のひとつは、三角関数を微分することでしたね！

■ $\sin\theta$ の導関数

導関数の定義式（p.23：1-11）を今一度確認しておきましょう。

導関数の定義

関数 $y=f(x)$ に対し

$$f'(x)=\frac{dy}{dx}=\lim_{h\to 0}\frac{f(x+h)-f(x)}{h} \qquad (1\text{-}11)$$

定義にしたがって、まずは $y=\sin\theta$ を微分していきます。

途中、以下の三角関数の極限（p.44：1-22）を使います。

$$\lim_{\theta\to 0}\frac{\sin\theta}{\theta}=1 \qquad (1\text{-}22)$$

$$(\sin\theta)' = \frac{dy}{d\theta}$$

$y=\sin\theta$ は θ の関数なので、微分は $\frac{dy}{dx}$ ではなく、$\frac{dy}{d\theta}$ です。

$$= \lim_{h\to 0}\frac{\sin(\theta+h)-\sin\theta}{h}$$

$\sin(\alpha+\beta)$
$=\sin\alpha\cos\beta+\cos\alpha\sin\beta$

$$= \lim_{h\to 0}\frac{\sin\theta\cos h+\cos\theta\sin h-\sin\theta}{h}$$

$$= \lim_{h\to 0}\frac{\cos\theta\sin h+\sin\theta(\cos h-1)}{h}$$

$$= \lim_{h\to 0}\left(\cos\theta\frac{\sin h}{h}-\sin\theta\frac{1-\cos h}{h}\right) \quad (1\text{-}80)$$

ここで、$\lim_{\theta\to 0}\frac{\sin\theta}{\theta}=1$ を使うために $\frac{1-\cos h}{h}$ を下のように変形します。

$$\frac{1-\cos h}{h} = \frac{(1-\cos h)(1+\cos h)}{h(1+\cos h)}$$

$(a-b)(a+b)=a^2-b^2$

$$= \frac{1-\cos^2 h}{h(1+\cos h)}$$

$\cos^2\theta+\sin^2\theta=1$
$\Rightarrow\ 1-\cos^2\theta=\sin^2\theta$

$$= \frac{\sin^2 h}{h(1+\cos h)}$$

$$= \frac{\sin^2 h}{h^2}\cdot\frac{h}{1+\cos h}$$

$$= \left(\frac{\sin h}{h}\right)^2\cdot\frac{h}{1+\cos h} \quad (1\text{-}81)$$

(1-80) の $\frac{1-\cos h}{h}$ に (1-81) を代入すると

$$(\sin\theta)' = \lim_{h\to 0}\left\{\cos\theta\frac{\sin h}{h}-\sin\theta\left(\frac{\sin h}{h}\right)^2\frac{h}{1+\cos h}\right\} \quad (1\text{-}82)$$

$h\to 0$ のとき

$$\frac{\sin h}{h} \to 1、\quad \frac{h}{1+\cos h} \to \frac{0}{1+1} = 0$$

$\lim_{\theta \to 0} \frac{\sin\theta}{\theta} = 1$

$\cos 0 = 1$

なので（1-82）は

$$(\sin\theta)' = \lim_{h \to 0}\left\{\cos\theta \frac{\sin h}{h} - \sin\theta\left(\frac{\sin h}{h}\right)^2 \frac{h}{1+\cos h}\right\}$$

（$\frac{\sin h}{h} \to 1$、$\frac{\sin h}{h} \to 1$、$\frac{h}{1+\cos h} \to 0$）

$$= \cos\theta \cdot 1 - \sin\theta \cdot 1^2 \cdot 0$$
$$= \boldsymbol{\cos\theta}$$

と計算できます。つまり、

$$\boldsymbol{(\sin\theta)' = \cos\theta} \tag{1-83}$$

です。＼(^o^)／

■ cos θ の導関数

今度は $y = \cos\theta$ を定義にしたがって微分します。

$$(\cos\theta)' = \frac{dy}{d\theta}$$

$$= \lim_{h \to 0} \frac{\cos(\theta + h) - \cos\theta}{h}$$

$$= \lim_{h \to 0} \frac{\cos\theta\cos h - \sin\theta\sin h - \cos\theta}{h}$$

$$= \lim_{h \to 0} \frac{-\sin\theta\sin h + \cos\theta(\cos h - 1)}{h}$$

$$= \lim_{h \to 0}\left(-\sin\theta\frac{\sin h}{h} - \cos\theta\frac{1-\cos h}{h}\right) \tag{1-84}$$

(1-84) の $\frac{1-\cos h}{h}$ にも (1-81) を代入して、先ほどと同じように考えると、

$$(\cos\theta)' = \lim_{h\to 0}\left\{-\sin\theta\frac{\sin h}{h} - \cos\theta\left(\frac{\sin h}{h}\right)^2\frac{h}{1+\cos h}\right\}$$

（$\frac{\sin h}{h} \to 1$、$\frac{\sin h}{h} \to 1$、$\frac{h}{1+\cos h} \to 0$）

$$= -\sin\theta\cdot 1 - \cos\theta\cdot 1^2\cdot 0$$
$$= -\sin\theta$$

となります。すなわち、

$$(\cos\theta)' = -\sin\theta \qquad (1\text{-}85)$$

です。(^_-)- ☆

■ tan θ の導関数

$y=\tan\theta$ の微分には、三角関数の相互関係、(1-83) と (1-85)、および p.104 で紹介した「商の微分」を使います。

$$(\tan\theta)' = \left(\frac{\sin\theta}{\cos\theta}\right)'$$

$\tan\theta = \frac{\sin\theta}{\cos\theta}$

$$= \frac{(\sin\theta)'\cos\theta - \sin\theta(\cos\theta)'}{(\cos\theta)^2}$$

$\left\{\frac{f(x)}{g(x)}\right\}' = \frac{f'(x)g(x)-f(x)g'(x)}{\{g(x)\}^2}$

$$= \frac{\cos\theta\cdot\cos\theta - \sin\theta\cdot(-\sin\theta)}{\cos^2\theta}$$

$(\sin\theta)' = \cos\theta$
$(\cos\theta)' = -\sin\theta$

$$= \frac{\cos^2\theta + \sin^2\theta}{\cos^2\theta}$$

$\cos^2\theta + \sin^2\theta = 1$

$$= \frac{1}{\cos^2\theta}$$

よって、

$$(\tan\theta)' = \frac{1}{\cos^2\theta} \qquad (1\text{-}86)$$

です。

以上、三角関数の導関数をまとめておきます。

三角関数の導関数

$$(\sin\theta)' = \cos\theta$$

$$(\cos\theta)' = -\sin\theta$$

$$(\tan\theta)' = \frac{1}{\cos^2\theta}$$

言うまでもなく、三角関数は角度によってその値が決まるので角度の関数ですが、回転する座標系における物体の「角度」はふつう時刻の関数になっています（時刻とともに物体の位置を示す角度が変わっていきます）。

図にするとこんな感じです。

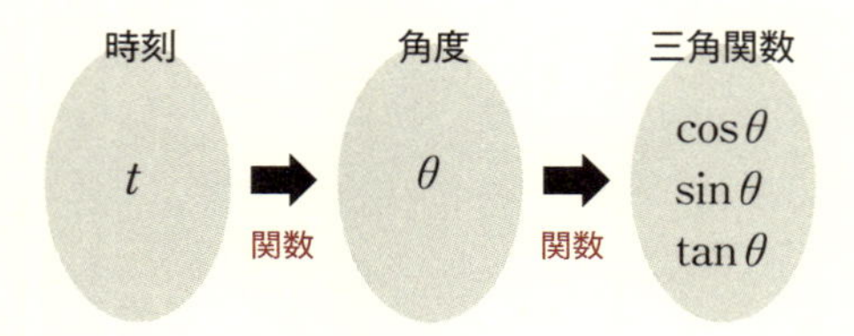

このような「関数の関数」のことを**合成関数**と言います。

回転する座標系における物体の運動方程式を計算するためには三角関数の微分だけでなく、**合成関数とその微分**を学ぶ必要があります（もう少しがんばってください！）。

■合成関数の微分

p.79で関数はもともと「函(はこ)の数」だったという話をしましたね。「yがxの関数」のとき、入力値がxで出力値はyですから図にするとこんな感じです。

今、このような「函」が2つあるとしましょう。函①は入力値がxで、出力値がu、函②は入力値がuで出力値がyだとします（図1-58）。

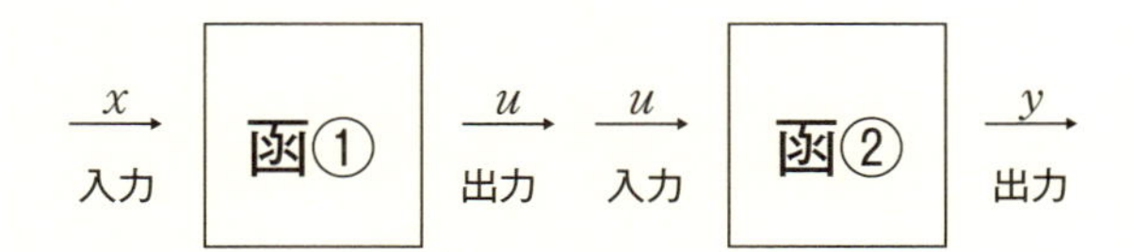

図1-58 ● 2つの"函"数をつなげる

それぞれの函の関係を次のように数式で表しておきます。

函①：$u=f(x)$ (1-87)

函②：$y=g(u)$ (1-88)

（注）(1-88)で「g」を使っているのは、アルファベット順で「f」の次だから、という以外の理由はありません。

最終的な出力である y は、函②の入力値 u によって決まるわけですが、u は函①の出力値でもあるので、結局 x によって決まる数です。つまり2つの函を介してはいるものの、**y は x の関数**です。下の図1-59はこのことを表しています。

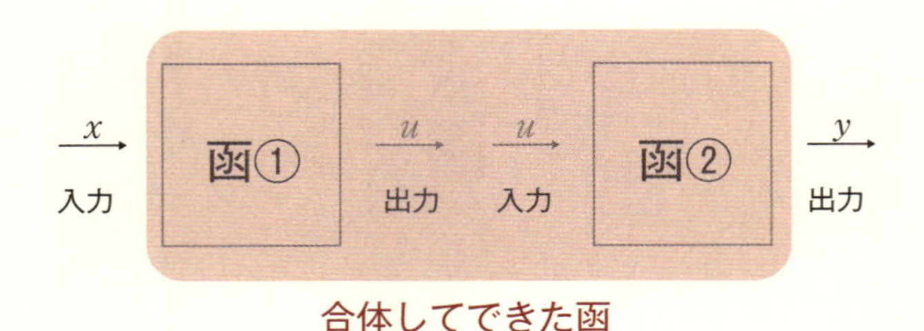

図1-59●合体してできた"函"数

ここで函①と函②を合体してできた函についての x と y の関係を

$$y = h(x) \tag{1-89}$$

と書くことにしましょう。

（注）「h」を使っているのも「g」の次、という以外の意味はありません……。

一方、(1-87) の u を (1-88) の u に代入した式を作ってみると

$$y = g(u) = g(f(x)) \tag{1-90}$$

です。(1-89) と (1-90) から、

$$\boldsymbol{h(x)} = g(\boldsymbol{f(x)}) \tag{1-91}$$

この $h(x)$ のように複数の関数を合成してできた関数のことを**合成関数**と言います。

合成関数

2つの関数 f と g があって、$u=f(x)$、$y=g(u)$ のとき

$$h(x)=g(f(x))$$

のように $g(u)$ の u に $f(x)$ を代入してできる関数 $h(x)$ を f と g の**合成関数**という。

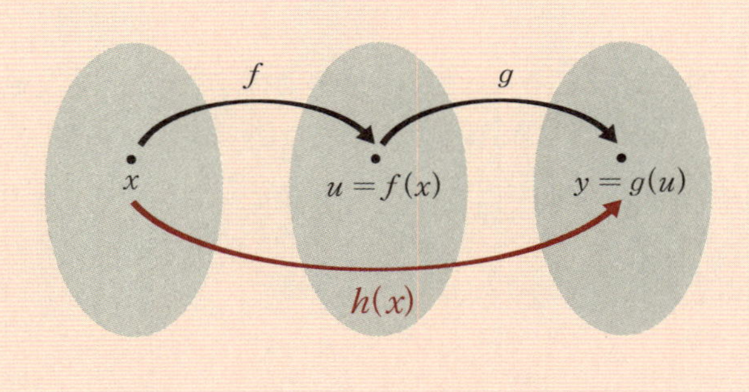

（注）合成関数 $g(f(x))$ は $(g\circ f)(x)$ と書くこともあります。

1-2節で $y=f(x)$ の導関数を $\dfrac{dy}{dx}$ と表すことを考えたのはライプニッツだというお話をしました（p.30）。

実は、合成関数の微分を考えるときには、この記号が非常に便利です。まず、分数の式変形として形式的に

$$\frac{\Delta y}{\Delta x}=\frac{\Delta y}{\Delta u}\cdot\frac{\Delta u}{\Delta x} \tag{1-92}$$

と書きます。ここで

$$\frac{dy}{dx}=\lim_{\Delta x\to 0}\frac{\Delta y}{\Delta x}$$

なので、(1-92) を代入します。

$$\frac{dy}{dx}=\lim_{\Delta x\to 0}\frac{\Delta y}{\Delta x}=\lim_{\Delta x\to 0}\left(\frac{\Delta y}{\Delta u}\cdot\frac{\Delta u}{\Delta x}\right)=\lim_{\Delta x\to 0}\frac{\Delta y}{\Delta u}\cdot\lim_{\Delta x\to 0}\frac{\Delta u}{\Delta x} \tag{1-93}$$

（注） 一般に $\lim_{x\to a}f(x)$ と $\lim_{x\to a}g(x)$ が有限確定値に収束するとき、

$$\lim_{x\to a}\{f(x)g(x)\}=\lim_{x\to a}f(x)\lim_{x\to a}g(x)$$

が成立します（p.8）。

u が x の関数で連続であるとき（グラフが繋がっているとき← p.175 で詳述します）、$\Delta x\to 0$ のとき $\Delta u\to 0$ なので（図 1-60）、(1-93) の最右辺は

$$\lim_{\Delta x\to 0}\frac{\Delta y}{\Delta u}\cdot\lim_{\Delta x\to 0}\frac{\Delta u}{\Delta x}=\lim_{\Delta u\to 0}\frac{\Delta y}{\Delta u}\cdot\lim_{\Delta x\to 0}\frac{\Delta u}{\Delta x} \tag{1-94}$$

と書き換えられます。すなわち

$$\frac{dy}{dx}=\lim_{\Delta u\to 0}\frac{\Delta y}{\Delta u}\cdot\lim_{\Delta x\to 0}\frac{\Delta u}{\Delta x} \tag{1-95}$$

です。

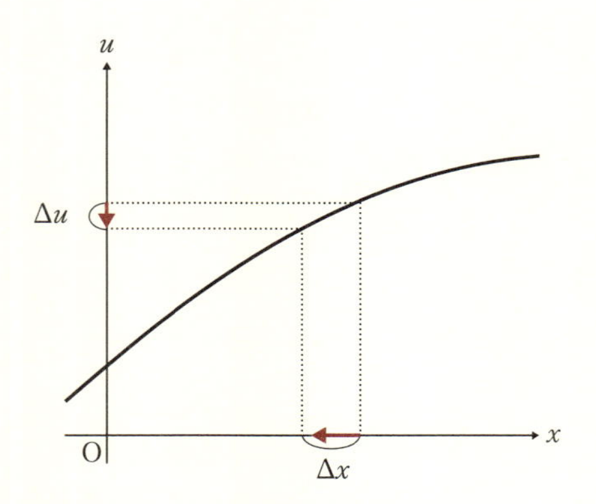

図 1-60 ● $\Delta x\to 0$ なら、$\Delta u\to 0$ になる

$$\lim_{\Delta u \to 0}\frac{\Delta y}{\Delta u}=\frac{dy}{du}、\quad \lim_{\Delta x \to 0}\frac{\Delta u}{\Delta x}=\frac{du}{dx}$$

なので、(1-95) は

$$\frac{dy}{dx}=\frac{dy}{du}\cdot\frac{du}{dx} \tag{1-96}$$

となります。(1-96) が**合成関数の微分**です。＼(^o^)／

別の表し方をしてみましょう。(1-87)、(1-88)、(1-89)、(1-91) より

$$\frac{dy}{dx}=y'=h'(x)=\{g(f(x))\}'$$

$$\frac{dy}{du}=g'(u)=g'(f(x)) \qquad \frac{du}{dx}=u'=f'(x)$$

$y=h(x)=g(f(x))$
$y=g(u)$
$u=f(x)$

なので、(1-96) は

$$\{g(f(x))\}'=g'(f(x))\cdot f'(x) \tag{1-97}$$

と表すこともできます。

合成関数の微分

$$\{g(f(x))\}'=g'(f(x))\cdot f'(x)$$

例）

$$y=(3x+1)^2$$

のとき、

$$f(x)=3x+1、g(x)=x^2$$

とすると、

$$y=g(f(x))$$

$$f'(x)=3、g'(x)=2x$$

関数x^nと定数関数の微分公式（p.29）
$(x^n)'=nx^{n-1}$　　$(c)'=0$

なので、

$$y'=\{g(f(x))\}'$$

$\{g(f(x))\}'=g'(f(x))\cdot f'(x)$

$$=g'(f(x))\cdot f'(x)$$

$g'(x)=2x \Rightarrow g'(f(x))=2f(x)$
$f'(x)=3$

$$=2f(x)\cdot 3$$

$$=2(3x+1)\cdot 3=18x+6$$

$f(x)=3x+1$

です。もちろん結果は

$$y=(3x+1)^2=9x^2+6x+1$$

と先に展開してから微分したものと一致します！（確認してください）
　特に、$y=g(f(x))$ の $f(x)$ が1次関数のとき、すなわち

$$y=g(ax+b)$$

のとき、

$$y'=\{g(ax+b)\}'$$

$\{g(f(x))\}'=g'(f(x))\cdot f'(x)$

$$=g'(ax+b)\cdot(ax+b)'$$

$$=g'(ax+b)\cdot a$$

となるので、

$$\{g(ax+b)\}'=ag'(ax+b) \tag{1-98}$$

です。この公式は覚えておいて損はありません。(^_-)- ☆

物理への展開……コリオリカと遠心力

p.91 で「外部から力を受けないか、あるいは外部から受ける力があってもそれらがつりあっている場合には、静止している物体はいつまでも静止をし続け、運動している物体は等速直線運動をし続ける」という**慣性の法則**を紹介しました。

ただし、ニュートンが『プリンキピア』の中で主張したこの慣性の法則は、誰かの手によって導かれたもの（証明されたもの）ではなく、「気がつくと世の中はそういうものでした」と言うより他にない原理です。仮説と言い換えていいかもしれません。

証明されたわけではない原理（仮説）が受け入れられることを不思議に思うかもしれませんね。でも、物理では現実がよく説明できるのならば、その原理を妥当と考えます。逆に言えば、どんなに数学的に美しく完璧に証明できる理論でも、それが現実と合わなければ自然科学の中では価値を持ちません。

アリストテレスは「運動を維持するには力を加え続けなければいけない」と考えていましたが、この仮説では説明できない現象が観測される以上、この仮説を受け入れることはできないわけです。

ニュートンが『プリンキピア』の中で主張した法則には運動方程式（運動の法則）もありました。物体の加速度を $\vec{a}$、質量を m、物体にはたらく力（力が複数あるときは合力）を $\vec{F}$ とすれば、

$$m\vec{a}=\vec{F}$$

と表されるのでしたね（p.93）。

$$\vec{a}=\frac{d\vec{v}}{dt}=\frac{d^2\vec{r}}{dt^2}$$

$$\vec{v}=\frac{d\vec{r}}{dt}$$

なのでこれを代入すると運動方程式は

$$m\frac{d^2\vec{r}}{dt^2}=\vec{F} \tag{1-99}$$

となります。

$\vec{r}$ は物体の位置を表す位置ベクトルです（p.66）が、これは座標系の取り方によって変わってしまいます。(1-99) の運動方程式はどのように座標系をとっても成り立つのでしょうか？

実は、慣性の法則というのは「**この宇宙の中に（1-99）の成り立つ座標系が少なくとも1つは存在する**」という主張でもあります。そしてそのような（慣性の法則が成り立つ）座標系を**慣性系**と言います。

今、宇宙に1つはある慣性系を S としましょう。そして、S に対して $\vec{R}$ の位置にある座標系を S' と呼ぶことにします。

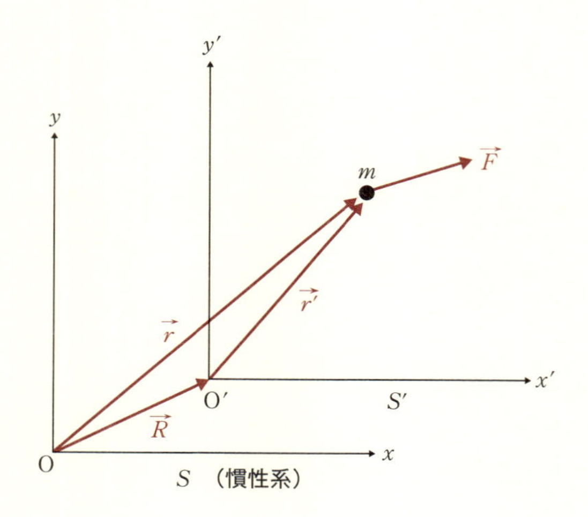

質量 m の物体にはたらく力（合力）が $\vec{F}$ であるとき、慣性系 S に対して物体の位置が $\vec{r}$ で表されるならば、慣性系では (1-99) が成立するので、(1-99) がこの物体の運動方程式になります。

それでは次に慣性系 S に対して $\vec{R}$ の位置にある座標系 S' を使うと運動方程式がどのように変わるかを見てみましょう。

物体の位置ベクトルは $\vec{r'}$ となり、$\vec{r}$ とは

$$\vec{r} = \vec{r'} + \vec{R} \qquad (1\text{-}100)$$

の関係にあります（p.60）。

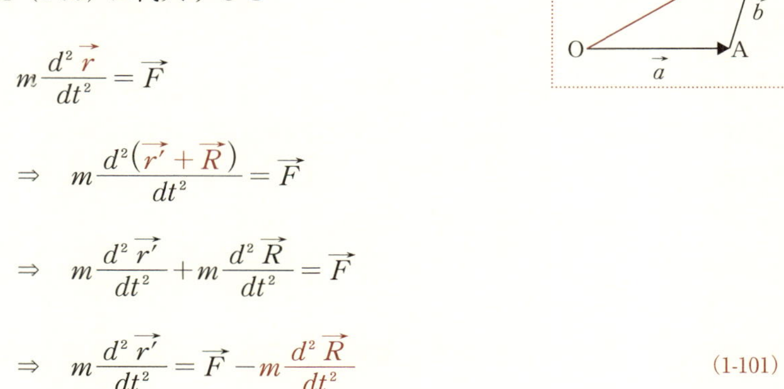

これを（1-99）に代入すると

$$m\frac{d^2\vec{r}}{dt^2} = \vec{F}$$

$$\Rightarrow \quad m\frac{d^2(\vec{r'}+\vec{R})}{dt^2} = \vec{F}$$

$$\Rightarrow \quad m\frac{d^2\vec{r'}}{dt^2} + m\frac{d^2\vec{R}}{dt^2} = \vec{F}$$

$$\Rightarrow \quad m\frac{d^2\vec{r'}}{dt^2} = \vec{F} - m\frac{d^2\vec{R}}{dt^2} \qquad (1\text{-}101)$$

ですね。

（1-101）が座標系S'における運動方程式です。（1-99）と比べると $-m\dfrac{d^2\vec{R}}{dt^2}$ **という補正項**のようなものが右辺に加わっています。

ただし、**S'がSに対して静止している場合**は$\vec{R}$は定ベクトルなので、$\vec{R}$を一度微分すると$\vec{0}$になります。

すなわち

$(c)'=0$

$$-m\frac{d^2\vec{R}}{dt^2} = -m\frac{d}{dt}\left(\frac{d\vec{R}}{dt}\right) = -m\frac{d}{dt}\cdot\vec{0} = \vec{0}$$

$\vec{0}$は零ベクトル（p.59）
$\vec{0}=(0,0)$

また、**S'がSに対して速度$\vec{V}$で等速運動している場合**は、$\dfrac{d\vec{R}}{dt}=\vec{V}$が定ベクトルなので、$\vec{R}$を二度微分すると$\vec{0}$になります。

$$-m\frac{d^2\vec{R}}{dt^2} = -m\frac{d}{dt}\left(\frac{d\vec{R}}{dt}\right) = -m\frac{d}{dt}\vec{V} = \vec{0}$$

$(c)'=0$

つまり、**慣性系 S に対して座標系 S' が「静止している」or「等速で動いている」**ならば、S' における運動方程式（1-101）は

$$m\frac{d^2\vec{r'}}{dt^2}=\vec{F}-m\frac{d^2\vec{R}}{dt^2}=\vec{F}-\vec{0}=\vec{F} \quad \Rightarrow \quad m\frac{d^2\vec{r'}}{dt^2}=\vec{F}$$

となって、（1-99）とまったく同じ形（質量 × 加速度＝合力）になります。

慣性系 S に対して静止あるいは等速で動いている座標系はすべて慣性系であると言うことができるのです。先ほど、「宇宙に１つはある慣性系」なんてもったいをつけて書きましたが、慣性系は無数にあります。
(^_-)- ☆

ただし、**S' が S に対して加速度運動しているとき**は、$\vec{R}$ を２回微分しても $\vec{0}$ になりません。（1-101）の補正項 $-m\frac{d^2\vec{R}}{dt^2}$ は消えずに残ります。このように運動方程式が（1-99）の形（質量 × 加速度＝合力）にならない座標系を**非慣性系**と言います。とは言え、非慣性系になると運動方程式が使えないのは不便になるケースもあるので、補正項 $-m\frac{d^2\vec{R}}{dt^2}$ を力の一種と考え、慣性系に対して加速度 $\frac{d^2\vec{R}}{dt^2}$ で運動する座標系では、質量 m の物体に $-m\frac{d^2\vec{R}}{dt^2}$ **の見かけの力がはたらく**と解釈します。この見かけの力のことを**慣性力**と言うのです。

非慣性系の加速度が $\frac{d^2\vec{R}}{dt^2}=\vec{\alpha}$ なら、次のようにまとめられます。

加速度 $\vec{\alpha}$ を持つ非慣性系の運動方程式

$$m\frac{d^2\vec{r'}}{dt^2}=\vec{F}-m\vec{\alpha}$$

右辺に登場する**見かけの力 $-m\vec{\alpha}$** を**慣性力**という。

結局、非慣性系においても運動方程式を使おうとして式変形をすると右辺に出てきてしまう補正項のことを慣性力と言うのであり、慣性力には実体がありません。このことはよく注意しておいてください。

例として進行方向に加速度αで移動するバスの中に吊り下げられたボールの運動方程式を考えてみましょう。

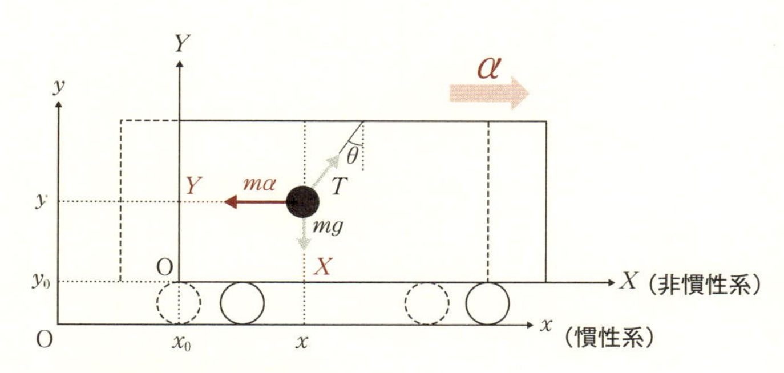

図 1-61 ●慣性系と非慣性系

図 1-61 において、xy 座標系を慣性系とし、XY 座標系は、慣性系の x 方向に加速度αで進むバスに固定した座標系とします。XY 座標系は加速度を持つので非慣性系です。

xy 座標系（慣性系）ではボールの位置ベクトルは

$$\vec{r} = (x, y)$$

XY 座標系（非慣性系）ではボールの位置ベクトルは

$$\vec{R} = (X, Y)$$

であるとします。

また、XY 座標系の原点 O の位置ベクトルは xy 座標系では

$$\vec{r_0} = (x_0, y_0)$$

です。

この例題ではボールは y 方向にも Y 方向にも動かないので、運動方程式は x 方向と X 方向だけを考えることにします。

（i）　xy 座標系（慣性系）の運動方程式

ボールにかかる力は重力 mg と糸の張力 T だけですね。

《x 方向の運動方程式》

$$m\frac{d^2x}{dt^2}=T\sin\theta \tag{1-102}$$

（ii）　XY 座標系（非慣性系）の運動方程式

ボールにかかる力には重力 mg と糸の張力 T の他に X 方向に**慣性力 $-m\alpha$ を考える必要があります**。

《X 方向の運動方程式》

$$m\frac{d^2X}{dt^2}=T\sin\theta-m\alpha \tag{1-103}$$

x と X の関係は図 1-61 より

$$x=X+x_0 \tag{1-104}$$

またバスは x 方向に加速度 α で進んでいるのでバスに固定された座標系の原点 O について

$$\frac{d^2x_0}{dt^2}=\alpha \tag{1-105}$$

$$\vec{a}=\frac{d\vec{v}}{dt}=\frac{d^2\vec{r}}{dt^2}$$

(1-104) と (1-105) を (1-102) に代入すれば (1-103) が得られることを確認してください。(^_-)- ☆

このように微分を使ってきちんと計算すれば、慣性力は実体のない力であることがよくわかると思います。

■回転する座標系での運動

それではいよいよ、回転する座標系において等速運動する（実体のある力は受けない）物体の運動方程式を考えてみることにしましょう。

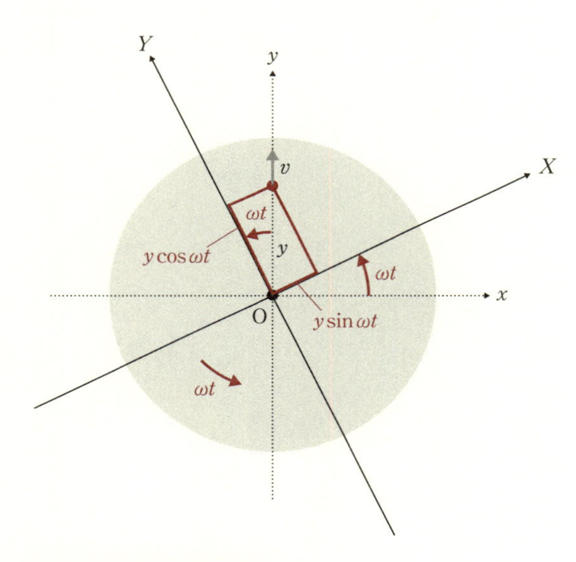

図 1-62 ●回転する座標系

図 1-62 のように**反時計回りに一定の角速度**（p.70-71：単位時間あたりの回転角）ω で回転する円板があるとしましょう。この円板に対して静止している座標系を xy 座標系、**円板とともに回転する座標系**を XY **座標系**とします。

この円板上で、力を受けずに**等速直線運動をする物体**があります。

物体が xy 座標系（静止している座標系）の y 軸上を正の方向に進む場合、xy 座標系で見た物体の位置 $\vec{r}$ と速度 $\vec{v}$ はそれぞれ以下のとおりです。

$$\vec{r}=(0,\ y)$$

$$\vec{v}=(0,\ v_y)=\left(0,\ \frac{dy}{dt}\right)=(0,\ v) \qquad v_y=\frac{dy}{dt}$$

次に同じ運動を XY 座標系（円板とともに回転する座標系）で見てみましょう。図 1-62 より、その位置 $\overrightarrow{R}$ は

$$\overrightarrow{R}=(X,\ Y)=(y\sin\omega t,\ y\cos\omega t) \tag{1-106}$$

となります。このとき

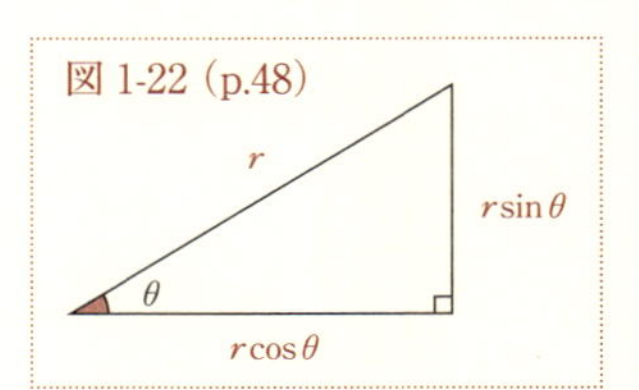

$$\overrightarrow{V}=(V_X,\ V_Y)=\left(\frac{dX}{dt},\ \frac{dY}{dt}\right)$$

なので（1-106）より

$$\begin{aligned} V_X&=\frac{dX}{dt}\\ &=\frac{d}{dt}(y\sin\omega t)\\ &=\frac{dy}{dt}\cdot\sin\omega t+y\cdot\frac{d}{dt}(\sin\omega t)\\ &=v\cdot\sin\omega t+y\cdot\omega\cos\omega t \end{aligned} \tag{1-107}$$

積の微分（p.87）
$\{f(x)g(x)\}'=f'(x)g(x)+f(x)g'(x)$

$\{g(ax+b)\}'=ag'(ax+b)$　（1-98）

$(\sin\theta)'=\cos\theta$　$\dfrac{dy}{dt}=v$

（注） 合成関数の微分 $\{g(f(x))\}'=g'(f(x))\cdot f'(x)$ より

$$(\sin\omega t)'=\cos\omega t\cdot(\omega t)'=\cos\omega t\cdot\omega=\omega\cos\omega t$$

同様に（1-106）より

$$\begin{aligned} V_Y&=\frac{dY}{dt}\\ &=\frac{d}{dt}(y\cos\omega t)\\ &=\frac{dy}{dt}\cdot\cos\omega t+y\cdot\frac{d}{dt}(\cos\omega t)\\ &=v\cdot\cos\omega t+y\cdot(-\omega\sin\omega t) \end{aligned} \tag{1-108}$$

積の微分（p.87）
$\{f(x)g(x)\}'=f'(x)g(x)+f(x)g'(x)$

$\{g(ax+b)\}'=ag'(ax+b)$　（1-98）

$(\cos\theta)'=-\sin\theta$　$\dfrac{dy}{dt}=v$

（注） 合成関数の微分 $\{g(f(x))\}'=g'(f(x))\cdot f'(x)$ より

$$(\cos\omega t)'=-\sin\omega t\cdot(\omega t)'=-\sin\omega t\cdot\omega=-\omega\sin\omega t$$

（1-107）と（1-108）をまとめて

$$\vec{V}=(V_X,\ V_Y)=(v\sin\omega t+\omega y\cos\omega t,\ v\cos\omega t-\omega y\sin\omega t)$$

さらに $\vec{V}$ を微分することで XY 座標系（回転する座標系）での加速度 $\vec{A}$ を求めてみましょう。

$$\vec{A}=(A_X, A_Y)=\left(\frac{dV_X}{dt}, \frac{dV_Y}{dt}\right)$$

なので

$$A_X=\frac{dV_X}{dt}$$

$$=\frac{d}{dt}(v\sin\omega t+\omega y\cos\omega t)$$

$$=v\frac{d}{dt}(\sin\omega t)+\omega\frac{d}{dt}(y\cos\omega t)$$

$$=v\frac{d}{dt}(\sin\omega t)+\omega\left\{\frac{dy}{dt}\cdot\cos\omega t+y\cdot\frac{d}{dt}(\cos\omega t)\right\}$$

$$=v\cdot\omega\cos\omega t+\omega\{v\cdot\cos\omega t+y\cdot(-\omega\sin\omega t)\}$$

$$=\omega v\cos\omega t+\omega v\cos\omega t-\omega^2 y\sin\omega t$$

$$=2\omega v\cos\omega t-\omega^2 y\sin\omega t \qquad (1\text{-}109)$$

v と ω は定数

導関数の性質（p.23）
$\{kf(x)+lg(x)\}'=kf'(x)+lg'(x)$

積の微分

$(\sin\omega t)'=\omega\cos\omega t$
$(\cos\omega t)'=-\omega\sin\omega t$

ここで（1-109）の v や y を XY 座標系の $(X,\ Y)$ や $(V_X,\ V_Y)$ で書き換えるために次のように変形します。

$$
\begin{aligned}
A_X &= 2\omega v\cos\omega t - \omega^2 y\sin\omega t \\
&= 2\omega(v\cos\omega t - \omega y\sin\omega t) + 2\omega^2 y\sin\omega t - \omega^2 y\sin\omega t \\
&= 2\omega(v\cos\omega t - \omega y\sin\omega t) + \omega^2 y\sin\omega t \\
&= 2\omega V_Y + \omega^2 X \qquad (1\text{-}110)
\end{aligned}
$$

$V_Y = v\cos\omega t - \omega y\sin\omega t$
$X = y\sin\omega t$

同様に

$$
\begin{aligned}
A_Y &= \frac{dV_Y}{dt} \\
&= \frac{d}{dt}(v\cos\omega t - \omega y\sin\omega t) \\
&= v\frac{d}{dt}(\cos\omega t) - \omega\frac{d}{dt}(y\sin\omega t) \\
&= v\frac{d}{dt}(\cos\omega t) - \omega\left\{\frac{dy}{dt}\cdot\sin\omega t + y\cdot\frac{d}{dt}(\sin\omega t)\right\} \\
&= v\cdot(-\omega\sin\omega t) - \omega\{v\cdot\sin\omega t + y\cdot(-\omega\cos\omega t)\} \\
&= -\omega v\sin\omega t - \omega v\sin\omega t - \omega^2 y\cos\omega t \\
&= -2\omega v\sin\omega t - \omega^2 y\cos\omega t \qquad (1\text{-}111)
\end{aligned}
$$

vとωは定数

導関数の性質（p.23）
$\{kf(x)+lg(x)\}' = kf'(x)+lg'(x)$

積の微分

$(\sin\omega t)' = \omega\cos\omega t$
$(\cos\omega t)' = -\omega\sin\omega t$

やはり（1-111）のvやyをXY座標系の(X, Y)や(V_X, V_Y)で書き換えるために次のように変形します。

$$A_Y = -2\omega v \sin\omega t - \omega^2 y \cos\omega t$$

$$= -2\omega(v \sin\omega t - \omega y \cos\omega t) + 2\omega^2 y \cos\omega t - \omega^2 y \cos\omega t$$

$$= -2\omega(v \sin\omega t + \omega y \cos\omega t) + \omega^2 y \cos\omega t$$

$V_X = v \sin\omega t + \omega y \cos\omega t$
$Y = y \cos\omega t$

$$= -2\omega V_X + \omega^2 Y \qquad (1\text{-}112)$$

以上、(1-110) と (1-112) をまとめると

$$\vec{A} = (A_X,\ A_Y) = (2\omega V_Y + \omega^2 X,\ -2\omega V_X + \omega^2 Y) \qquad (1\text{-}113)$$

(1-113) を使って、円板とともに回転する XY 座標系における運動方程式 (p.93) を作ってみましょう。物体の質量を m とすると

$$m\vec{A} = \vec{F}$$

成分によるベクトルの演算（p.65）
$k\vec{a} + l\vec{b} = k(x_a, y_a) + l(x_b, y_b) = (kx_a + lx_b, ky_a + ly_b)$

(1-113) より、

$$m(A_X,\ A_Y) = m(2\omega V_Y + \omega^2 X,\ -2\omega V_X + \omega^2 Y)$$

$$= 2m\omega(V_Y,\ -V_X) + m\omega^2(X,\ Y) \qquad (1\text{-}114)$$

(1-114) は物体には 2 つの力

$$\vec{F_1} = 2m\omega(V_Y,\ -V_X) \qquad (1\text{-}115)$$

$$\vec{F_2} = m\omega^2(X,\ Y) \qquad (1\text{-}116)$$

がはたらいていると主張しています。

しかし、もともと物体は力を受けず、静止している xy 座標系に対して速度 v の等速運動をしているだけです。

$\vec{F_1}$ と $\vec{F_2}$ は回転する座標系（XY 座標系）から見たときだけに現れる実体のない力なのです。

$\vec{F_1}$ をコリオリ力、$\vec{F_2}$ を遠心力と言います。

コリオリ力と遠心力について、もう少し詳しくみていきましょう。

■コリオリ力と遠心力

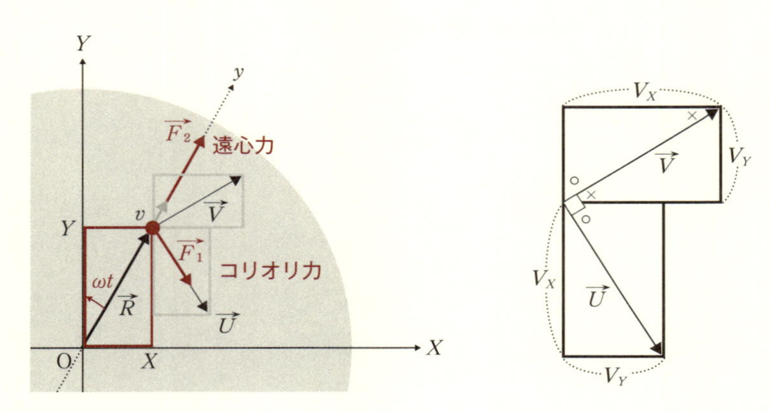

図 1-63 ●コリオリ力と遠心力

$$\overrightarrow{U}=(V_Y,\ -V_X) \tag{1-117}$$

とすると、図 1-63 の右の拡大図からわかるように、U は

$$\overrightarrow{V}=(V_X,\ V_Y)$$

の進行方向に対して右向きに垂直です。また、

$$V=|\overrightarrow{V}|=\sqrt{V_X{}^2+V_Y{}^2}$$

とすると、(1-117) より

$$|\overrightarrow{U}|=\sqrt{V_Y{}^2+(-V_X)^2}=\sqrt{V_X{}^2+V_Y{}^2}=V$$

です。

(1-115) より

$$\overrightarrow{F_1}=2m\omega(V_Y,\ -V_X)=2m\omega\overrightarrow{U}$$

ですから、コリオリ力 $\overrightarrow{F_1}$ は $\overrightarrow{U}$ に平行で大きさは $2m\omega|\overrightarrow{U}|$ であることがわかります。

すなわち反時計回りに角速度 ω の回転をする座標系から見ると、**コリオリ力は速度 $\overrightarrow{V}$ の方向に対して右向きに垂直で大きさは $2m\omega V$ の力**です。

一方、(1-116) より

$$\overrightarrow{F_2}=m\omega^2(X,\ Y)=m\omega^2\overrightarrow{R}$$

です。これより遠心力 $\overrightarrow{F_2}$ は $\overrightarrow{R}$ に平行で大きさは $m\omega^2|\overrightarrow{R}|$ であることがわかります。

図 1-62 からもわかるように、$\overrightarrow{R}$ は回転の中心から物体が遠ざかる向きですから、角速度 ω の回転をする座標系における**遠心力は物体が回転の中心から遠ざかる向きにはたらく力で、大きさは $m\omega^2R$** です。

ただし $\overrightarrow{R}$ は

$$R=\left|\overrightarrow{R}\right|=\sqrt{X^2+Y^2}$$

で、回転の中心から物体までの距離を表します。

まとめておきましょう。

コリオリ力と遠心力

反時計回りに一定の角速度 ω で回転する座標系において、回転の中心から距離 R にあり速度 V で動く質量 m の物体には

コリオリ力……大きさ：$2m\omega V$、方向：**速度方向に対して右向きに垂直**
遠心力……大きさ：$m\omega^2R$、方向：**中心から遠ざかる向き**

の、見かけの力（実体のない力）がはたらく。

入試問題に挑戦

それでは入試問題に挑戦です。

問題5 京都大学

次の文章を読んで、[ ]に適した式を答えよ。

図1のように、半径Rのリング（円環）が鉛直軸のまわりに角速度Ω（$\geqq 0$）で回転している。そのリング上をなめらかに動くことができる質量mの物体の運動を考える。重力加速度の大きさをgとする。

まず、図1のようにリングの中心を原点Oとして、鉛直下方のリング上の点Pからはかった物体の角度をθとする。物体にはたらく重力と遠心力の合力を考える。その合力のリングにそった接線方向の成分は、θの増える方向を正として、

$$F = -mg\sin\theta + \boxed{ア} \quad \cdots\cdots①$$

となる。$F=0$を満たすつりあいの角度θをθ_0とおくと、θ_0が満たす式は$\sin\theta_0=0$、および、$\cos\theta_0=\boxed{イ}$となる。後者の$\sin\theta_0 \neq 0$の解が存在するのは、リングの回転角速度が$\Omega > \Omega_c = \boxed{ウ}$の場合に限られる。物体が上記の$\sin\theta_0 \neq 0$のつりあい角度にとどまるとき、リングの中心方向に物体がリングから受ける力はm、Ω、Rのみを用いて、$\boxed{エ}$と表される。

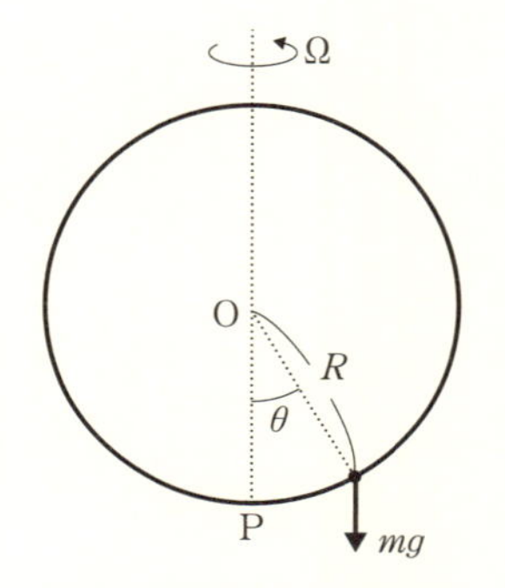

図1 回転するリング上を動く物体

◇ 解説

物体が受ける力は重力とリングから受ける垂直抗力（→ p.142の注参照）です。また物体は回転するリングの上にあるので遠心力を受けます。ただし、物体が回転軸に垂直な断面上でリングの回転とは別の速度を持つわけではないので、コリオリ力はありません。

❖ 解答

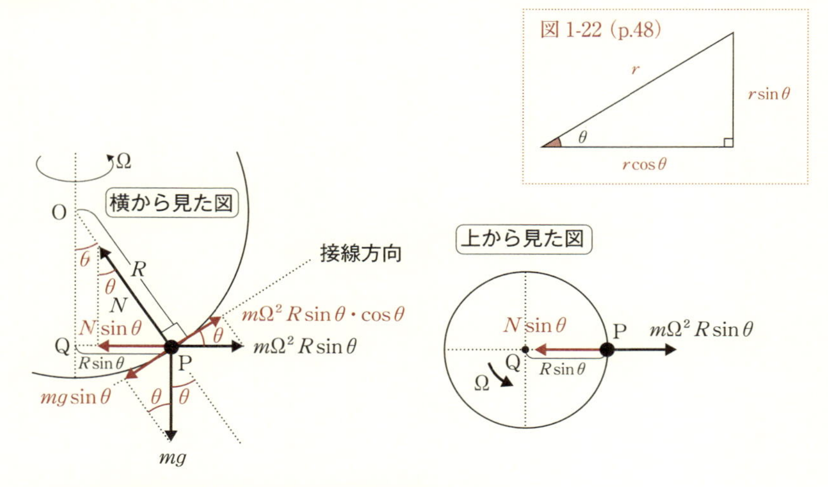

図 1-64 ●横から見た図（左）と上から見た図（右）

物体は回転の中心から $R\sin\theta$ の位置にあり、角速度 Ω の回転運動をしている（「上から見た図」参照）ので

遠心力：$m\Omega^2 R\sin\theta$　　遠心力の大きさ：$m\omega^2 R$

を受けます。またリングからの垂直抗力 N と重力 mg がはたらきます。

(ア)　図 1-64 より、接線方向の力は

$$F=-mg\sin\theta+\boldsymbol{m\Omega^2 R\sin\theta\cdot\cos\theta} \quad \cdots\cdots①$$

(イ)　$\theta=\theta_0$ のとき $F=0$ なので①より

$$m\Omega^2 R\sin\theta_0\cos\theta_0-mg\sin\theta_0=0$$

$$\Rightarrow \quad m\sin\theta_0(\Omega^2 R\cos\theta_0-g)=0$$

$$\Rightarrow \quad \sin\theta_0=0 \quad \text{および} \quad \Omega^2 R\cos\theta_0-g=0$$

$$\Rightarrow \quad \sin\theta_0=0 \quad \text{および} \quad \boldsymbol{\cos\theta_0=\frac{g}{\Omega^2 R}}$$

(ウ)　$\sin\theta_0 \neq 0$ の解が存在するとき、（イ）より

$$\cos\theta_0 = \frac{g}{\Omega^2 R}$$

を満たす θ_0 が存在します。明らかに

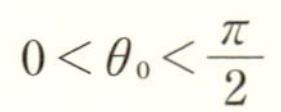

$$0 < \theta_0 < \frac{\pi}{2}$$

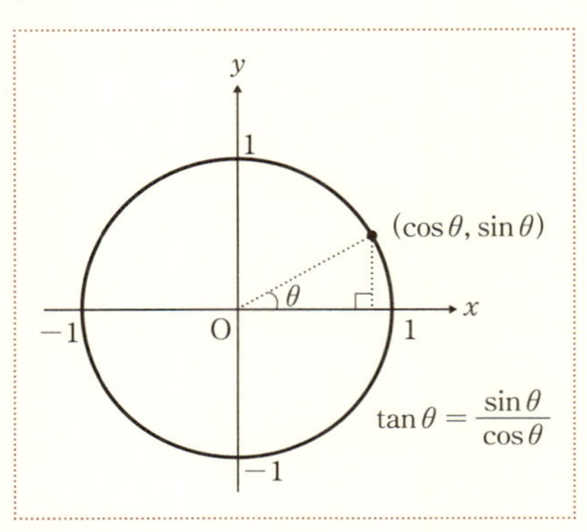

なので、

$$0 < \cos\theta_0 < 1$$

$$\Rightarrow \quad 0 < \frac{g}{\Omega^2 R} < 1$$

$$\Rightarrow \quad 0 < g < \Omega^2 R$$

$$\Rightarrow \quad g < \Omega^2 R$$

$0 < g$ は自明なので省略

$$\Rightarrow \quad \frac{g}{R} < \Omega^2$$

$$\Rightarrow \quad \sqrt{\frac{g}{R}} < \Omega$$

よって、

$$\Omega > \Omega_c = \boldsymbol{\sqrt{\frac{g}{R}}}$$

(エ)　$\sin\theta_0 \neq 0$ の解が存在するとき、リングの中心方向に物体がリングから受ける力（垂直抗力）を N とすると、図1-63の「上から見た図」より

$$N\sin\theta_0 = m\Omega^2 R\sin\theta_0$$

$\sin\theta_0 \neq 0$ なので、

$$\boldsymbol{N = m\Omega^2 R}$$

（注）垂直抗力について

物体が他の物体と接しているとき、その接触面においてお互いに力を及ぼし合います。この力のうち、接触面に垂直な方向にはたらく力を**垂直抗力**（normal force あるいは normal reaction）と言い、たいてい英語の頭文字を取って N で表します。

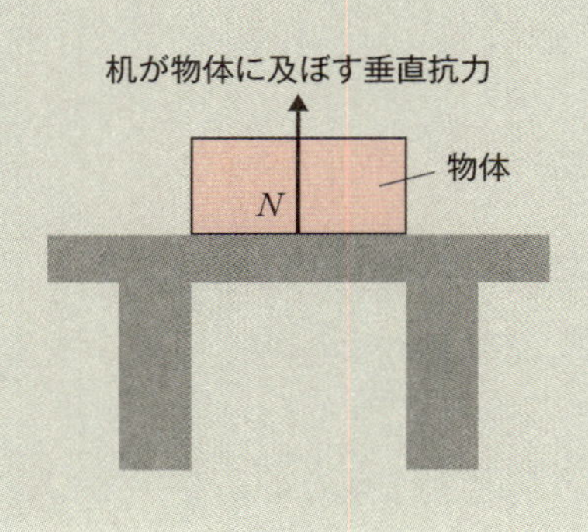

■角運動量と力のモーメント

話は変わりますが、前節で物体の位置と物体が受ける力と物体の速度がそれぞれ、

$$\vec{r}=(x, y)、\quad \vec{F}=(F_x, F_y)、\quad \vec{v}=(v_x, v_y)$$

であるとき、

$$\frac{d}{dt}\{m(xv_y-yv_x)\}=xF_y-yF_x \tag{1-71}$$

という式が成り立つことを紹介しました（p.102）。

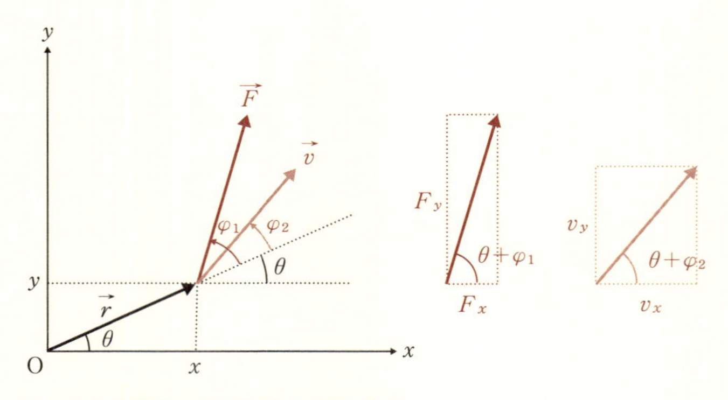

図 1-65 ●物体の位置と受ける力と速度

ここで図 1-65 のように $\vec{r}$ と x 軸の正方向のなす角（つくる角）を θ、$\vec{r}$ と $\vec{F}$ のなす角を φ_1、$\vec{r}$ と $\vec{v}$ のなす角を φ_2 とします。

> **（注）** φ（ファイ）は θ に次いで角度を表すのによく使われるギリシャ文字です。

また、

$|\vec{a}|$：$\vec{a}$ の大きさ

$$|\vec{r}|=r、|\vec{F}|=F、|\vec{v}|=v$$

と書くことにすれば、

r
$r\sin\theta$
θ
$r\cos\theta$

$$\vec{r}=(x, y)=(r\cos\theta, r\sin\theta)$$
$$\vec{F}=(F_x, F_y)=(F\cos(\theta+\varphi_1), F\sin(\theta+\varphi_1))$$
$$\vec{v}=(v_x,\ v_y)=(v\cos(\theta+\varphi_2),\ v\sin(\theta+\varphi_2))$$

ですね。これらを使って（1-71）を書き換えてみましょう。

まず（1-71）の右辺を

$$N=xF_y-yF_x$$

とすれば（この N は垂直抗力ではありません）、

$$N = xF_y - yF_x$$

$$= r\cos\theta \cdot F\sin(\theta+\varphi_1) - r\sin\theta \cdot F\cos(\theta+\varphi_1)$$

$$= rF\{\sin(\theta+\varphi_1)\cos\theta - \cos(\theta+\varphi_1)\sin\theta\} \qquad (1\text{-}118)$$

です。ここで p.111、114 の $\sin\theta$ の加法定理 ⒤ を思い出してください。

$$\sin(\alpha-\beta) = \sin\alpha\cos\beta - \cos\alpha\sin\beta$$

でしたね。(1-118) の { } の中をこれを使って整理すると、

$$N = rF\{\sin(\theta+\varphi_1)\cos\theta - \cos(\theta+\varphi_1)\sin\theta\}$$

$$= rF[\sin\{(\theta+\varphi_1)-\theta\}]$$

$$= rF\sin\varphi_1$$

$$= r\sin\varphi_1 F \qquad (1\text{-}119)$$

です。

さて、最後の「$r\sin\varphi_1 F$」は何を意味しているでしょうか？

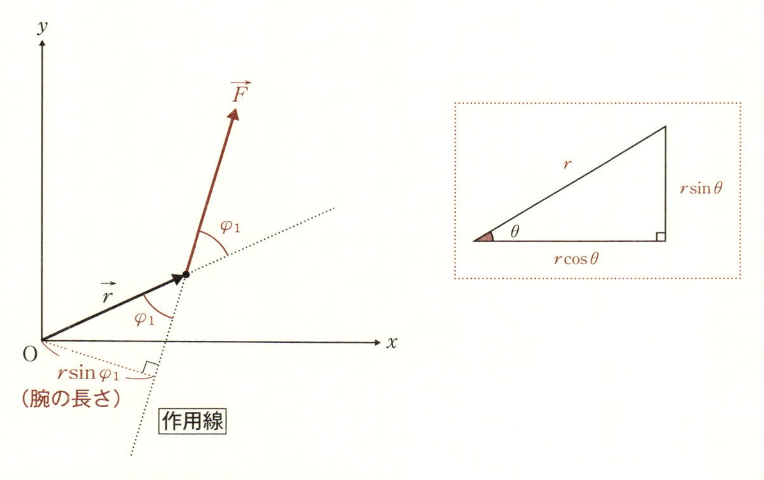

図 1-66 ● $\vec{F}$ の原点に対する腕の長さ

図 1-66 のように $\vec{r}$ と $\vec{F}$ だけを抜き出せば (1-119) の $r\sin\varphi_1$ は $\vec{F}$ に重なるように引いた直線（**作用線**と言います）に原点から下ろした垂線の長さになっていることがわかるでしょう。この長さを **$\vec{F}$ の原点に対する腕の長さ**と言います。

今、腕の長さを ρ（ロー）と書けば

$$\rho = r\sin\varphi_1$$

であり、ρ を使えば (1-119) は

$$N = \rho F \tag{1-120}$$

と書き換えられます。

N を**力のモーメント**あるいは**回転能率**と言い、物体を回転させようとするはたらきの大きさを表します。力のモーメントが大きいということはそれだけ物体を回転させようとするはたらきが大きい、ということです。

小学校で習う「てこの原理」を使うと重い荷物が持ち上げられるのは、力 F が小さくても（支点を原点とする）腕の長さ ρ を長くとれば、回転能率（力のモーメント）N を大きくできるからです。

一方、（1-71）の左辺の｛　｝の中を

$$l=m(xv_y-yv_x)$$

とおいて（1-118）や（1-119）とまったく同じように計算すれば、

$$\begin{aligned} l&=m(xv_y-yv_x)\\ &=m\{r\cos\theta\cdot v\sin(\theta+\varphi_2)-r\sin\theta\cdot v\cos(\theta+\varphi_2)\}\\ &=mrv\{\sin(\theta+\varphi_2)\cos\theta-\cos(\theta+\varphi_2)\sin\theta\}\\ &=mrv[\sin\{(\theta+\varphi_2)-\theta\}] \qquad \sin(\alpha-\beta)=\sin\alpha\cos\beta-\cos\alpha\sin\beta\\ &=mrv\sin\varphi_2 \end{aligned} \tag{1-121}$$

と変形できます。

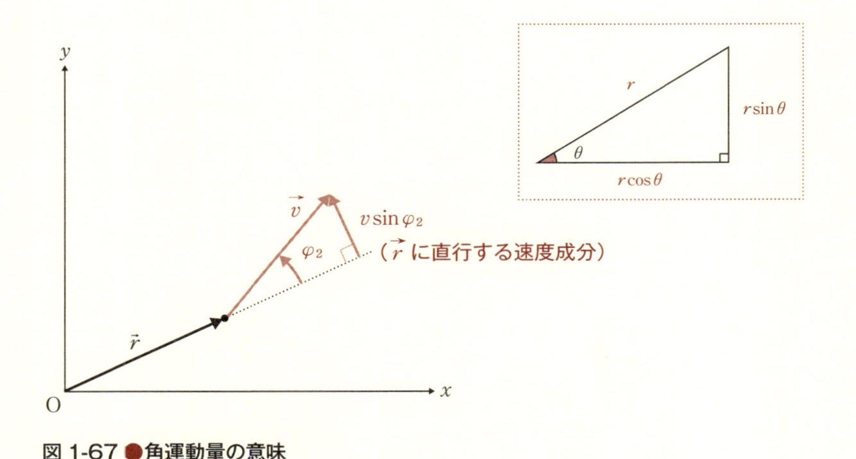

図 1-67 ●角運動量の意味

図 1-67 より、（1-121）の $v\sin\varphi_2$ は $\vec{r}$ に垂直な速度成分であることがわかります。既に紹介したとおり（p.102）、l は**角運動量**と言うのでしたね。

結局（1-71）は力のモーメント N と角運動量 l を用いて

$$\frac{dl}{dt} = N \qquad (1\text{-}122)$$

$N = xF_y - yF_x = \rho F$
$l = m(xv_y - yv_x) = mrv\sin\varphi_2$

となります。

力のモーメント N は角運動量 l の導関数だというわけです。

位置の導関数である速度は、位置を変化させる“原因”でした（p.35）。同じように、角運動量の導関数である**力のモーメントは角運動量を変化させる“原因”**なのです。

（1-122）で力のモーメント N が０のとき、すなわち外部から回転を変化させる力がはたらかないとき、

$$\frac{dl}{dt} = 0$$

$(c)' = 0$

です。微分すると０になるということは、角運動量 l が定数になる（**角運動量が保存される**）ということです。$l = rv\sin\varphi_2$ ですから、角運動量 l が保存されるときは、回転半径 r が小さければ小さいほど、回転方向の速度（$v\sin\varphi_2$）が上がります。

フィギュアスケートの選手がスピンの途中で腕を組んだり、真上にまっすぐ伸ばしたりして、回転を速めるシーンを見たことがあるでしょう。あれは角運動量が保存されることを利用して、回転半径を小さくすることで回転速度を上げているのです。(^_-)- ☆

質問コーナー

生徒●回転する座標系で運動方程式を計算すると、遠心力やコリオリ力という見かけの力が現れる、ということは数学的には理解できたのですが、遠心力はまだしも「コリオリ力」というのは実感が湧きません。どんなシーンでコリオリ力を感じるのですか？

先生●まずは、三角関数の微分と合成関数の微分、それに前にやった積の微分なども用いて、回転座標系の運動方程式の計算ができる、というのはすばらしいことです！

生徒●ありがとうございます（ものすごく大変でしたけどね……）

先生●コリオリ力を実感するには、回転する**円板などの上で物体を動かす必要があります**。

　地球上の大気は自転する地球の上で絶えず動いているので、いつもコリオリ力の影響を受けています。たとえば、北半球において赤道〜中緯度付近に強い貿易風（東風）が吹くのは、ハドレー循環という赤道付近の大気の循環がコリオリ力の影響を受けるからです。

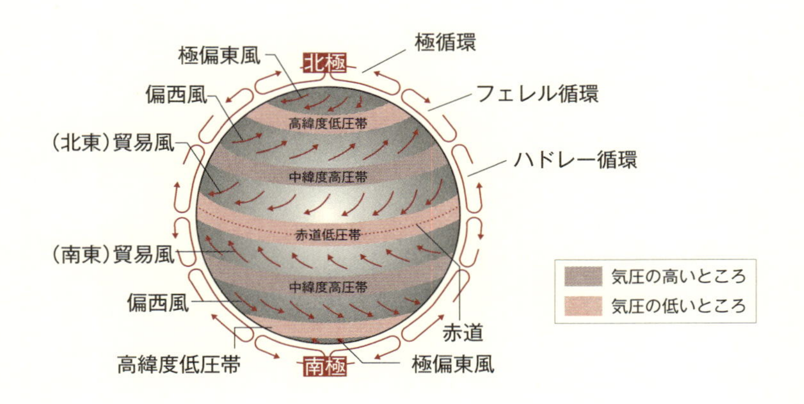

生徒●そうなんですね。でも、やっぱり大気の例ではコリオリ力についての実感は湧きません……。(>_<)

先生●気持ちはわかります。それでは、こんな実験を考えてみましょう。

Aさんが反時計回りに一定の速さで回転している円板の中心に立って、円板の端に立っているBさんに向かってまっすぐボールを転がします。円盤はツルツルで、摩擦の影響は無視できると考えてください。

円盤の外にいるCさんには、ボールは単に回転する円板の上を直進するだけのように見えます（摩擦を無視できるので、ボールは回転する円板の影響を受けません）。

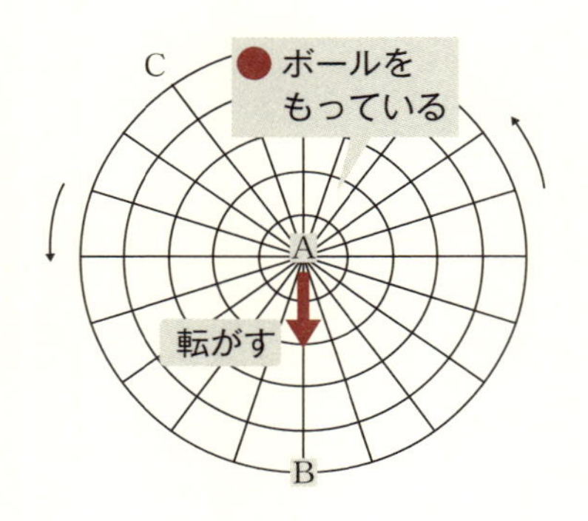

生徒●（ずいぶん特殊な状況を考えるのね……）

先生●でも、このボールはBさんには届きませんね。なぜなら、ボールが円盤の端に着いた頃には、Bさんはボールが着く場所（Bさんがもといた場所）よりも反時計回りに回転した位置にいるからです（次頁の図参照）。もちろんそれは円盤が回転しているからですが、もしAさんもBさんも円板が回転していることに気づかないとしたら、どうでしょう？

生徒●回転に気づかない、なんてことあり得ないと思いますけど……。

先生●でも、私たちだって地球が自転していることはなかなか意識できませんよね？

生徒●まあ言われてみれば……確かに。

先生●だから回転に気づかない、という状況もそう不自然ではないと思いますよ。

回転に気づかないとしたら、ボールがBさんに届かないことをAさんはとても不思議に思うでしょう。ボールが円盤の端に着く頃、Bさんは最初と変わらずAさんの正面にいますが、ボールはAさんからみて右のほうにありますから、Aさんはボールがひとりでに右に曲がってしまったように感じるはずです。Aさんが感じる、まっすぐ投げたはずのボールを右に曲げてしまう力、それが**コリオリ力**です。

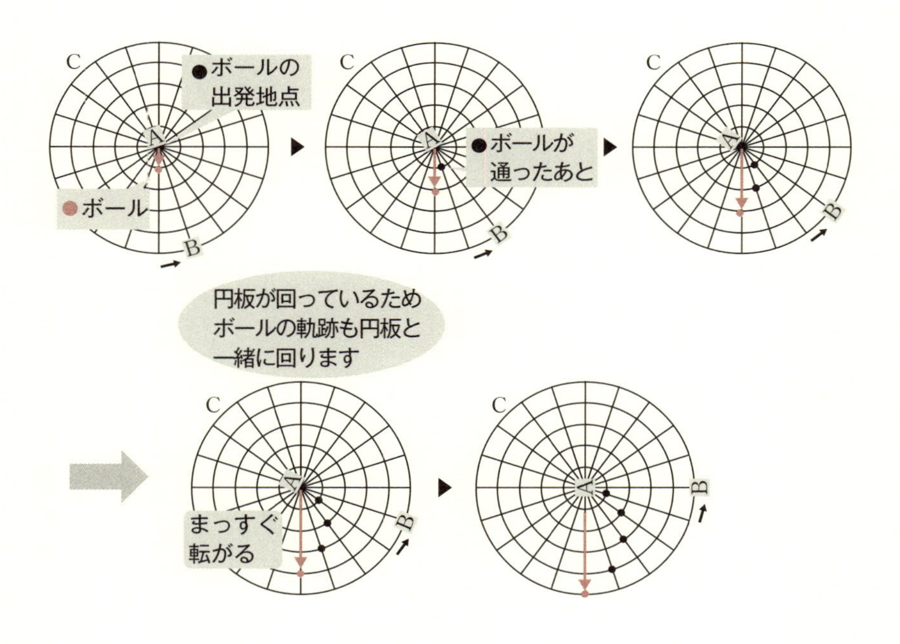

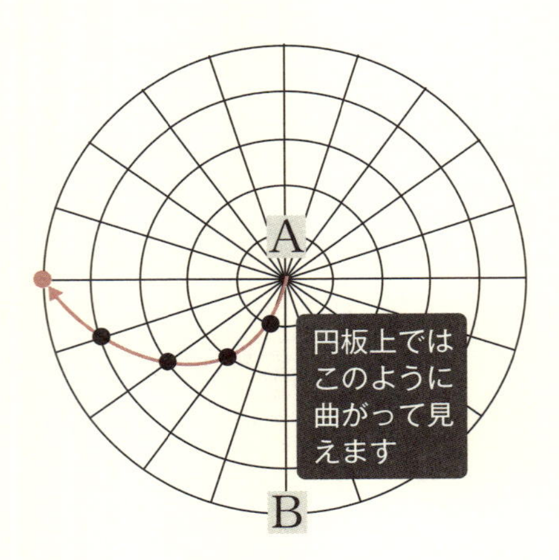
A
B
円板上では
このように
曲がって見
えます

第2章

積分

2-1 微分積分学の基本定理

科学史上の大発見

x 軸上を動くある物体の位置 x が t の関数で与えられるとき、速度 v と加速度 a はそれぞれ次式で与えられることは既に学びました（p.36）。

$$v=\frac{dx}{dt}、\quad a=\frac{dv}{dt}=\frac{d^2x}{dt^2} \tag{2-1}$$

図式的に書けば、

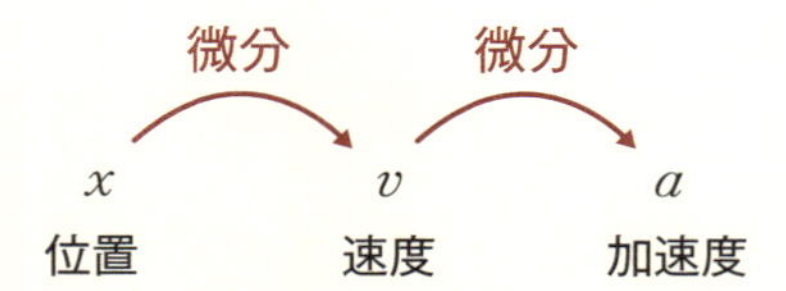

図 2-1 ●位置・速度・加速度の関係

ですね。

位置 x が t の関数で与えられるときは、それを微分することで速度や加速度が求められますが、加速度 a が先にわかっている場合に加速度から位置（変位）を求めたり、速度を求めたりする方法についてはこれまで触れてきませんでした。

でも実際、運動方程式（p.94）から得られるのは加速度 a なので、加速度から速度や位置を求める方法を知っておく必要もあるでしょう。

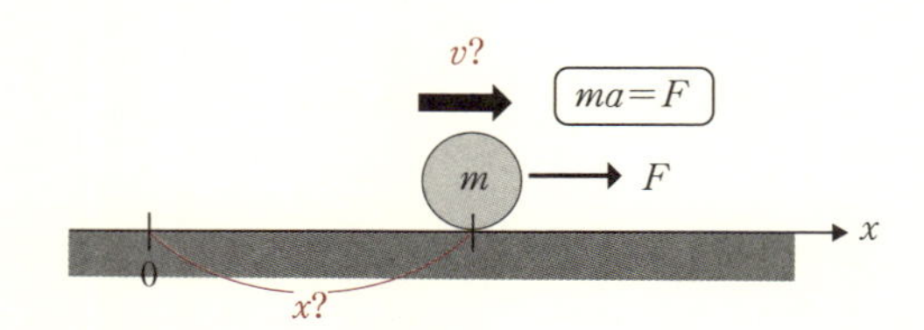

図 2-2 ●加速度から速度や位置を求める

そこで第2章では、加速度から速度や位置を求める方法、言い換えれば、導関数からもとの関数を求める方法を学びたいと思います。

■不定積分（原始関数）

関数 $f(x)$ に対して、微分すると $f(x)$ になる関数、すなわち

$$F'(x)=f(x) \tag{2-2}$$

となる関数 $F(x)$ を、$f(x)$ の**不定積分**または**原始関数**と言います。

図にすると、

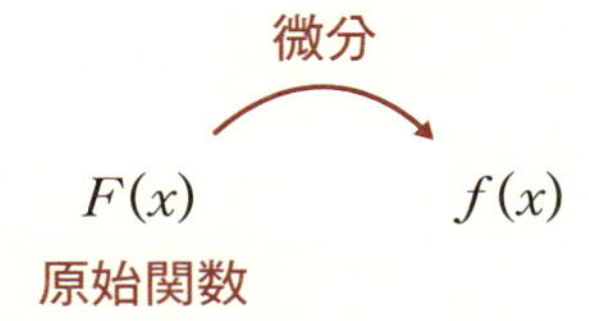

図 2-3 ●微分すると $f(x)$ になる関数が原始関数

ですね。たとえば、

$$F(x)=x^2$$

のとき、

$$F'(x)=f(x)=2x$$

なので、x^2 は $2x$ の原始関数です。

ところで、

$$F(x)=x^2+1 \quad \Rightarrow \quad F'(x)=f(x)=2x+0=2x$$

$$F(x)=x^2+2 \quad \Rightarrow \quad F'(x)=f(x)=2x+0=2x$$

$$F(x)=x^2+3 \quad \Rightarrow \quad F'(x)=f(x)=2x+0=2x$$

$(x^n)'=nx^{n-1}$
$(c)'=0$

です。

x^2 だけでなく、x^2+1 も x^2+2 も x^2+3 も $2x$ の原始関数だということになります。定数は微分すると0になるので、定数部分は何でもいいわけです。

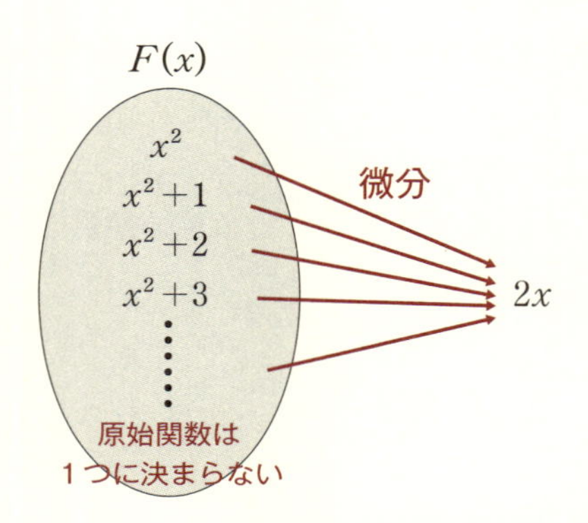

図 2-4 ●微分して $2x$ になる関数はたくさんある

不定積分という名前は、ある関数の原始関数は定数部分を1つに定めることができないことに由来しています。

よって、$F'(x)=f(x)$ のとき、$f(x)$ の**不定積分（原始関数）**は**任意の定数 C** を用いて

$$F(x)+C \tag{2-3}$$

と表されます。定数 C を**積分定数**と言います。

（注）「任意」というのは、数学ではよく登場する言葉ですが、「自由に決められる」という意味です。

関数 $f(x)$ の不定積分を記号では

$$\int f(x)dx \tag{2-4}$$

と表します。

(2-4) のとき、$f(x)$ を**被積分関数**、dx の x を**積分変数**と言います。

（注）記号 $\int$ は「**積分**」または「**インテグラル**」と読みます。

ここまでをまとめておきましょう。

不定積分の定義

$\boldsymbol{F'(x)=f(x)}$ のとき、

$$\int f(x)dx = F(x)+C \qquad [C \text{ は積分定数}]$$

不定積分にはなぜこのような記号を使うのか、そしてそもそも「積分」とはどういう意味なのかについては後でお話ししますが、その前に $f(x)=x^n$ の積分公式と不定積分の性質を導いておきましょう。

正の整数 n について

$$F(x)=x^n \quad \Rightarrow \quad F'(x)=nx^{n-1} \tag{2-5}$$

より、適当な定数 C_0 を用いて

$F'(x)=f(x) \Rightarrow \int f(x)dx = F(x)+C$

$$\int nx^{n-1}dx = x^n + C_0$$

$$\Rightarrow \quad n\int x^{n-1}dx = x^n + C_0 \tag{2-6}$$

(2-6) の両辺を n (>0) で割ると

$$\int x^{n-1}dx = \frac{1}{n}(x^n + C_0) \tag{2-7}$$

(2-7) の n に $n+1$ を代入 ($n \to n+1$) すると

$$\int x^{n+1-1}\,dx = \frac{1}{n+1}(x^{n+1}+C_0)$$

$$\Rightarrow \quad \int x^n\,dx = \frac{1}{n+1}x^{n+1} + \frac{1}{n+1}C_0 \qquad (2\text{-}8)$$

(2-8) で $\frac{1}{n+1}C_0$ をあらためて C と置けば、

$$\int x^n\,dx = \frac{1}{n+1}x^{n+1} + C \qquad (2\text{-}9)$$

なお、$n=0$ のとき、

$$\left(\frac{1}{0+1}x^{0+1}\right)' = (x)' = 1 = x^0$$

$$\Rightarrow \quad \int x^0\,dx = \frac{1}{0+1}x^{0+1} + C$$

なので (→注参照)、(2-9) は $n=0$ でも成立します。以上より、次の公式を得ます。

関数 x^n の不定積分

0 以上の整数 n について

$$\int x^n\,dx = \frac{1}{n+1}x^{n+1} + C \qquad [C \text{ は積分定数}]$$

(注) a^0 について

数 I までの範囲では、a^n と書いたときの右肩の小さい数字 (**累乗の指数**と言います) は正の整数でした。しかし数 II 以降では累乗の指数に実数全体が適用できるように累乗を「拡張」(新しく定義) します。その結果「$a^0=1$」と定めることになりました (詳しくは 3 章の p.279 でお話しします)。

例）

$$\int x^n dx = \frac{1}{n+1}x^{n+1} + C$$

$$\int x^2 dx = \frac{1}{2+1}x^{2+1} + C = \frac{1}{3}x^3 + C$$

x^2 の原始関数は、$\frac{1}{3}x^2+C$ と求まりました。念のためこれが正しい（微分すると x^2 になる）ことを確かめておきましょう。

$$\left(\frac{1}{3}x^3 + C\right)' = \frac{1}{3}(x^3)' + (C)'$$

$\{kf(x)+lg(x)\}' = kf'(x)+lg'(x)$

$$= \frac{1}{3} \cdot 3x^2 + 0 = x^2$$

$(x^n)' = nx^{n-1}$、$(c)' = 0$

確かに x^2 になりますね！ (^_-)- ☆

■不定積分の性質

(2-6) で

$$\int nx^{n-1} dx = n\int x^{n-1} dx$$

としましたが、このように変形してもよいかどうかはきちんと確認しておく必要があります（後出しでごめんなさい）。

一般に、関数 $f(x)$ の不定積分（原始関数）の1つを $F(x)$ とすると、

$$F'(x) = f(x) \tag{2-10}$$

より、適当な定数 C_1 を用いて次のように書けます。

$$\int f(x)dx = F(x) + C_1 \tag{2-11}$$

また、k を定数とすると導関数の性質（p.31）より、

$\{kf(x)+lg(x)\}' = kf'(x)+lg'(x)$

$$\{kF(x)\}' = kF'(x) = kf(x) \tag{2-12}$$

なので，(2-12) より適当な定数 C_2 を用いて

$$\int kf(x)dx = kF(x) + C_2 \tag{2-13}$$

です。ここで、

$$kC_1 = C_2 \tag{2-14}$$

となるように**適当に C_1 と C_2 を定めれば**、(2-11) と (2-14) より

$$\int kf(x)dx = kF(x) + C_2 = kF(x) + kC_1 = k\{F(x) + C_1\} = k\int f(x)dx$$

(2-14)　(2-11)

よって、

$$\int kf(x)dx = k\int f(x)dx \tag{2-15}$$

(注) ここで (2-14) が成立するような C_1 と C_2 を「適当に定める」ことに抵抗を覚えた人がいると思います（当然の感覚です）。でも、積分定数は任意の（自由に決めていい）定数なのでこのようなことも許されるのです。

結局、(2-15) は無数にある不定積分 $\int f(x)dx$ のそれぞれを k 倍したものは $\int kf(x)dx$ に一致すると主張しているわけですが、このことは、下の図を見れば納得してもらえるのではないでしょうか。

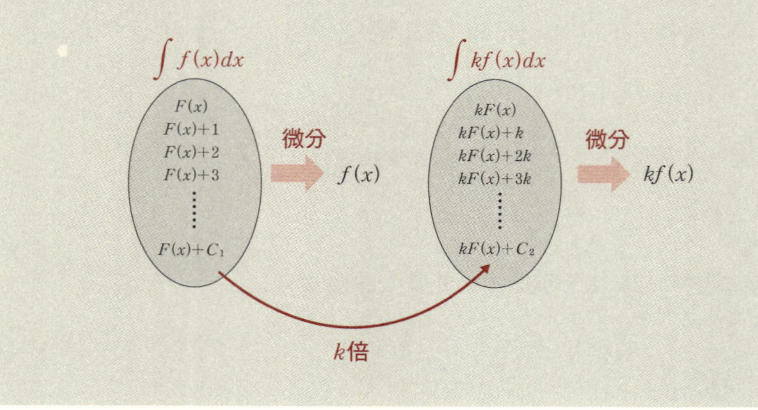

また、関数 $g(x)$ の不定積分（原始関数）の１つを $G(x)$ とすると、

$$G'(x)=g(x) \tag{2-16}$$

より、適当な定数 C_3 を用いると

$$\int g(x)dx=G(x)+C_3 \tag{2-17}$$

導関数の性質より、

$\{kf(x)+lg(x)\}'=kf'(x)+lg'(x)$

$$\{F(x)+G(x)\}'=F'(x)+G'(x)=f(x)+g(x) \tag{2-18}$$

なので，適当な定数 C_4 を用いて

$$\int\{f(x)+g(x)\}dx=F(x)+G(x)+C_4 \tag{2-19}$$

ここで

$$C_1+C_3=C_4 \tag{2-20}$$

となるように**適当に** C_1、C_3、C_4 **を定めれば**、(2-11) と (2-17) より

$$\begin{aligned}\int\{f(x)+g(x)\}dx&=F(x)+G(x)+C_4\\&=F(x)+G(x)+C_1+C_3\\&=F(x)+C_1+G(x)+C_3\\&=\int f(x)dx+\int g(x)dx\end{aligned}$$

(2-20)

(2-11)、(2-17)

以上より

$$\int\{f(x)+g(x)\}dx=\int f(x)dx+\int g(x)dx \tag{2-21}$$

(2-15) と (2-21) は次のようにまとめられます。

不定積分の性質

$$\int \{kf(x)+lg(x)\}dx = k\int f(x)dx + l\int g(x)dx \quad [k, l \text{は定数}]$$

例）

$$\int (3x+5)dx = \int (3x^1+5x^0)dx$$

$1 = x^0$

$\int \{kf(x)+lg(x)\}dx = k\int f(x)dx + l\int g(x)dx$

$$= 3\int x^1 dx + 5\int x^0 dx$$

$\int x^n dx = \frac{1}{n+1}x^{n+1} + C$

$$= 3 \cdot \frac{1}{1+1}x^{1+1} + 5 \cdot \frac{1}{0+1}x^{0+1} + C$$

$$= \frac{3}{2}x^2 + 5x + C$$

不定積分を２回行っているので、積分定数も２つ必要なんじゃないかと考える人がいるかもしれませんね。でも積分定数は１つで十分です。２つの積分定数をまとめて C と書いているのだと思ってもらってもかまいませんが、

$$\left(\frac{3}{2}x^2 + 5x + C\right)' = 3x + 5$$

が成立するので、不定積分の定義（p.157）より

$F'(x) = f(x)$ のとき

$\int f(x)dx = F(x) + C$

$$\int (3x+5)dx = \frac{3}{2}x^2 + 5x + C$$

はまったく正しいと理解することも大切です。

■積分とは？

「微分」は「**微**（かす）**か（細かいもの）に分ける**」という意味であり、「積分」は「**分けたものを積み上げる**」という意味です。

「積分」は英語では“**integration**”と言います。“integrate”が「統合す

る」とか「まとめる」などの意味を持つことからもわかるように、積分の本質は細かく分けたものをまとめて積み上げる（足し合わせる）ことにあります。

そもそも積分の歴史はいつから始まったかをご存知ですか？　ふつう「微分積分」や「微積」と言いますし、高校でも「微分 → 積分」の順に習いますから、漠然と微分が先に発明されて、その後積分が考えだされたと思っている人が多いのではないでしょうか？

しかし実際は**積分のほうがうんと長い歴史を持っています**。

微分がその産声を上げたのは12世紀です。当時を代表する数学者であったインドの**バースカラ２世**（1114-1185）は、その著作の中で微分係数（p.16）や導関数（p.23）に繋がる概念を発表しています。

一方、積分は、なんと**紀元前1800年頃にその端緒を見ることができます**。積分がなぜこんなにも早く生まれたかといいますと、それはずばり**面積を求めるため**でした。

たとえば、遺産相続した土地を兄弟が平等に分配しようとする場合、土地の境界線は直線であるとは限りませんから、曲線で囲まれた土地の面積を正確に計算する術が必要になったことは想像に難くありません。また田畑にかかる租税を合理的に課すためにも同様の計算は必要です。

そこで生まれたのが積分です。積分というのは長い間、面積を求めるための手法をさす言葉でした。

今、次頁の図2-5の左の図のように曲線 $y=f(x)$ と $x=a$ と $x=b$ それに x 軸とで囲まれた面積 S を考えます。

図2-5の右の図では、S を4つの長方形に分け（幅は同じである必要はありません）、それぞれの長方形の x 軸上の頂点は

$$a=x_0<x_1<x_2<x_3<x_4=b \tag{2-22}$$

としています。一番左の長方形は

$$x_0 \leqq p_1 \leqq x_1 \tag{2-23}$$

を満たす p_1 に対して高さが $f(p_1)$ になっています。

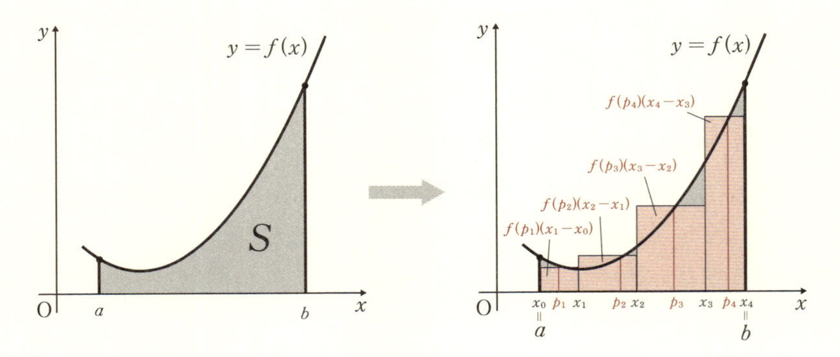

図2-5●面積 S を４つの長方形に分けて考える

一番左の長方形の幅は $(x_1 - x_0)$ なので

$$一番左の長方形の面積：f(p_1)(x_1 - x_0)$$

です。(2-23) と同様に p_2、p_3、p_4 は

$$x_1 \leqq p_2 \leqq x_2、x_2 \leqq p_3 \leqq x_3、x_3 \leqq p_4 \leqq x_4 \qquad (2\text{-}24)$$

を満たす値であるとして

左から2番目の長方形の面積：$f(p_2)(x_2 - x_1)$
左から3番目の長方形の面積：$f(p_3)(x_3 - x_2)$
左から4番目の長方形の面積：$f(p_4)(x_4 - x_3)$

と書けます。

S と４つの長方形の面積の和はだいたい等しいと考えられるので、

$$S \fallingdotseq f(p_1)(x_1 - x_0) + f(p_2)(x_2 - x_1) + f(p_3)(x_3 - x_2) + f(p_4)(x_4 - x_3) \qquad (2\text{-}25)$$

ですね。

（注）（2-23）や（2-24）を満たす値であれば、p_1、p_2、p_3、p_4 はどんな値でも（2-25）が成立することに注意してください。すなわち、p_1、p_2、p_3、p_4 は（2-23）や（2-24）の範囲にある任意の（自由に決められる）値です。

図 2-5 では、S を 4 つに分けましたが、長方形の数が多くなればなるほど、S と長方形の面積の和の誤差が小さくなることは、おそらく直感的に納得してもらえると思います。

すなわち

$$a = x_0 < x_1 < x_2 < x_3 < \cdots\cdots < x_n = b \tag{2-26}$$

を満たす x_0、x_1、x_2、x_3、……、x_n が長方形の x 軸上の頂点であるような n 個の長方形に対し、

$$x_{i-1} \leqq p_i \leqq x_i \quad (i = 1, 2, 3, \cdots\cdots, n) \tag{2-27}$$

を満たす任意の p_1、p_2、p_3、……、p_n を考えると、n 個の長方形の面積の和の $n \to \infty$ の極限が S だということです。式で書くと

$$S = \lim_{n \to \infty} \{ f(p_1)(x_1 - x_0) + f(p_2)(x_2 - x_1) + f(p_3)(x_3 - x_2) + \cdots\cdots + f(p_n)(x_n - x_{n-1}) \} \tag{2-28}$$

ですね。

面積の計算を（2-28）のように定式化できるようになったのは、ごく最近（19 世紀）のことです。でも人類は必要に迫られて、関数や極限などの概念が生まれるずっと前から（2-28）と同じ内容のアイディアを持って曲線で囲まれた図形の面積を計算していました。

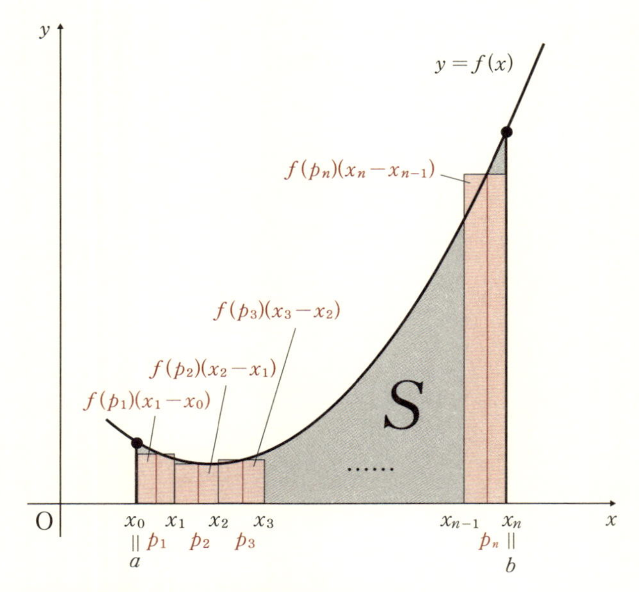

図 2-6 ●面積 S を n 個の長方形に分けて考える

(注) 実は (2-28) の右辺の極限が本当に収束する（一定の値に限りなく近づく）ことと、その極限値が長方形の作り方によらないことを厳密に示すことは難しく、大学以降の高度な数学が必要です。

関数 $f(x)$ が $a \leqq x \leqq b$ で連続であるとき (2-26) と (2-27) を満たす x_k と p_i について ($k=0, 1, 2, 3, \cdots\cdots, n$、$i=1, 2, 3, \cdots\cdots, n$) (2-28) が成り立つことを初めて厳密に示したのは、19 世紀を代表する数学者の一人であるベルンハルト・リーマン (1826-1866) でした。

彼の功績を称えて (2-28) を**リーマン積分の基本定理**と言い、(2-28) の右辺の { } の中

$$f(p_1)(x_1-x_0)+f(p_2)(x_2-x_1)+f(p_3)(x_3-x_2)+\cdots\cdots+f(p_n)(x_n-x_{n-1})$$

を**リーマン和**と言います。

■定積分の定義

(2-28) の左辺、すなわち曲線 $y=f(x)$ と $x=a$ と $x=b$ それに x 軸とで囲まれた面積 S（図 2-7）を

$$\int_a^b f(x)dx$$

と表し、これを **$f(x)$ の a から b までの定積分**と言います。

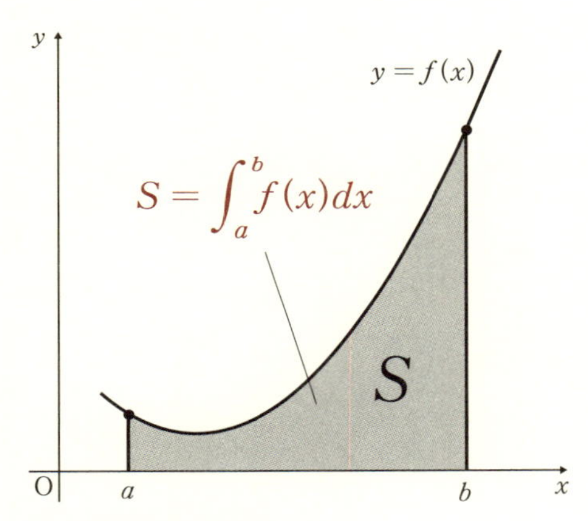

図 2-7 ●定積分の定義

(2-28) に代入すると

$$\int_a^b f(x)dx=\lim_{n\to\infty}\{f(p_1)(x_1-x_0)+f(p_2)(x_2-x_1)+f(p_3)(x_3-x_2)$$
$$+\cdots\cdots+f(p_n)(x_n-x_{n-1})\} \quad (2\text{-}29)$$

です。

（注）大学以降は $\int_a^b f(x)dx$ を**リーマン積分**とも言います。

差を表すΔ（デルタ）を使って

$$(x_1-x_0)=\Delta x_1、(x_2-x_1)=\Delta x_2、(x_3-x_2)=\Delta x_3、\cdots\cdots、(x_n-x_{n-1})=\Delta x_n$$

と置くと（2-29）は

$$\int_a^b f(x)dx=\lim_{n\to\infty}\{f(p_1)\Delta x_1+f(p_2)\Delta x_2+f(p_3)\Delta x_3+\cdots\cdots+f(p_n)\Delta x_n\} \quad (2\text{-}30)$$

と書けます。

（2-30）の右辺は$f(p_i)\Delta x_i(i=1, 2, 3, \cdots\cdots, n)$の和ですね。「和」は英語ではsumと言いますから、（2-30）の右辺を

$$\int_a^b f(x)dx=\lim_{n\to\infty}\{\text{Sum of } f(p_i)\Delta x_i\}$$

と書くことにしましょう。こうすれば、定積分を表す記号は*Sum*の*S*を上下に引き伸ばして∫とし、$n\to\infty$のときの極限を$f(p_i)\to f(x)$、$\Delta x_i\to dx$と表して作った記号なんだなあ、ということがわかってもらえるのではないでしょうか？

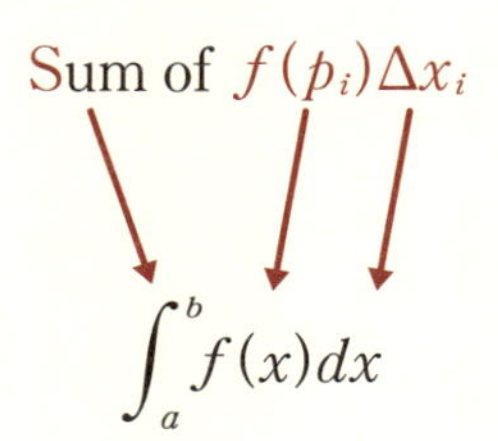

とにかく、$\int_a^b f(x)dx$という記号で表される定積分は図2-7の面積を表し、微分とは関係なく定義されるものだということを理解してください。

一方、この節の冒頭で説明した不定積分$\int f(x)dx$は微分すると$f(x)$となる原始関数を表す記号でした。ある演算（計算）によって得られた結果を元に戻す演算のことは逆演算と言うので、不定積分を求める計算は、**微分の逆演算**です。

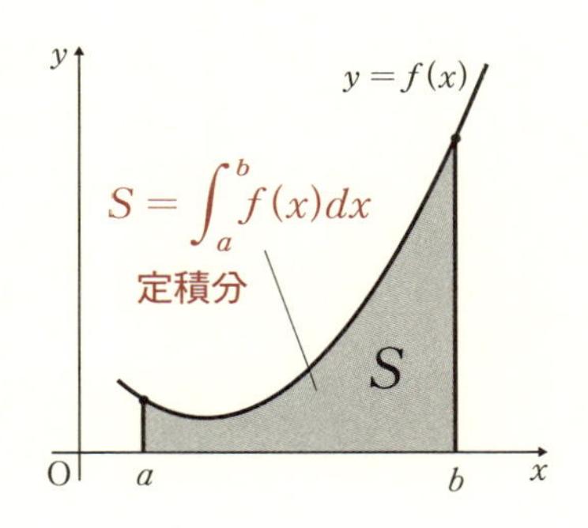

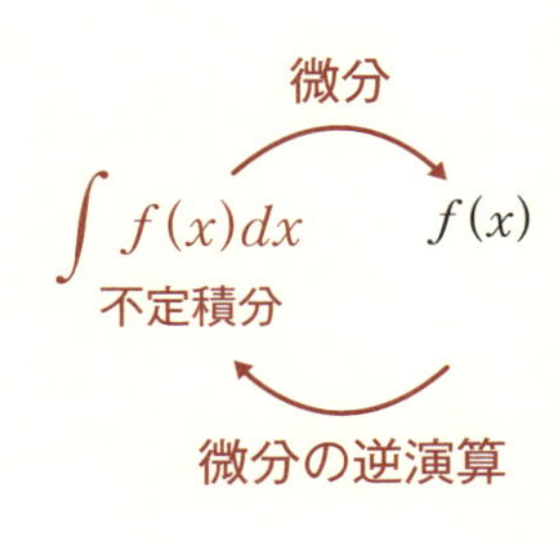

こうして並べてみると
「あれ？　定積分と不定積分は（記号も名前も似ているけど）全然別物なのかな（・・?」
と思う人もいるかもしれませんね。

そうなんです。

当初、面積を求める計算と接線の傾きや導関数を求める計算（およびその逆演算＝原始関数を求める計算）はまったく関係がないと思われていました。

しかし、17 世紀後半に現れた 2 人の天才、ニュートンとライプニッツは、**$f(x)$ の原始関数を $F(x)$ とするとき、$f(x)$ の a から b までの定積分（面積）は $F(b)-F(a)$ に等しい**ことを（それぞれ独自に）発見しました！

これは科学史上に燦然（さんぜん）と輝く大発見だと言っていいでしょう。これを**微分積分学の基本定理**（fundamental theorem of calculus）と言います。

（注）“calculus”の語源は、（計算用の）小石を意味するラテン語で高度に系統立てられた計算法全般を意味しますが、ふつうは“calculus”と言えば「微分積分学」を指すことが多いです。

前述のとおり $\int$ という記号や「積分」という言葉は、そもそも面積を求める計算方法に由来するものですが、原始関数を表す言葉や記号にもこれらを使うようになったのは、微分積分学の基本定理によってある関数のグラフが囲む面積と微分の逆演算の間に密接な関係が見つかったからです。

微分積分学の基本定理によって、面積を求めるための計算が飛躍的に簡単になっただけでなく、人類は微分方程式を解くという手法も手にしました（微分方程式については３章で詳しくお話しします）。それは、人類が真実に通じる最も重い扉をこじ開けた瞬間だったと言っても過言ではありません。

さあ！　いよいよこの世紀の大発見の証明に入りましょう……と言いたいところですが、その前に、もうひとつだけ重要な定理を学びます。

「平均値の定理」と呼ばれる定理です。(^_-)- ☆

■平均値の定理

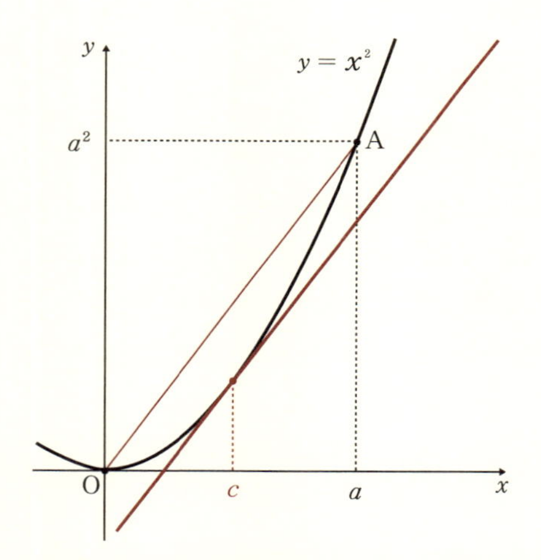

図 2-8 ● OA と平行な接線が O と A の間に引ける

関数 $f(x)=x^2$ において、x が 0 から a (>0) まで変化するときの平均変

化率（p.13）は

$$\frac{f(a)-f(0)}{a-0}=\frac{a^2-0}{a}=a \qquad (2\text{-}31)$$

ですね。

$y=f(x)$ において x が a から b まで変化するとき、

$$\text{平均変化率}=\frac{f(b)-f(a)}{b-a}$$

（2-31）は図 2-8 における OA の傾きを表します。

一方、

$$f(x)=x^2 \quad \Rightarrow \quad f'(x)=2x$$

$(x^n)'=nx^{n-1}$

なので、$f(x)=x^2$ の $x=c$ における微分係数 $f'(c)$ が（2-31）の平均変化率と等しいとき、すなわち $x=c$ における接線の傾きが OA の傾きと等しいとき

$$f'(c)=a \quad \Rightarrow \quad 2c=a \quad \Rightarrow \quad c=\frac{a}{2} \qquad (2\text{-}32)$$

です。$0<a$ なので、

$$0<\frac{a}{2}<a \qquad (2\text{-}33)$$

よって、（2-31）～（2-33）より**次の条件を満たす c が存在する**ことがわかります。

$$\frac{f(a)-f(0)}{a-0}=f'(c)、0<c<a$$

これを一般化したものが、「平均値の定理」です。

平均値の定理

関数 $y=f(x)$ のグラフが $a \leqq x \leqq b$ の区間で滑らかに繋がっているとき、

$$\frac{f(b)-f(a)}{b-a}=f'(c)、a<c<b$$

を満たす実数 c が存在する。

平均値の定理とは、言い換えれば、$y=f(x)$ のグラフ上に任意の2点A $(a, f(a))$、B $(b, f(b))$ を取ると、線分ABと平行な接線を引けるような接点C $(c, f(c))$ **が2点A、Bの間に必ず存在するということを保証する定理**です。

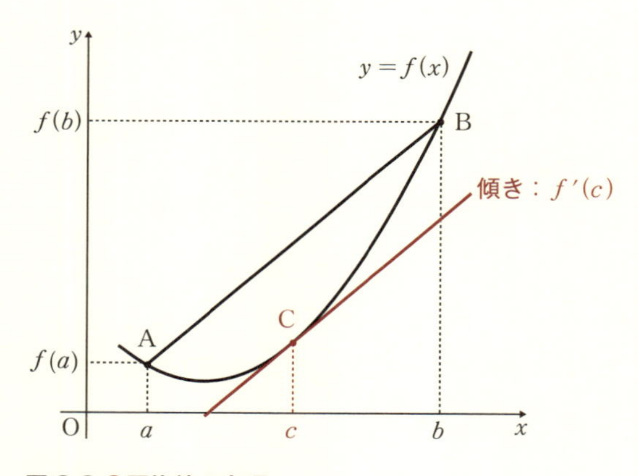

図2-9●平均値の定理

正直なことを言うと、私は最初にこの定理を知ったとき、
「いくら存在することが保証されても、その接点がどこにあるかがわからない限りたいして役に立たないのではないか？」
と思っていました……。(^_^;)

しかし、実際には「必ず存在する」と言えることはたいへん大きな意味を持ちます。

平均値の定理の説明のあとにお見せする微分積分学の基本定理の証明もその一例です。

■平均値の定理が成立するための前提条件（関数の連続と微分可能）

平均値の定理が成立するためには、**グラフが滑らかに繋がっていることが前提条件であることは忘れないでください**。もし図 2-10 のようにグラフが途中で切れていたり、途中で尖っていたりすると、平均値の定理は成り立ちません。

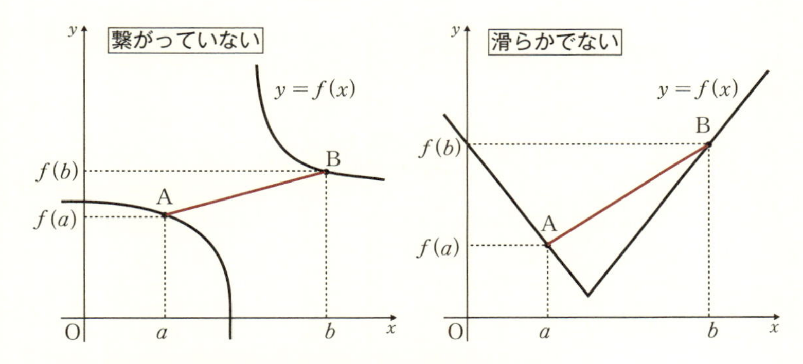

図 2-10 ● AB と平行な接線が A と B の間に存在しない

ところで「グラフが滑らかに繋がっている」というのは、（我ながら）少々まわりくどい上に曖昧な感じがします……。(^_^;) 日常的な言葉を使ってイメージを膨らませることは決して無駄ではありませんが、「日常的な言葉」には認識の相違による齟齬（そご）が生まれやすいのもまた事実です。そこで、このさきの話に誤解を生じさせないためにも、平均値の定理が成立するための条件をもう少し正確な言葉（数学の言葉）を使って定義しておきましょう。

たとえば、

$$f(x)=\begin{cases} x+1 & [x \neq 1] \\ 1 & [x=1] \end{cases} \tag{2-34}$$

で定義される関数 $y=f(x)$ のグラフが $x=1$ で切れていることは、グラフを見れば一目瞭然ですね（図 2-11）。

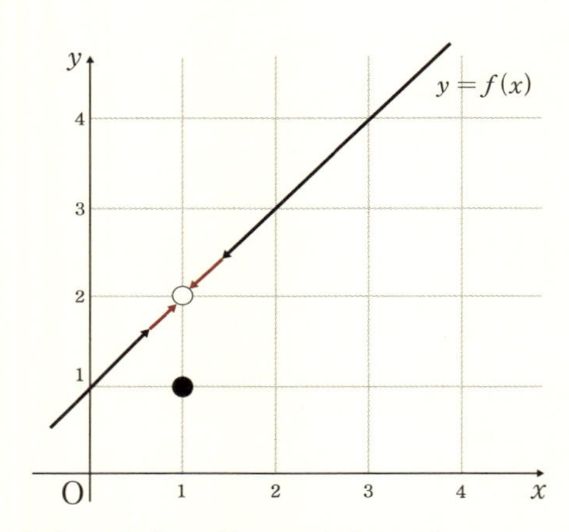

図 2-11 ●グラフが $x=1$ で切れている

このとき、x を限りなく 1 に近づけると、$f(x)$ は限りなく 2 に近づくので

$$\lim_{x \to 1} f(x)=2$$

ですが、x がちょうど 1 のときは、$f(x)$ は 1 なので、

$$f(1)=1$$

となります。すなわち

$$\lim_{x \to 1} f(x) \neq f(1) \qquad [2 \neq 1]$$

です。

一方、(2-34) で定義される関数 $y=f(x)$ のグラフは $x=2$ では繋がっています（図 2-12）。

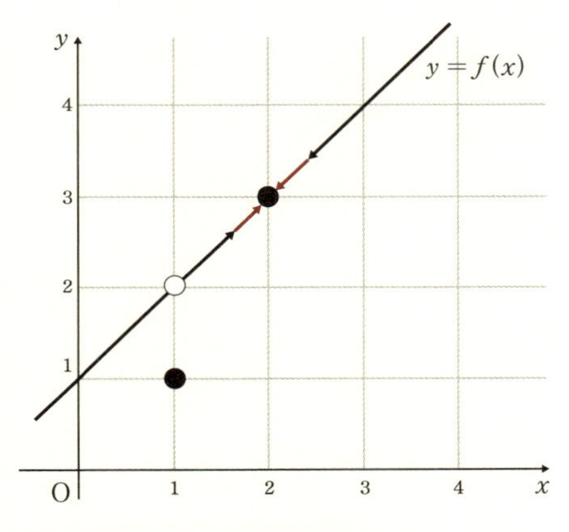

図 2-12 ● $x=2$ では繋がっている

今度は x を限りなく 2 に近づけると、$f(x)$ は限りなく 3 に近づくので

$$\lim_{x \to 2} f(x) = 3$$

です。また、x がちょうど 2 のときも、$f(x)$ は 3 なので、

$$f(2) = 3$$

となります。すなわち

$$\lim_{x \to 2} f(x) = f(2)$$

です。

一般に、x が限りなく 1 つの値 a に近づくとき、$f(x)$ もまた限りなく $f(a)$ に近づくならば、**$f(x)$ は $x=a$ において連続**と言います。すなわち

$$\lim_{x \to a} f(x) = f(a) \tag{2-35}$$

であれば、$f(x)$ は $x=a$ において連続です。

また、$f(x)$ がある区間の各点（ある区間内のすべての点）で連続なとき、関数 $f(x)$ は**その区間で連続**と言います。そして、**定義域全体で連続な関数**は**連続関数**と言います。

ただし、関数 $f(x)$ が $x=a$ において連続であるとしても、$f(x)$ のグラフが滑らかに繋がっているとは限りません。

実際、

$$f(x)=|x|+1$$

のとき、$f(x)$ は連続関数（定義域全体で連続）ですが、$x=0$ ではグラフが尖っています（図 2-13 左）。

一方、

$$f(x)=x^2+1$$

のときは、$f(x)$ は連続関数（定義域全体で連続）で、しかも $x=0$ でグラフは滑らかに繋がっています（図 2-13 右）。この違いは連続であるかどうかという基準では判断することができません。

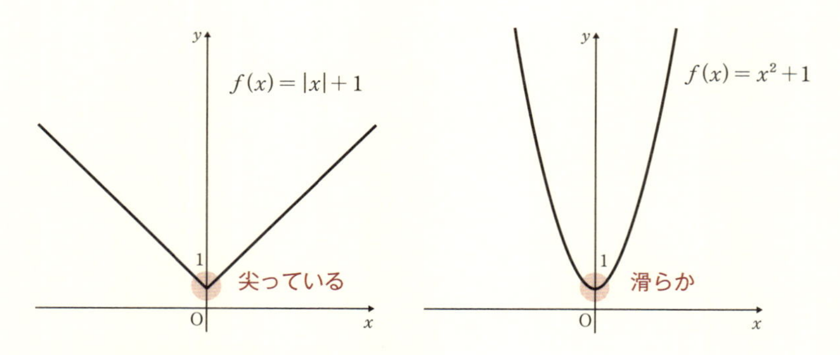

図 2-13 ●接線が引ける場合、引けない場合

グラフが滑らかに繋がっているかどうかは接線を引くことができるかどうかで判断します……と書くと、

「え？　$f(x)=|x|+1$ の $x=0$ の点は尖っているけれど接線は引けるじゃん。しかも2本！　(#ﾟДﾟ)」
と思う人がいて当然です。

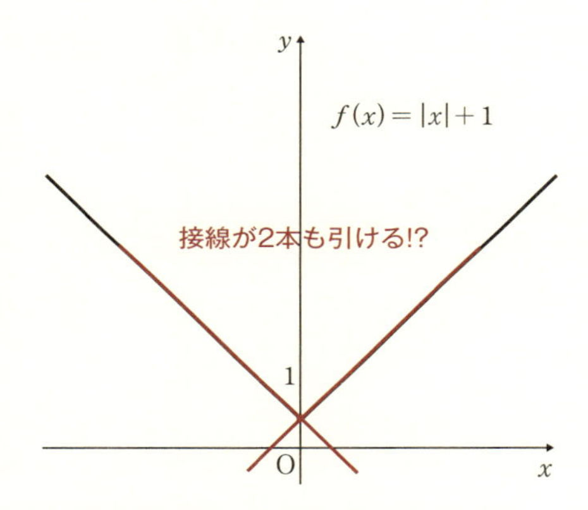

図2-14●尖っている点でも接線は引ける?!

しかし、これは逆に言うと、「$f(x)=|x|+1$ の $x=0$ の点では接線を1本に決められない」ことを意味します。数学では一般に「**決められないものは存在しない**」と考えることがとても多いです。

(注) 数Ⅰで

$$f(x)=x^2 \quad [0 \leqq x < 1]$$

であるとき、最大値は存在しないと習ったと思います。x を1に近づければ近づけるだけ、$f(x)$ も1に近づくので、1のすぐ近くに最大値があることはわかるけれども、その値を0.99とか0.9999とかに決めることはできないからです。「決められないものは存在しない」と考える点ではこれも同じです。

よって「**$f(x)=|x|+1$ の $x=0$ の点では接線は存在しない**」と考えるのです。

逆に、「$f(x)=x^2+1$ の $x=0$ の点では接線を1本に決めることができるので、「**$f(x)=x^2+1$ の $x=0$ の点では接線が存在する**」と言えます。

関数 $f(x)$ の $x=a$ で接線を引く（決める）ことができる、というのは（接線の傾きを表す）微分係数 $f'(a)$ が存在する（1つの値に決まる）ということです。このとき、微分係数 $f'(a)$ の定義式（p.16）

$$f'(a)=\lim_{h \to 0}\frac{f(a+h)-f(a)}{h}$$

の右辺は一つの値に決まります。そして、**$f'(a)$ が存在するとき、$f(x)$ は $x=a$ で微分可能である**、と言います。

$f(x)$ がある区間の各点（ある区間内のすべての点）で微分可能なとき、すなわちある区間で

$$f'(x)=\lim_{h \to 0}\frac{f(x+h)-f(x)}{h}$$

で定める導関数 $f'(x)$ が存在するとき、関数 $f(x)$ は**その区間で微分可能**と言います。そして、**定義域全体で微分可能な関数**は**可微分関数**あるいは**微分可能関数**と言います。

ここまでをまとめておきましょう。

関数の連続と微分可能

$\lim_{x \to a} f(x)=f(a)$　⇒　$f(x)$ は $x=a$ において**連続**

$f'(a)$ が存在する　⇒　$f(x)$ は $x=a$ において**微分可能**

（注） $f(x)$ が $x=a$ で微分可能であるとき、$f(x)$ は $x=a$ で連続ですが、逆は成り立ちません。

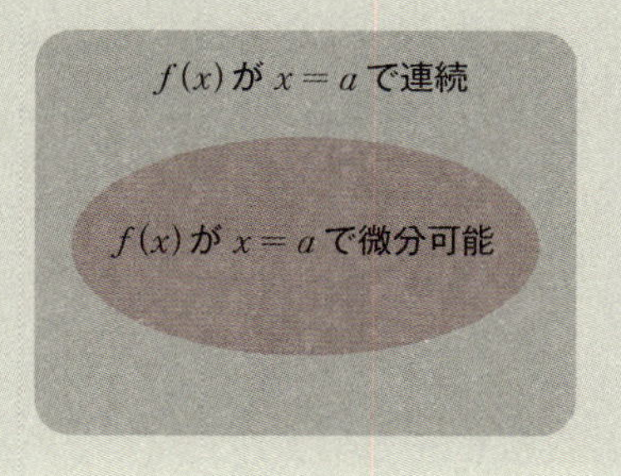

結局、関数 $f(x)$ がある区間で連続であることは、その区間でグラフが繋がっていることを、また関数 $f(x)$ がある区間で微分可能であることは、その区間の各点で接線が引けることを意味します。

以上より、関数 $f(x)$ について**ある区間で平均値の定理が成立する条件**（グラフが滑らかに繋がっていること）は、**その区間で $f(x)$ が微分可能**であることです。

（注） より厳密には「$f(x)$ が $a \leqq x \leqq b$ の区間で連続かつ $a<x<b$ の区間で微分可能」であることが $a \leqq x \leqq b$ の区間で平均値の定理が成立する条件です。平均値の定理において関数 $f(x)$ は区間の両端の $x=a$ や $x=b$ では微分可能である必要はなく，連続でありさえすればよいというわけです。

なお、高校数学では「平均値の定理」の厳密な証明は学びません。大学の内容に進めば、実数の連続性と同値である「デデキントの公理」と呼ばれるものからスタートして、

中間値の定理→最大値の定理→ロルの定理→平均値の定理

と論理を積み上げることでやっと平均値の定理の厳密な証明を得ることができます（本書では割愛します m(_ _)m）。

■微分積分学の基本定理

「$f(x)$ の不定積分（原始関数）の１つを $F(x)$ とするとき、$f(x)$ の a から b までの定積分（面積）は $F(b)-F(a)$ に等しい」（p.169）という微分積分学の基本定理は原始関数 $F(x)$ に平均値の定理を用いることで、次のように証明できます。

❖ 証明

$a \leqq x \leqq b$ の区間で $f(x)$ が連続であるとき、$y=f(x)$ と $x=a$ と $x=b$ それに x 軸とで囲まれた面積を S としましょう。すると、p.165 の（2-28）が成り立ちます。

$$S=\lim_{n\to\infty}\{f(p_1)(x_1-x_0)+f(p_2)(x_2-x_1)+f(p_3)(x_3-x_2)+\cdots\cdots+f(p_n)(x_n-x_{n-1})\} \quad (2\text{-}28)$$

ただし、x_0、x_1、x_2、x_3、……、x_n は、

$$a=x_0<x_1<x_2<x_3<\cdots\cdots<x_n=b \quad (2\text{-}26)$$

の関係にあります。

このとき p_i $(i=1, 2, 3, \cdots\cdots, n)$ は、（2-27）を満たす値であれば自由に決めることが許されていました。

$$x_{i-1} \leqq p_i \leqq x_i \quad (i=1, 2, 3, \cdots\cdots, n) \quad (2\text{-}27)$$

そこで、$f(x)$ の不定積分（原始関数）の１つである $F(x)$ に対して

$$\frac{F(x_i)-F(x_{i-1})}{x_i-x_{i-1}}=F'(p_i)\text{、}x_{i-1} \leqq p_i \leqq x_i \quad (2\text{-}36)$$

が成り立つように、p_i を定めることとします……と、ここだけを見ると「いくら自由に決めていいと言っても、そんな都合のいい p_i がいつもあるとは限らないでしょう！」
と突っ込みたくなる人は少なくないと思います。でも（もうお気づきですね）、**(2-36) を満たす p_i の存在は、先の平均値の定理が保証してくれます！** (^_-)- ☆

今、
「いやいや、待って。平均値の定理が成立するには微分可能である（グラフが滑らかに繋がっている）ことが前提条件だったでしょう？
$y=F(x)$ のグラフは滑らかに繋がっていないかもしれないのだから、
(2-36) を満たす p_i の存在はやっぱり保証できないのでは？」
と思ったあなた、あなたはこれまでの話をよく理解してくれていますね。

でも、その心配も次のように考えれば解消します。

$a \leqq x \leqq b$ の区間で $f(x)$ は連続であり、$F(x)$ は $f(x)$ の原始関数なので、

$$F'(x)=f(x)$$

です。これは

$$F'(x)=\lim_{h\to 0}\frac{F(x+h)-F(x)}{h}$$

の右辺の極限が（$f(x)$ の値として）存在することを示しています。$F'(x)$ が存在する区間では、$y=F(x)$ は微分可能で平均値の定理が成立するのでしたね (p.179)。

話を証明に戻します。

(2-36) より

$$F(x_i)-F(x_{i-1})=F'(p_i)(x_i-x_{i-1})$$

$$\Rightarrow\quad F(x_i)-F(x_{i-1})=f(p_i)(x_i-x_{i-1}) \tag{2-37}$$

(2-37) より

$$
\begin{aligned}
f(p_1)(x_1-x_0) &= F(x_1)-F(x_0)\\
f(p_2)(x_2-x_1) &= F(x_2)-F(x_1)\\
f(p_3)(x_3-x_2) &= F(x_3)-F(x_2)\\
&\cdots\cdots\\
f(p_n)(x_n-x_{n-1}) &= F(x_n)-F(x_{n-1})
\end{aligned}
$$

なので、これらを (2-28) に代入すると

$$
\begin{aligned}
S &= \lim_{n\to\infty}\{f(p_1)(x_1-x_0)+f(p_2)(x_2-x_1)+f(p_3)(x_3-x_2)\\
&\qquad +\cdots\cdots+f(p_n)(x_n-x_{n-1})\}\\
&= \lim_{n\to\infty}\{F(x_1)-F(x_0)+F(x_2)-F(x_1)+F(x_3)-F(x_2)\\
&\qquad +\cdots\cdots+F(x_n)-F(x_{n-1})\}
\end{aligned}
$$

となり、次々に打ち消し合って最初と最後だけが残ります。よって、

$$
S = \lim_{n\to\infty}\{F(x_n)-F(x_0)\} \tag{2-38}
$$

です。(2-26) より、

$$
x_n=b\text{、}x_0=a
$$

なので (2-36) は

$$
S = \lim_{n\to\infty}\{F(b)-F(a)\} \tag{2-39}
$$

と書き換えられます。

ここで (2-38) の右辺の｛　｝は n の大小に関わらない値なので

$$
\lim_{n\to\infty}\{F(b)-F(a)\}=F(b)-F(a)
$$

です。また、(2-38) の左辺の S は図 2-7 (p.167) の面積でした。これを

$$S=\int_a^b f(x)dx$$

と表し、右辺を「$f(x)$ の a から b までの定積分」と言うのでしたね。

(2-39) を定積分の記号を使って書きなおせば

$$\int_a^b f(x)dx=F(b)-F(a)$$

となります。

以上より「$f(x)$ の不定積分の1つを $F(x)$ とするとき、$f(x)$ の a から b までの定積分は $F(b)-F(a)$ に等しい」ことが示されました。

（証明終わり）

微分積分学の基本定理

$a \leqq x \leqq b$ の区間で $f(x)$ が連続であるとき、$f(x)$ の不定積分（原始関数）の1つを $F(x)$ とすると、次式が成立する。

$$\int_a^b f(x)dx=F(b)-F(a)$$

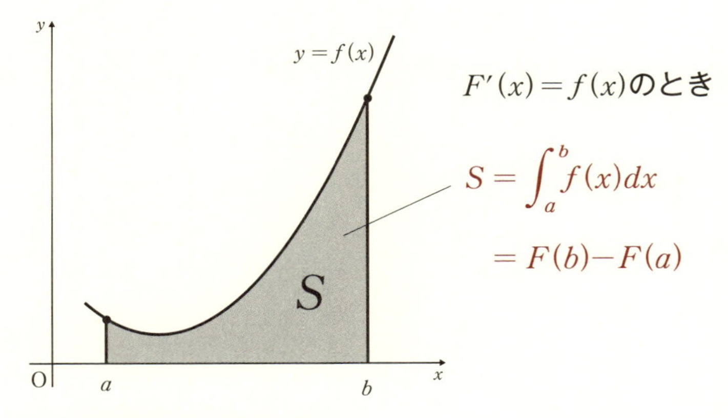

図 2-15 ●微分積分学の基本定理

(注) $F(b)-F(a)$ は $\Big[F(x)\Big]_a^b$ とも書きます。すなわち

$$\int_a^b f(x)dx=\Big[F(x)\Big]_a^b=F(b)-F(a)$$

です。

例）　$y=x+1$ と $x=1$ と $x=4$ それに x 軸とで囲まれた面積 S を求めてみましょう。

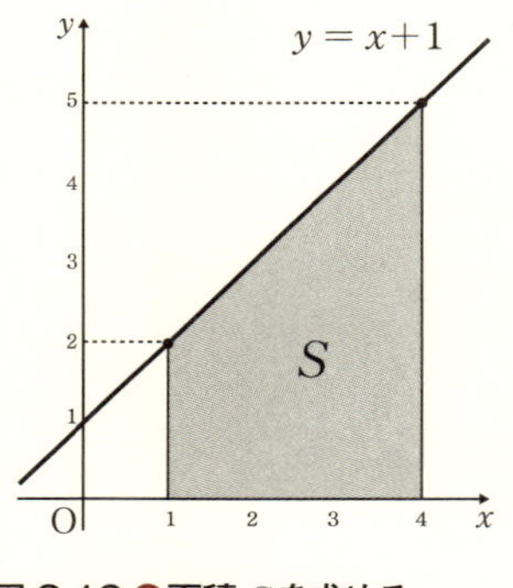

図 2-16●面積 S を求める

これは台形なので、微分積分学の基本定理など持ちださなくても計算できます。

台形の面積＝(上底＋下底)×高さ÷2

でしたね。

$$S=(2+5)\times3\div2=\frac{21}{2} \tag{2-40}$$

一方

$$\int(x+1)dx=\int(x^1+x^0)dx$$

$1=x^0$

$$=\int x^1 dx+\int x^0 dx$$

$\int\{kf(x)+lg(x)\}dx=k\int f(x)dx+l\int g(x)dx$

$$=\frac{1}{1+1}x^{1+1}+\frac{1}{0+1}\cdot x^{0+1}+C$$

$\int x^n dx=\frac{1}{n+1}x^{n+1}+C$

$$=\frac{1}{2}x^2+x+C$$

なので、

$$F(x)=\frac{1}{2}x^2+x$$

とすると（→注参照）、

$$S=\int_1^4(x+1)dx=\left[\frac{1}{2}x^2+x\right]_1^4$$

$\int_a^b f(x)dx=\Big[F(x)\Big]_a^b=F(b)-F(a)$

$F(x)=\frac{1}{2}x^2+x$

$$=\left(\frac{1}{2}\cdot 4^2+4\right)-\left(\frac{1}{2}\cdot 1^2+1\right)$$

$$=12-\frac{3}{2}=\frac{21}{2}$$

ちゃんと（2-40）に一致しますね！（^_-)- ☆

（注） 定積分の計算に使う不定積分（原始関数）ではふつう積分定数を書きません。なぜなら、$F(b)-F(a)$ を計算すると積分定数は消えてしまうからです。上の例でも

$$F(x)=\frac{1}{2}x^2+x+C \Rightarrow \left[\frac{1}{2}x^2+x+C\right]_1^4=\left(\frac{1}{2}\cdot 4^2+4+C\right)-\left(\frac{1}{2}\cdot 1^2+1+C\right)$$

となって、わざわざ積分定数を書く甲斐はありませんね。

また、微分積分学の基本定理の証明で私は最初に「$f(x)$ の不定積分（原始関数）の1つを $F(x)$ とすると」と断りました。不定積分（原始関数）の積分定数 C の値は自由に決められる（p.156）ので、計算式が簡単になるように $C=0$ であるような不定積分（原始関数）を $F(x)$ として選んだ、と考えてもいいでしょう。

前半の最後に用語を整理しておきましょう。

これまで見てきたように、「積分」には大きく分けて**2つの意味**があります。

ひとつは、微分の逆演算として、**原始関数（不定積分）を求める計算**のことで、もうひとつは、限りなく小さな面積を限りなくたくさん足し合わせることで図形の**面積を求める計算（定積分）**のことです。そして、この2つの計算を結びつける画期的な定理が「微分積分学の基本定理」でした。

ただし、単に「積分する」と言うときには、原始関数を求める計算のことを指すケースが多いです。

物理への展開……等加速度直線運動

図 2-1（p.154）で示したとおり、x 軸上を動くある物体の位置 x が t の関数で与えられるとき、位置 x と速度 v、加速度 a の間には次の関係があります。

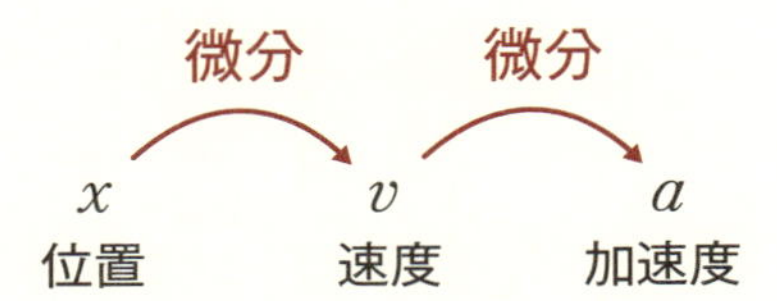

そして、微分の逆演算として原始関数（不定積分）を求める計算を単に「積分（する）」と言うことにすれば、次の図のように書けます。

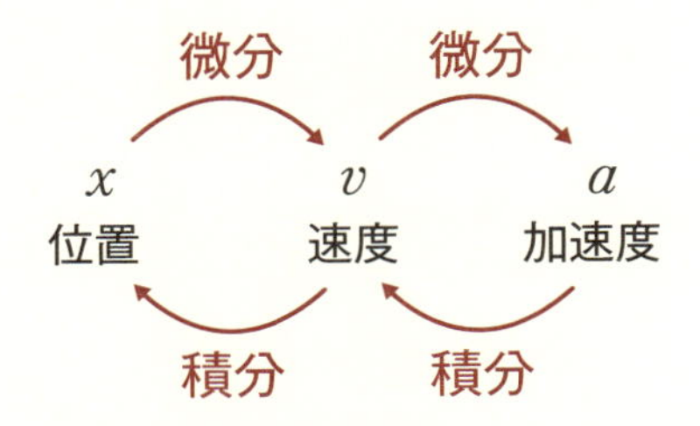

図 2-17 ●積分は微分の逆

簡単にするために x 軸上を一定の加速度で進む運動（**等加速度直線運動**と言います）を考えてみましょう。

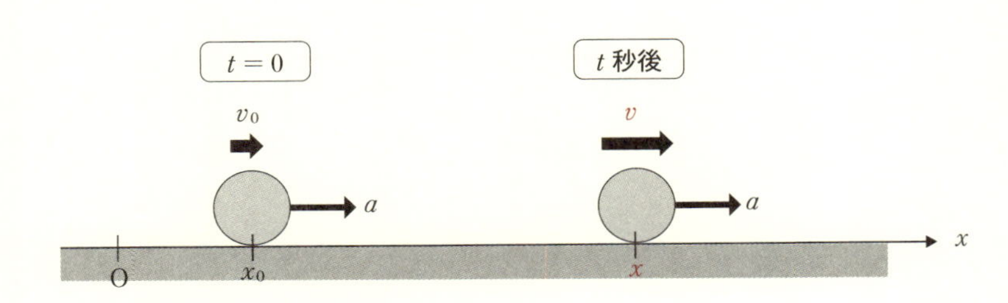

図 2-18 ●等加速度直線運動

加速度を a（一定）として、図2-18のように $t=0$（ストップウオッチを押した瞬間）のとき、位置は x_0、速度は v_0 であった物体の t 秒後の速度 v と位置 x を求めます。

まず、**速度は加速度の原始関数**なので

$$v=\int a\,dt=\int at^0\,dt \quad \boxed{(v)'=a \Rightarrow v=\int a\,dt}$$

$$=a\int t^0\,dt \quad \boxed{1=t^0}$$

$$\boxed{\int\{kf(x)+lg(x)\}dx=k\int f(x)dx+l\int g(x)dx}$$

$$=a\cdot\frac{1}{0+1}t^{0+1}+C \quad \boxed{\int x^n\,dx=\frac{1}{n+1}x^{n+1}+C}$$

$$=at+C \tag{2-41}$$

$t=0$ のとき速度は $v=v_0$ なので（2-41）の積分定数 C は

$$v_0=a\cdot 0+C \quad\Rightarrow\quad C=v_0 \tag{2-42}$$

です。（2-41）に代入して

$$v=at+v_0 \tag{2-43}$$

同様に、**位置は速度の原始関数**なので（2-43）から

$$x=\int v dt=\int(at+v_0)dt \quad \boxed{(x)'=v \Rightarrow x=\int v\,dt}$$

$$=\int(at+v_0t^0)dt \quad \boxed{1=t^0}$$

$$=a\int t^1\,dt+v_0\int t^0\,dt \quad \boxed{\int\{kf(x)+lg(x)\}dx=k\int f(x)dx+l\int g(x)dx}$$

$$=a\cdot\frac{1}{1+1}t^{1+1}+v_0\cdot\frac{1}{0+1}t^{0+1}+C \quad \boxed{\int x^n\,dx=\frac{1}{n+1}x^{n+1}+C}$$

$$=\frac{1}{2}at^2+v_0t+C \tag{2-44}$$

$t=0$ のとき位置は $x=x_0$ なので（2-44）の積分定数 C は

$$x_0=\frac{1}{2}a\cdot 0^2+v_0\cdot 0+C=C \quad \Rightarrow \quad C=x_0 \tag{2-45}$$

です。（2-44）に代入して

$$x=\frac{1}{2}at^2+v_0t+x_0 \tag{2-46}$$

（2-43）と（2-46）を高校の教科書などでよく見る順序に並び替えると、**等加速度直線運動の基本式**が得られます。

なお、数学では積分定数は任意の定数ですが、**物理における積分定数は初期条件で決まります**。（2-42）の $\boldsymbol{v_0}$ **は** $\boldsymbol{t=0}$ **における初速度**、（2-45）の $\boldsymbol{x_0}$ **は** $\boldsymbol{t=0}$ **における最初の位置**です。

等加速度直線運動の基本式

一定の加速度 a で直進する物体の時刻 t における速度 v と位置 x は次式で与えられる。

$$\boldsymbol{v=v_0+at}$$

$$\boldsymbol{x=x_0+v_0t+\frac{1}{2}at^2}$$

［v_0 と x_0 はそれぞれ $t=0$ における初速度と最初の位置］

次に、横軸に時刻 t、縦軸に速度 v を取ったいわゆる ***v-t* グラフ**から読み取れる情報について考えてみましょう。

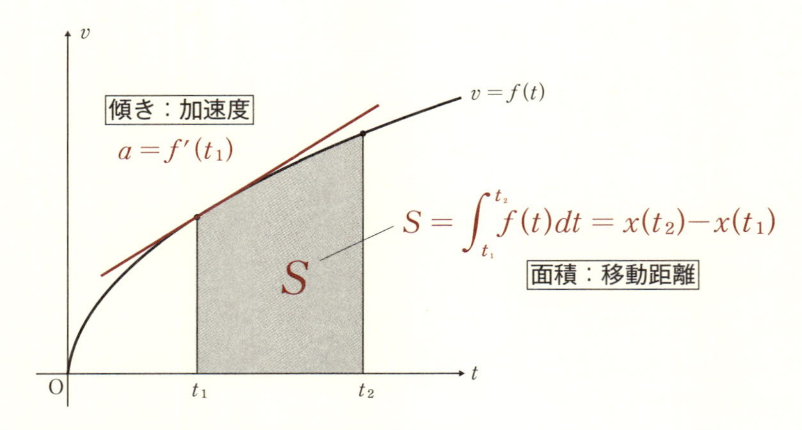

図 2-19 ● v-t グラフから読み取れること

速度 v が t の関数として、$v=f(t)$ で与えられているとき、

$$a=\frac{dv}{dt}=f'(t) \tag{2-47}$$

は、v-t グラフの接線の傾きを関数として捉えたものであり、**v-t グラフの接線の傾きは接点の時刻における（瞬間の）加速度を表す**ので、たとえば $t=t_1$ における加速度は

$$a=f'(t_1) \tag{2-48}$$

で与えられますね。

また、$f(t)$ の原始関数を $F(t)$ とすれば、図 2-19 の面積 S は微分積分学の基本定理（p.183）から、

$$S=\int_{t_1}^{t_2} f(t)dt=\Big[F(t)\Big]_{t_1}^{t_2}=F(t_2)-F(t_1) \tag{2-49}$$

であることがわかるわけですが、位置は速度の原始関数（位置を微分すると速度が求まる）なので、$F(t)=x(t)$ と書くことにします。すると (2-49) は、次のように書けます。

$$S=F(t_2)-F(t_1)=x(t_2)-x(t_1) \tag{2-50}$$

$x(t)$ は時刻 t における物体の位置を表すので、$x(t_2)-x(t_1)$ というのは、時刻 $t_1 \sim t_2$ の移動距離を表します。すなわち、**v-t グラフの面積は移動距離を表すのです**（図 2-20）。

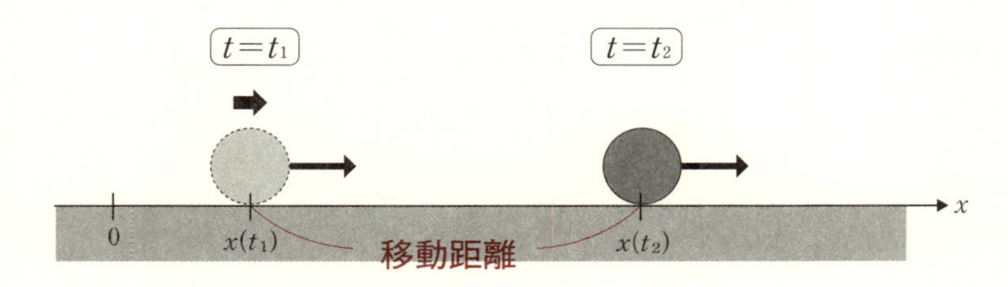

図 2-20 ● v-t グラフから移動距離がわかる

v-t グラフと加速度・移動距離

v-tグラフの接線の傾き：加速度

v-tグラフの面積　　　：移動距離

入試問題に挑戦

では、ここまでの理解をもとに次の入試問題を解いてみましょう。

問題６　名城大学

Ｓ地点から出発した短時間で離陸できる飛行機が、地点Ｌを目指して飛んだ後、700 秒後にＬに着陸した。飛行中の水平方向の加速度、および鉛直方向の速度が、それぞれ図１、図２で表されるとして、以下の問いに答えよ。

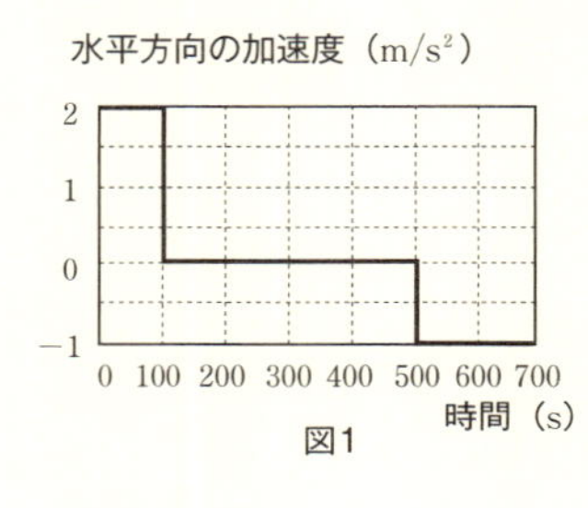

図1

鉛直方向の速度（m/s）
20
0
−20
0 100 200 300 400 500 600 700
時間（s）

図2

(1)　離陸してから 200 秒後の高度とＳ地点からの水平距離はそれぞれ何 km か。
(2)　飛行中の最大高度は何 km か。
(3)　SL 間の水平距離は何 km か。

◇ 解説

図１は水平方向の加速度と時刻のグラフ（a-t グラフ）なので、まず図１から水平方向の v-t グラフを作りましょう。その際、v-t グラフの接線の傾きが加速度を表すことに注意します。

あとは、v-t グラフの面積が移動距離を表すことを使えば簡単です。

❖ 解答

(1)　図１より水平方向の v-t グラフを作ります。

0 秒～ 100 秒：$a=2$ で一定　⇒　v-t グラフは傾きが 2 の直線

100 秒～ 500 秒：$a=0$ で一定　⇒　v-t グラフは傾きが 0 の直線

500 秒～ 700 秒：$a=-1$ で一定　⇒　v-t グラフは傾きが -1 の直線

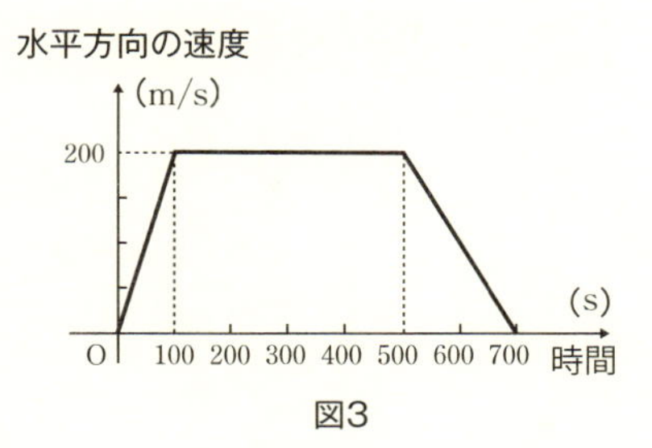

図3

図 2 と図 3 より、0 秒〜 200 秒の移動距離は下の図の色を付けた部分の面積です。

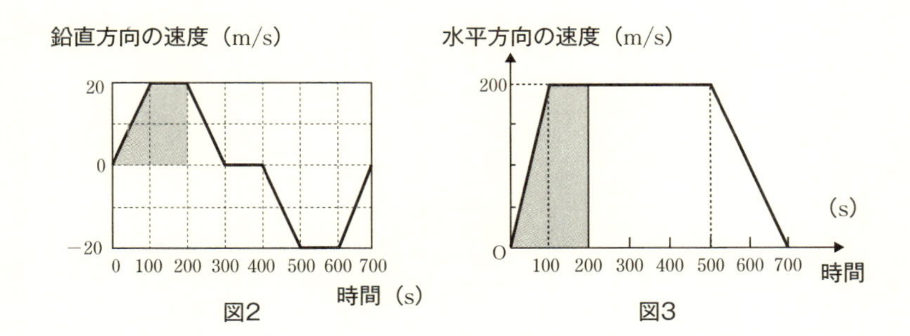

図2　図3

どちらも台形で、鉛直方向は

$$(100+200)\times 20\div 2=3000[\mathrm{m}]=\mathbf{3.0}\ [\mathbf{km}]$$

水平方向は

$$(100+200)\times 200\div 2=30000[\mathrm{m}]=\mathbf{30}\ [\mathbf{km}]$$

(2)　鉛直方向の速度が負にならない限りに、飛行機は高度を上げ続けるので、最高度に達するのは、図 2 より 300 秒後。それまでの移動距離は次頁の図の色を付けた部分の面積になります。

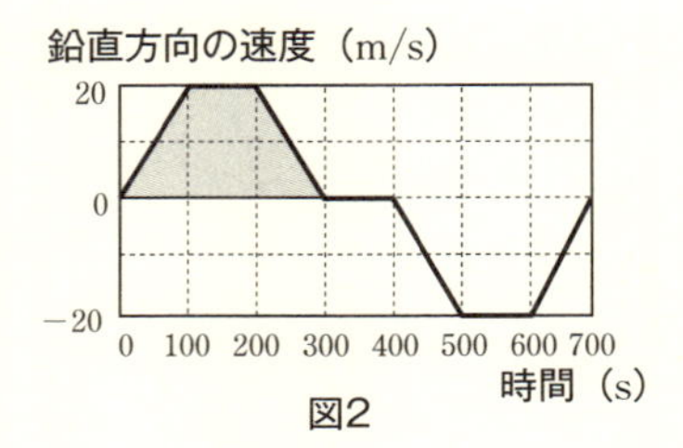

図2

よって、

$$(100+300)\times 20\div 2=4000[\mathrm{m}]=\mathbf{4.0}\ [\mathbf{km}]$$

(3)　L に着くのは 700 秒後なので、水平方向の移動距離は図 3 の全面積になります。

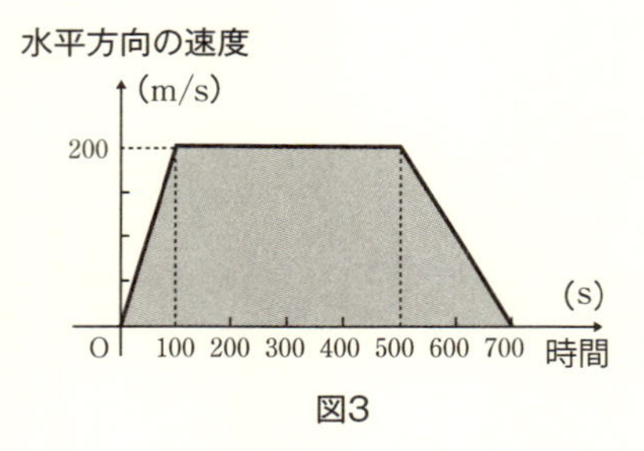

図3

図より、

$$(400+700)\times 200\div 2=110000[\mathrm{m}]=\mathbf{110}\ [\mathbf{km}]$$

質問コーナー

生徒●いよいよ、積分が始まりましたね……。

先生●決して易しい内容ではありませんでしたね。お疲れ様でした！

　この節で大事なのは、原始関数（不定積分）を求める計算と面積（定積分）を求める計算は、まるで関係がないように思えるのに、「微分積分学の基本定理」によって非常に密接な関係（原始関数に端点の座標を代入して差をとると面積に一致する！）にあることがわかった、という科学史上の大発見を追体験してもらうことです。

生徒●はあ……。それがすごいことだったんだなあということは先生の熱意からなんとなくはわかりました。

先生●それはよかった！

生徒●ただ……正直なことを言っていいですか？

先生●なんですか？

生徒●後半の「物理への展開」で出てきた「等加速度直線運動の基本式」も v-t グラフの面積が移動距離を表すことも、学校で教わったときはもっと簡単でした。先生が「科学史上の大発見！」と言われる「微分積分学の基本定理」の恩恵があまり感じられないのですが……。

先生●それは、扱う運動が「等加速度直線運動」に限られているからですね。確かに、等加速度直線運動では、v-t グラフが直線になるので、運動の基本式を導くことも面積が移動距離になることを理解するにも、わざわざ「微分積分学の基本定理」を持ち出す必要はほとんど（厳密には必要ですが！）ないかもしれません。

生徒●だったら、なんであんなに難しいことやったんですか！

先生●まあまあ。(^_^;)

「微分積分学の基本定理」は、「$F'(x)=f(x)$ のとき、$f(x)$ の a から b までの定積分は $F(b)-F(a)$ に等しい」ことを主張するものですが、言い換えれば、x が $a\to b$ と変化するときの F の変化分 ΔF がその導関数 $f(x)$ のグラフの面積から計算できることを意味します。

生徒●まあ、そうですね。

先生● $F(x)$ の正体を突き止めなくてもその変化分を導関数のグラフから視覚的に確認できることがありがたいケースは少なくありません。

生徒● そう言えばさっきの「問題 6」も、水平方向や鉛直方向の位置を表す式は求めずに、移動距離を計算できましたね。

先生● さらに、Δx が小さいとき、x の関数になっているある物理量 F が

$$\Delta F \fallingdotseq f(x)\Delta x$$

と近似できるのであれば、

$$\frac{\Delta F}{\Delta x} \fallingdotseq f(x) \Rightarrow \frac{dF}{dx} = f(x) \Rightarrow F(b) - F(a) = \int_a^b f(x)dx$$

と計算していいことも「微分積分学の基本定理」は保証してくれます。このことは、後（次節）で「エネルギー（仕事）」を計算する際に役立ちますし、また、熱力学や電磁気学などでも極めて広く応用されます。

生徒● 先生が「人類が真実に通じる最も重い扉をこじ開けた」なんて言われるのも決して大げさではないということですか？

先生● そのとおりです！

2-2　置換積分法

記号の王様ライプニッツの功績

ある程度勉強が進んだ人であれば、高校物理で力学の問題を解くとき、次の3つの式が特に重要であることに異論はないでしょう。

● **運動方程式**……$m\vec{a}=\vec{F}$

● **力学的エネルギー保存則**……$\frac{1}{2}mv^2+mgh+\frac{1}{2}kx^2=$一定

● **運動量保存則**……$m_1\vec{v_1}+m_2\vec{v_2}=$一定

（注） もちろん、「力学的エネルギー保存則」や「運動量保存則」をまだ習っていない人もまったく心配することはありません。この節の後半で最初から説明します。

私が微分・積分を使って物理の問題を解く術を学んで一番感動したのは、「運動方程式」を積分すると「力学的エネルギー保存則」や「運動量保存則」が導かれることを知ったときでした。

それまでは別々の法則だと思っていた（しかも証明はできないものだと諦めていた）「公式」どうしが数式変形によって繋がることがわかって、（少々大げさですが）私は、眼前に大きな幹が立ち上がるのを見たような心持ちになりました。物理現象を「運動方程式」という1つの式を出発点にして、統一的に説明できることに興奮したのをよく憶えています。

ただし、この感動を一緒に味わってもらうには、積分計算におけるあるテクニックが必要です。それがこれからご紹介する**「置換積分法」**です。

■不定積分の置換積分法

たとえば、

$$y=\int(3x+2)^3\,dx \tag{2-51}$$

という不定積分を計算することを考えます。

もちろんこのまま展開して積分することも可能ですが、$(3x+2)^3$ を展開するのは少々面倒に感じます。そこで（　）の中を別の文字で置き換えてみるとどうなるでしょうか？

ここでは次のように（　）の中を u と置きます。

$$u=3x+2 \tag{2-52}$$

すると（2-51）は

$$y=\int u^3\,dx \tag{2-53}$$

となりますね。

（2-53）を見ておっちょこちょいな人は

「おっ、これなら簡単だ！

$$\frac{1}{4}u^4+C=\frac{1}{4}(3x+2)^4+C$$

でしょ！」

と思ってしまうかもしれません。気持ちはわからなくもないですが、（2-53）は被積分関数（積分される関数）の変数（u）と積分変数（x）が異なるので、残念ながら**これは間違いです**。(^_-)- ☆

（注） $\frac{1}{4}(3x+2)^4+C$ を微分しても $(3x+2)^3$ にはならない、つまり、$\frac{1}{4}(3x+2)^4+C$ は $(3x+2)^3$ の不定積分（原始関数）ではないことを確認してくださいね！

なお、（2-53）の dx が du であれば（積分変数が u であれば）

$$\int u^3\,du=\frac{1}{4}u^4+C$$

は（もちろん）正しいです。

被積分関数（積分される関数）の一部を別の文字で置き換えて積分を行う方法（＝積分変数を変換する方法）は、**合成関数の微分**（p.125）から導くことができます。合成関数の微分の本質は次式でしたね。

$$\frac{dy}{dx}=\frac{dy}{du}\cdot\frac{du}{dx} \tag{1-96}$$

まず（1-96）の x と u を入れ換えて、

$$\frac{dy}{du}=\frac{dy}{dx}\cdot\frac{dx}{du} \tag{2-54}$$

という数式を作ります。

ここで（2-51）より y は $(3x+2)^3$ の不定積分（原始関数）なので

微分

$$y=\int f(x)dx \qquad \frac{dy}{dx}=f(x)$$

不定積分（原始関数）

$$\frac{dy}{dx}=(3x+2)^3 \tag{2-55}$$

と書けます。また（2-52）より

$u=3x+2$　　$(x^n)'=nx^{n-1}$、$(c)'=0$

$$x=\frac{1}{3}u-\frac{2}{3} \quad\Rightarrow\quad \frac{dx}{du}=\frac{1}{3} \tag{2-56}$$

なので、（2-55）と（2-56）を（2-54）に代入すると

$$\frac{dy}{du}=\frac{dy}{dx}\cdot\frac{dx}{du}=(3x+2)^3\cdot\frac{1}{3}$$

$$\Rightarrow\quad \frac{dy}{du}=u^3\cdot\frac{1}{3} \tag{2-57}$$

です。

(2-57) は y を u の関数と捉えたとき、y を u で微分すると $u^3\cdot\frac{1}{3}$ になることを示しています。逆に言えば、$u^3\cdot\frac{1}{3}$ の不定積分は y です。

微分

$$y=\int u^3\cdot\frac{1}{3}du \qquad \frac{dy}{du}=u^3\cdot\frac{1}{3}$$

積分

すなわち

$$y=\int u^3\cdot\frac{1}{3}du \tag{2-58}$$

です。これで積分変数は u になりました。

$$\int x^n dx=\frac{1}{n+1}x^{n+1}+C$$

(2-51) と (2-58) より

$$y=\int(3x+2)^3dx=\int u^3\cdot\frac{1}{3}du=\frac{1}{4}u^4\cdot\frac{1}{3}+C=\frac{1}{12}u^4+C \tag{2-59}$$

であることがわかります。

実際、

$$\frac{dy}{dx}=\frac{dy}{du}\cdot\frac{du}{dx}$$

$$=\frac{d}{du}\left(\frac{1}{12}u^4+C\right)\cdot\frac{d}{dx}(3x+2)$$

$$=\frac{1}{12}\cdot 4u^3\cdot 3=u^3=(3x+2)^3$$

となり、(2-59) で表される y を x で微分すれば、$(3x+2)^3$ になることがわかります。すなわち確かに (2-59) は $(3x+2)^3$ の不定積分（原始関数）です。

ところで、先ほどから「y を u で微分すると……」とか「y を x で微分すれば……」などの言葉が出てきて混乱してしまう人もいるかもしれません。m(_ _)m

「y を u で微分する」とは「u の関数 y が、u が $u \to u+\Delta u$ と変化するのに応じて、$y \to y+\Delta y$ と変化するときの平均変化率の極限を（u の関数として）求める」ことを意味します。そして**平均変化率 $\dfrac{\Delta y}{\Delta u}$ の極限は、ライプニッツの考案した記号では $\dfrac{dy}{du}$ と表す**のでしたね。

したがって「y を u で微分する」という言葉を数式で表せば

$$\frac{dy}{du}=\lim_{\Delta u \to 0}\frac{\Delta y}{\Delta u}$$

となります。同様に「y を x で微分する」という言葉と

$$\frac{dy}{dx}=\lim_{\Delta x \to 0}\frac{\Delta y}{\Delta x}$$

という数式は同義です。

ここまでの話を聞いて

「なぜ (2-51) で表される y は u で微分できたり、x で微分できたりするのですか？」

と質問してくれる生徒さんがいたら、私はうれしくなっちゃいます。(^_-)- ☆

そもそも (2-51) で表される y は x の関数ですが、(2-52) のように置くと、u は x の関数になり、y は u の関数にもなります。これは次頁の図 2-21 のように x と y の間にあった 1 つの函（はこ）が 2 つの函に分割されるイメージです。

$\dfrac{dy}{dx}$ とは x を入力、y を出力と考えたもともとの函に対する平均変化率の極限であるのに対して、$\dfrac{dy}{du}$ とは u を入力、y を出力と考えた（分割後の片方の）函に対する平均変化率の極限を意味します。

このように考えれば、同じ y が u で微分できたり、x で微分できたりすることや、その結果が異なる理由がわかってもらえるのではないでしょうか？ (^_-)- ☆

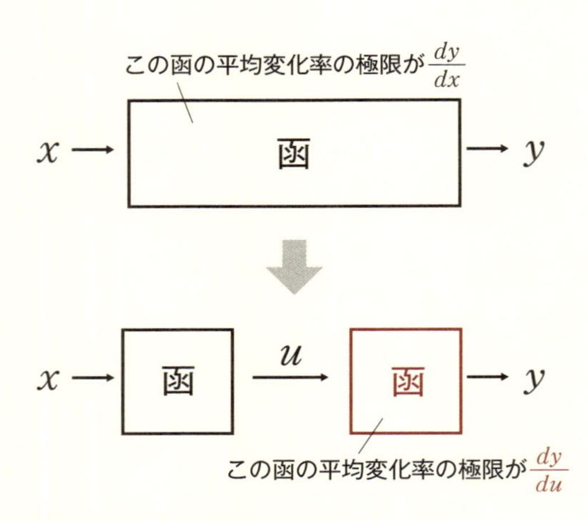

図 2-21 ● １つの函を２つの函に分割

話を置換積分法に戻します。

被積分関数の一部を別の文字で置き換えて不定積分を行う方法は次のように一般化することができます。

難しく感じるかもしれませんが、考え方は先ほどとまったく同じです。すぐ横に先ほどとの対応をガイドしておきますので見比べてみてください。

関数 $f(x)$ の不定積分を

$$y=\int f(x)dx \qquad (2\text{-}60) \qquad \boxed{y=\int(3x+2)^3\,dx}$$

とします。ここで x が微分可能な u の関数 $g(u)$ を用いて、

$$x=g(u) \qquad (2\text{-}61) \qquad \boxed{u=3x+2 \;\Rightarrow\; x=\frac{1}{3}u-\frac{2}{3}}$$

と表せるとき、y は u の関数でもあります。

（注） $g(u)$ が微分可能であることを断っているのは、下の (2-62) にあるように、置換積分法では $g'(u)$ を用いるからです。

合成関数の微分から

$$\frac{dy}{du}=\frac{dy}{dx}\cdot\frac{dx}{du}$$

$$=f(x)g'(u)$$

$$\Rightarrow\frac{dy}{du}=f(g(u))g'(u) \qquad (2\text{-}62)$$

$$\frac{dy}{du}=\frac{dy}{dx}\cdot\frac{dx}{du}=(3x+2)^3\cdot\frac{1}{3}\Rightarrow\frac{dy}{du}=u^3\cdot\frac{1}{3}$$

なので、

$$y=\int f(g(u))g'(u)du \qquad (2\text{-}63)$$

$$y=\int u^3\cdot\frac{1}{3}du$$

です。

(2-60) と (2-63) から次の公式を得ます。

不定積分の置換積分法

$$\int f(x)dx=\int f(g(u))g'(u)du \qquad [x=g(u)]$$

この公式はわかりづらいのが玉にキズですが、ここでもライプニッツの記号はおおいに役に立ちます。

$x=g(u)$ より

$$\frac{dx}{du}=g'(u) \qquad (2\text{-}64)$$

ここで $\frac{dx}{du}$ を分数のように扱えば

$\frac{a}{b}=k \Rightarrow a=kb$

$$dx=g'(u)du \qquad (2\text{-}65)$$

となります。これを公式に代入すれば

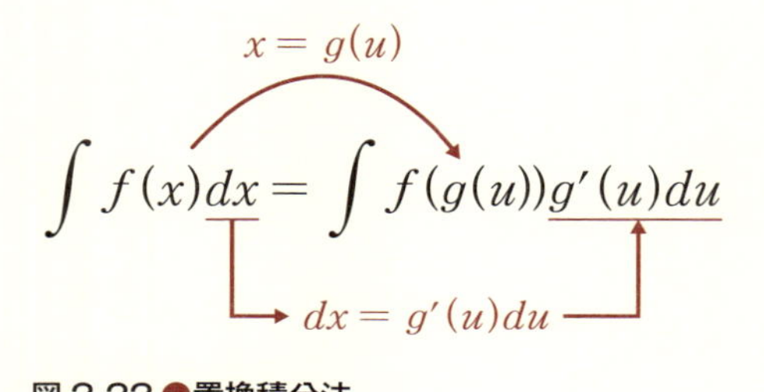

図 2-22●置換積分法

ですね。(2-64) を形式的に変形して (2-65) のように書けることは、この記号の大きな恩恵のひとつです。

例） $\int x\sqrt{2x+3}\,dx$ を求めてみましょう。

今回は

$$u=\sqrt{2x+3}$$

とします。これを x について解きます。

$$u=\sqrt{2x+3} \quad \Rightarrow \quad u^2=2x+3 \quad \Rightarrow \quad x=\frac{1}{2}u^2-\frac{3}{2}$$

次に x を u で微分します。

$$\frac{dx}{du}=\frac{d}{du}\left(\frac{1}{2}u^2-\frac{3}{2}\right)=\frac{1}{2}\cdot 2u-0=u \Rightarrow dx=udu$$

以上より

$$\int x\sqrt{2x+3}\,dx$$

$$=\int\left(\frac{1}{2}u^2-\frac{3}{2}\right)u\cdot udu$$

$x=\frac{1}{2}u^2-\frac{3}{2}$　$dx=udu$

$\sqrt{2x+3}=u$

$$=\int\left(\frac{1}{2}u^4-\frac{3}{2}u^2\right)du$$

$\int\{kf(x)+lg(x)\}dx=k\int f(x)dx+l\int g(x)dx$

$$=\frac{1}{2}\int u^4\,du-\frac{3}{2}\int u^2\,du$$

$\int x^n\,dx=\frac{1}{n+1}x^{n+1}+C$

$$=\frac{1}{2}\cdot\frac{1}{5}u^5-\frac{3}{2}\cdot\frac{1}{3}u^3+C$$

$$=\frac{1}{10}u^5-\frac{1}{2}u^3+C$$

$$=\frac{1}{10}u^3(u^2-5)+C$$

$$=\frac{1}{10}(\sqrt{2x+3})^3\{(\sqrt{2x+3})^2-5\}+C$$

$(\sqrt{a})^3=(\sqrt{a})^2\cdot\sqrt{a}=a\sqrt{a}$

$$=\frac{1}{10}(2x+3)\sqrt{2x+3}(2x+3-5)+C$$

$$=\frac{1}{10}(2x+3)(2x-2)\sqrt{2x+3}+C=\frac{1}{5}(2x+3)(x-1)\sqrt{2x+3}+C$$

■定積分の置換積分

今度は定積分の置換積分法について学びます。

微分積分学の基本定理（p.169）より、$a\leqq x\leqq b$ の区間で連続である $f(x)$ の不定積分（原始関数）の1つを $F(x)$ とするとき

$$\int_a^b f(x)dx=\Big[F(x)\Big]_a^b=F(b)-F(a)$$

が成立するのでしたね（p.183）。

まず具体例として

$$\int_{-1}^{1}(3x+2)^3\,dx \tag{2-66}$$

を考えます。再び $u=3x+2$ とすると（2-51）と（2-59）より

$$F(x)=\frac{1}{12}u^4=\frac{1}{12}(3x+2)^4 \tag{2-67}$$

は $f(x)=(3x+2)^3$ の不定積分（原始関数）の１つです。

（注）（2-59）より $f(x)=(3x+2)^3$ の不定積分（原始関数）の一般形は

$$\frac{1}{12}u^4+C=\frac{1}{12}(3x+2)^4+C$$

ですが、ここでは $C=0$ であるものを $F(x)$ として選びました（p.185 の注も読み返してください）。

よって、（2-66）は

$$\int_a^b f(x)dx=\Big[F(x)\Big]_a^b=F(b)-F(a)$$

$$\begin{aligned}
&\int_{-1}^{1}(3x+2)^3\,dx\\
&=\Big[F(x)\Big]_{-1}^{1}\\
&=\left[\frac{1}{12}(3x+2)^4\right]_{-1}^{1}\\
&=\frac{1}{12}(3\cdot1+2)^4-\frac{1}{12}\{3\cdot(-1)+2\}^4\\
&=\frac{1}{12}\{5^4-(-1)^4\}=\frac{1}{12}(625-1)=52
\end{aligned} \tag{2-68}$$

と計算できます。

ところで、$u=3x+2$ であることを考えると x が -1 から 1 まで変化するとき、u は -1 から 5 まで変化する（図 2-23）ので

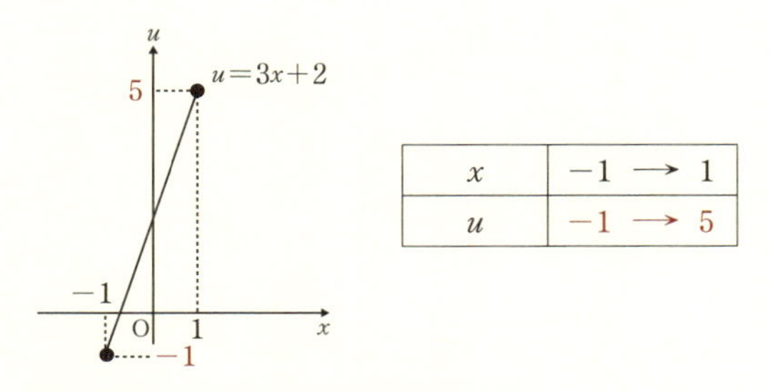

x	$-1 \longrightarrow 1$
u	$-1 \longrightarrow 5$

図 2-23 ● x と u の変化の範囲

$$\left[\frac{1}{12}(3x+2)^4\right]_{-1}^{1}=\left[\frac{1}{12}u^4\right]_{-1}^{5} \tag{2-69}$$

が成立します。

（注）（2-69）は、$\frac{1}{12}(3x+2)^4$ の x に 1 を代入したものから -1 を代入したものを引くことと、$\frac{1}{12}u^4$ の u に 5 を代入したものから -1 を代入したものを引くことは同じ、という意味です（当たり前と言えば当たり前ですが……）。

ここで、

$$u=3x+2 \Rightarrow x=\frac{1}{3}u-\frac{2}{3}$$

なので、

$$g(u)=\frac{1}{3}u-\frac{2}{3} \tag{2-70}$$

とすれば、$x=g(u)$ ですから（2-67）より

$$F(x) \quad =\frac{1}{12}(3x+2)^4$$

$$\Rightarrow F(g(u)) = \frac{1}{12}\{3g(u) + 2\}^4$$

$$= \frac{1}{12}\left\{3\left(\frac{1}{3}u - \frac{2}{3}\right) + 2\right\}^4 = \frac{1}{12}u^4 \qquad (2\text{-}71)$$

です。つまり (2-69) は

$$\Big[F(x)\Big]_{-1}^{1} = \Big[F(g(u))\Big]_{-1}^{5} \qquad (2\text{-}72)$$

と書くことができます。

被積分関数の一部を u で置き換える置換積分を行うと不定積分は最初（$\frac{1}{12}u^4$ のように）u の関数として得られます。ものによってはこれを x の関数に直すのが大変なケースもあるので、(2-72) のように考えられるようにしておけば、計算が楽になります。(^_-)- ☆

定積分の置換積分法を一般化しておきましょう。

以下、関数 $f(x)$ は $a \leqq x \leqq b$ の区間で連続であるとします。

> **(注)** 関数 $f(x)$ が $a \leqq x \leqq b$ の区間で連続であることを断るのは、あとで微分積分学の基本定理を使いたいからです。

x が微分可能な関数 $g(u)$ を用いて $x = g(u)$ と表されるとき、$f(x)$ の不定積分（原始関数）の1つを $F(x)$ とすると、不定積分の置換積分法 (p.203) により、

$$F(x) = \int f(x)dx = \int f(g(u))g'(u)du \qquad (2\text{-}73)$$

です。

定積分の置換積分法で重要なのは、x が a から b まで変化するときの u の変化を表 2-1 のような表にまとめておくことです（ここでは u が α から β まで変化するとします）。

表 2-1 ● x と u の対応表

x	$a \longrightarrow b$
u	$\alpha \longrightarrow \beta$

(2-73) と $x=g(u)$ から

$$F(g(u))=\int f(g(u))g'(u)du \tag{2-74}$$

また、微分積分学の基本定理から

$$\int_a^b f(x)dx=\Big[F(x)\Big]_a^b$$

$\int_a^b f(x)dx=\Big[F(x)\Big]_a^b=F(b)-F(a)$

$$=F(b)-F(a)$$

$x=g(u)$ より
$a=g(\alpha)$、$b=g(\beta)$

$$=F(g(\beta))-F(g(\alpha))$$

$$=\Big[F(g(u))\Big]_\alpha^\beta$$

(2-74) より

$$=\int_\beta^\alpha f(g(u))g'(u)du \tag{2-75}$$

以上より、次の公式を得ます。

定積分の置換積分法

$\alpha \leqq u \leqq \beta$ で微分可能な関数 $x=g(u)$ に対して、
$a=g(\alpha)$、$b=g(\beta)$ とすると

$$\int_a^b f(x)dx=\int_a^\beta f(g(u))g'(u)du$$

(注) 上の等式は$\beta<\alpha$でも成立します。

例) $\displaystyle\int_{-1}^{3} x\sqrt{2x+3}\,dx$を求めてみましょう。

p.204と同じように

$$u=\sqrt{2x+3}$$

とします。

定積分なのでxとuの対応を表にまとめます。(←ポイントです)

x	$-1 \longrightarrow 3$
u	$1 \longrightarrow 3$

$u=\sqrt{2x+3}$ より

$x=-1$のとき$u=\sqrt{2\cdot(-1)+3}=1$

$x=3$のとき$u=\sqrt{2\cdot 3+3}=3$

あとはp.204とまったく同じ計算によって

$$\int_{-1}^{3} x\sqrt{2x+3}\,dx$$

$$=\int_{1}^{3}\left(\frac{1}{2}u^2-\frac{3}{2}\right)u\cdot udu$$

$x=\dfrac{1}{2}u^2-\dfrac{3}{2}$　$dx=udu$　$\sqrt{2x+3}=u$

$$=\int_{1}^{3}\left(\frac{1}{2}u^4-\frac{3}{2}u^2\right)du$$

$$=\frac{1}{2}\int_{1}^{3}u^4\,du-\frac{3}{2}\int_{1}^{3}u^2\,du$$

$$=\frac{1}{2}\left[\frac{1}{5}u^5\right]_1^3-\frac{3}{2}\left[\frac{1}{3}u^3\right]_1^3$$

$$=\frac{1}{10}(3^5-1^5)-\frac{1}{2}(3^3-1^3)$$

$$=\frac{1}{10}\cdot 242-\frac{1}{2}\cdot 26=\frac{112}{10}=\frac{56}{5}$$

と求まります。定積分の置換積分法では、u で表される不定積分（原始関数）を x で表す必要はないところがミソです。(^_-)- ☆

置換積分法というのは、積分の計算を行うためのテクニックですが、**積分変数を変換するための手法**と捉えることもできます。

この後の「物理への展開」では、運動方程式において積分変数を位置から時間に変換する置換積分を行うことで、力学的エネルギー保存則を導きます。

物理への展開……エネルギー保存の法則と運動量保存の法則

物理学者に会う機会があったら（あんまりないかもしれませんが……）、是非、「物理における最も大切な法則はなんですか？」と尋ねてみてください。おそらく全員が（よっぽどの変わり者でない限り）「それは**エネルギー保存の法則**です」と答えるでしょう。

エネルギー保存の法則は、今日までに知られているあらゆる自然現象において、すべてにあてはまります。ひとつの例外もありません。エネルギー保存の法則が成り立たなければ、物理ではないと言ってもいいくらいです。それが証拠に現代物理学では理論を拡大しようとするとき、新しい理論を導入してもエネルギー保存の法則が壊れないことをいの一番に確認します。

「エネルギー」という言葉は「今度入ってきた新人はエネルギーがあるなあ」とか、「受験を乗り切るには、エネルギーが必要だ」などの言い回しで、日常でも耳にしますね。概ね「物事を成し遂げるもとになるもの」のような意味で使われているようです。

物理における「エネルギー」の定義も「物事」を「仕事」に置き換えれば、ほとんどそのままの理解で間違いありません。ただし、物理における「仕事」は「仕事が忙しい」などと使う日常語とはややニュアンスが違います。

日常語の「仕事」の意味は多岐にわたりますが、物理の「仕事」は力の大きさと移動距離の積（積分）によって定義されるので、言わば肉体労働的な**「ものを運ぶ」という行為**のみを指します（物理における仕事の正確な定義は後ほど紹介します）。

エネルギーとは「仕事を成し遂げるもとになるもの」すなわち、**仕事に変化し得る物理量のこと**です。

仕事はつねにエネルギーと等価交換の関係にあり、ある物体が外に向かって仕事をすれば、その分物体のエネルギーは減少し、逆に外から仕事をされれば、その分物体のエネルギーは増えます。**「物体のエネルギーの変化分は物体がされた（した）仕事に等しい」**というこの原則こそがエネルギー保存の本質です。

……と書くと、「あれ？　エネルギーって変化するの？　さっき、ひとつの例外もなくエネルギーは一定になるって言わなかった？」と思われるかもしれません（そういうツッコミ精神は大切です！）。

でも安心してください。たとえば物体1が物体2に仕事をした場合、物体1のエネルギーは減りますが、その分物体2のエネルギーは増えるので、結局トータルのエネルギーは一定になります。エネルギー保存の法則というのは、**エネルギーの一部（や全部）が仕事に変換されても、その仕事は必ず等しい量の別のエネルギーを生み出す**ので、エネルギーのトータル量は変わらないということを意味するのです。

エネルギーと一言で言っても、**運動エネルギー**、**位置エネルギー**、熱エネルギー、電気エネルギー、化学エネルギー、核エネルギー、質量エネルギーなどさまざまな種類がありますが、このうち運動エネルギーと位置エネルギーをまとめて**力学的エネルギー**と言います。

そして、注目している物体のエネルギーが力学的エネルギー以外に変換されない場合、**運動エネルギーと位置エネルギーの和が一定になる**という**力学的エネルギー保存の法則**が成立します。

高校物理では、物体にはたらく力 F が一定で、物体がその力の方向に距離 x だけ移動した場合、この力のした仕事 W を

$$W = Fx$$

と定義し、仕事によってエネルギーが増減することから運動エネルギーや位置エネルギーを定義していきますが、そもそもなぜこのように「仕事」を定義するのかについての説明はありません。

そのため、この定義を原理（他の何によっても証明できないこと）のように感じてしまう人は少なくないようです。でもそれは正しい理解ではありません。原理と呼ぶべきものはあくまで「エネルギー保存の法則」であり、運動方程式を置換積分してみれば、「物体のエネルギーの変化分は物体がされた仕事に等しい」という原則を守るためには、（力が一定でない場合も含めて）仕事や力学的エネルギ－をどのように定義するべきかが見えてきます。

運動方程式の置換積分を通して、（高校では天下り的に与えられる）仕事、運動エネルギー、重力やばねの力による位置エネルギーのそれぞれが、「エネルギー保存の法則」を満たすように定義されていることを発見すること、それこそが微分・積分を使って物理を学ぶ最初の大きな感動であると私は思います。

■運動エネルギーと仕事

まずは簡単にするために x 軸上の運動を考えます。ここでは位置（x）も速度（v）も加速度（a）も力（F）も x 成分しか持たないものとします。

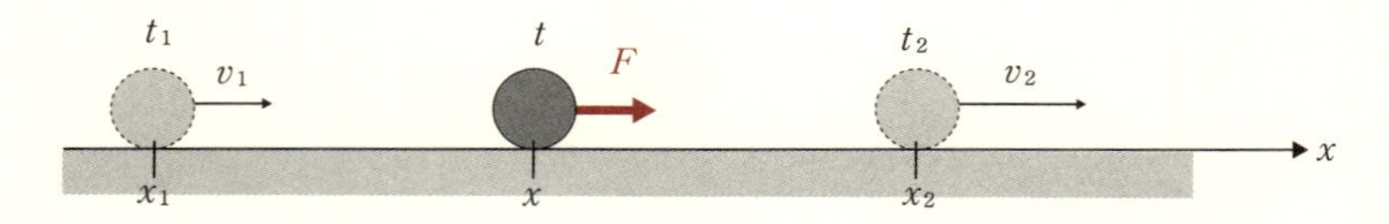

図 2-24 ● x 軸方向に力 F を受ける物体の運動

x 軸方向に力 F を受ける質量 m の物体の位置と速度が、時刻 t_1 ではそれぞれ x_1 と v_1 で、時刻 t_2 ではそれぞれ x_2 と v_2 であるとします。なお、力 F は時刻 t_1 から時刻 t_2 までの間で一定である必要はありません。

この運動の（それぞれの瞬間における）運動方程式は

$$ma = F \tag{2-76}$$

ですね。(2-76) の両辺について x_1 から x_2 までの定積分を求めてみましょう。

$$\int_{x_1}^{x_2} ma\, dx = \int_{x_1}^{x_2} F\, dx \tag{2-77}$$

加速度 a を $\dfrac{dv}{dt}$ で書き換えると

$$\int_{x_1}^{x_2} m\frac{dv}{dt}dx = \int_{x_1}^{x_2} F\, dx \tag{2-78}$$

次に $v = \dfrac{dx}{dt}$ であることを利用して (2-78) を

$$\frac{dx}{dt} = v \quad \Rightarrow \quad dx = vdt \tag{2-79}$$

と形式的に変形します。

こうすると積分変数が位置 x から時刻 t に変換されるので、対応を表にしておきましょう。図 2-24 より

x	$x_1 \longrightarrow x_2$
t	$t_1 \longrightarrow t_2$

ですね。次に (2-79) を (2-78) の左辺だけに代入します。

$$\int_{t_1}^{t_2} m\frac{dv}{dt}\cdot vdt = \int_{x_1}^{x_2} F\, dx \tag{2-80}$$

ここで

$$\frac{d}{dt}(v^2) = \frac{dv}{dt}\cdot\frac{d}{dv}(v^2) = \frac{dv}{dt}\cdot 2v \qquad \boxed{\frac{dy}{dt} = \frac{du}{dt}\cdot\frac{dy}{du}} \quad \boxed{(x^n)' = nx^{n-1}}$$

$$\boxed{kf'(x) = \{kf(x)\}'}$$

$$\Rightarrow \frac{dv}{dt}\cdot v = \frac{1}{2}\frac{d}{dt}(v^2) = \frac{d}{dt}\left(\frac{1}{2}v^2\right) \tag{2-81}$$

なので(2-81)を(2-80)に代入すると

$$\int_{t_1}^{t_2} m\frac{dv}{dt}\cdot vdt=\int_{t_1}^{t_2} m\frac{d}{dt}\left(\frac{1}{2}v^2\right)dt=\int_{x_1}^{x_2}F\,dx$$

$kf'(x)=\{kf(x)\}'$

$$\Rightarrow \int_{t_1}^{t_2}\frac{d}{dt}\left(\frac{1}{2}mv^2\right)dt=\int_{x_1}^{x_2}F\,dx \tag{2-82}$$

$\frac{d}{dt}\left(\frac{1}{2}mv^2\right)$ は $\frac{1}{2}mv^2$ を（t で）微分したものですから、$\frac{1}{2}mv^2$ は $\frac{d}{dt}\left(\frac{1}{2}mv^2\right)$ の不定積分（原始関数）です。

微分

$\frac{1}{2}mv^2$　$\frac{d}{dt}\left(\frac{1}{2}mv^2\right)$

積分

$F(x)$ が $f(x)$ の不定積分の1つであるとき

$$\int_a^b f(x)dx=\Big[F(x)\Big]_a^b$$

よって(2-82)の左辺は

$$\int_{t_1}^{t_2}\frac{d}{dt}\left(\frac{1}{2}mv^2\right)dt=\left[\frac{1}{2}mv^2\right]_{t_1}^{t_2} \tag{2-83}$$

と変形できます。さらに、速度 v は時刻 t の関数であり、$v(t_1)=v_1$、$v(t_2)=v_2$ なので(2-83)は

$$\left[\frac{1}{2}mv^2\right]_{t_1}^{t_2}=\left[\frac{1}{2}m\{v(t)\}^2\right]_{t_1}^{t_2}$$

$\Big[F(x)\Big]_a^b=F(b)-F(a)$

$$=\frac{1}{2}m\{v(t_2)\}^2-\frac{1}{2}m\{v(t_1)\}^2$$

$$=\frac{1}{2}m{v_2}^2-\frac{1}{2}m{v_1}^2 \tag{2-84}$$

と書けます。(2-82)、(2-83)、(2-84)より

$$\boldsymbol{\frac{1}{2}m{v_2}^2-\frac{1}{2}m{v_1}^2=\int_{x_1}^{x_2}F\,dx} \tag{2-85}$$

を得ます！

ここまでかなり技巧的な変形でしたが、運動方程式からスタートして(2-85) が自力で導けるようになったら、本書のここまでの内容については免許皆伝です！　是非、白い紙にくり返し練習してください。

m(_ _)m

さて、(2-85) は力 F によって物体の速度が v_1 から v_2 まで変化したとき $\frac{1}{2}mv^2$ **という量の変化分が** $\int_{x_1}^{x_2} F dx$ **に等しい**ことを示しています。

そこで「**物体のエネルギーの変化分は物体がされた（した）仕事に等しい**」(p.213) という原則にのっとって**運動エネルギー**と**仕事**を次のように定義します。

運動エネルギー　$$K = \frac{1}{2}mv^2 \tag{2-86}$$

仕事　$$W = \int_{x_1}^{x_2} F dx \tag{2-87}$$

(注) (2-86) のように運動エネルギー (kinetic energy) を表すのに K を用いるのは英語の頭文字に由来しています。

力 F による仕事 W は (2-87) のように定義されるので、**仕事 W は F-x グラフ上における面積**になります（次頁図 2-25)。

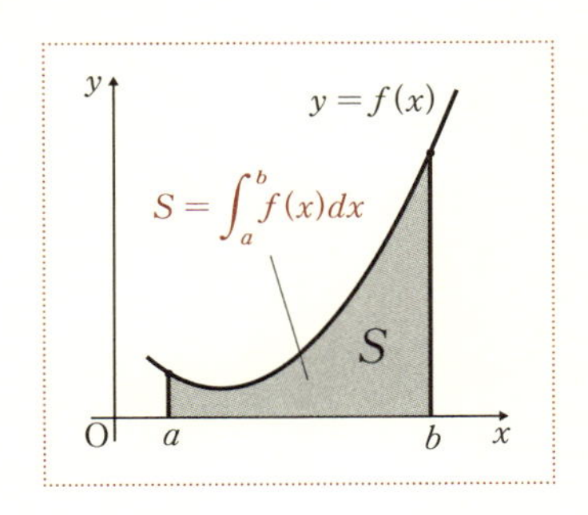

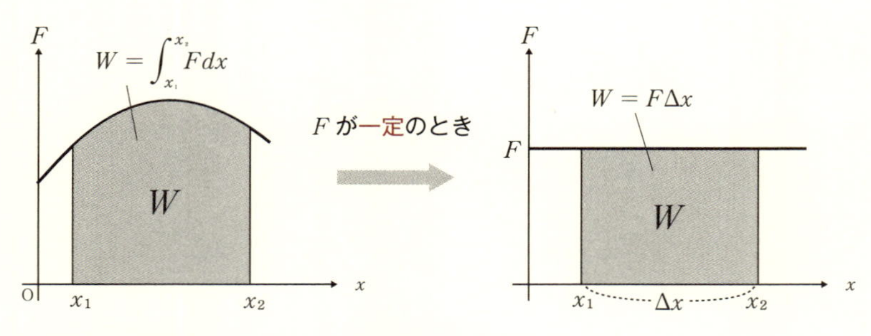

図2-25●仕事 W は F-x グラフ上における面積

特に、力 F が一定の場合は

$$W = \int_{x_1}^{x_2} F dx = F(x_2 - x_1) = F\Delta x \qquad [\Delta x = x_2 - x_1] \tag{2-88}$$

です。

> **(注)** 高校物理の教科書には力 F によって物体が Δx だけ移動したとき、力 F のした仕事 W は
>
> $$W = F\Delta x$$
>
> であると載っていますが、これは移動中 F が一定の特別な場合です。

F が一定のとき (2-85) と (2-88) から

$$\frac{1}{2}\boldsymbol{m}\boldsymbol{v}_2{}^2 - \frac{1}{2}\boldsymbol{m}\boldsymbol{v}_1{}^2 = F(x_2 - x_1) = F\Delta x \qquad [\Delta x = x_2 - x_1] \tag{2-89}$$

が得られます。

まとめておきましょう。

運動エネルギーと仕事の関係

$$\frac{1}{2}mv_2{}^2-\frac{1}{2}mv_1{}^2=\int_{x_1}^{x_2}Fdx$$

特に F が一定の場合

$$\frac{1}{2}mv_2{}^2-\frac{1}{2}mv_1{}^2=F(x_2-x_1)=F\Delta x \qquad [\Delta x=x_2-x_1]$$

(2-85) や (2-89) は「物体のエネルギーの変化分は物体がされた仕事に等しい」という原則を数式で表したものですが、これらの数式から**「仕事」とは運動エネルギーを変化させる能力のこと**と言い換えることもできます。

前述のとおり、エネルギーは運動エネルギーの他にもいろいろあります。たとえば糸である高さに釣り上げられて静止している物体は、静止しているので運動エネルギーを持ちませんが、糸が切れれば落下することによって運動エネルギーを生み出します。そして運動する物体は他の物体に衝突すれば他の物体に対して仕事をします（他の物体の運動エネルギーを変化させる）から、結局糸で釣り上げられて静止している物体も「仕事に変換し得る物理量」すなわちエネルギーを持っていることになります。これを次に見ていきましょう。

■重力の位置エネルギー

今度は質量 m の物体が落下する場合を考えましょう。y 軸を鉛直方向（おもりをつけて垂らした糸が示す方向＝水平面と垂直な方向）上向きが正の向きになるように設定します。

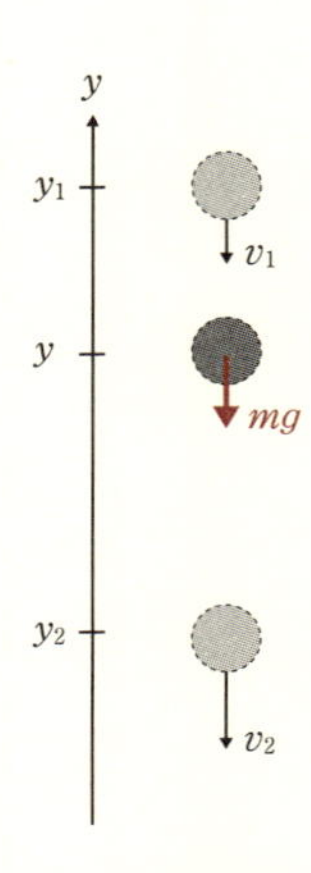

図 2-26 ●落下する物体の運動

図 2-26 のように一定の重力 $-mg$ がはたらく（重力の方向は y 軸の正方向と反対なので $-mg$）ので、運動方程式は

$$ma = -mg \tag{2-90}$$

p.214 の (2-76) と見比べると $F = -mg$ でしかも F は一定です。
よって (2-89) から

$$\frac{1}{2}mv_2{}^2 - \frac{1}{2}mv_1{}^2 = -mg(y_2 - y_1)$$

$$\Rightarrow \frac{1}{2}mv_2{}^2 - \frac{1}{2}mv_1{}^2 = mg(y_1 - y_2) \tag{2-91}$$

(2-91) は質量 m の物体は $\Delta y = y_1 - y_2$ だけ落下すると重力が **$mg\Delta y$ に相当する分だけ仕事をする（物体の運動エネルギーを変化させる）** ことを示しています。つまり、ある高さにある物体はすべからく潜在的に「仕事に変換し得る物理量＝エネルギー」を持っているというわけです。これを**重力による位置エネルギー**、あるいは**ポテンシャル（潜在的な）エネルギー**と言います。

一般に、原点（基準点）から高さ h の位置にある質量 m の物体は、g を重力加速度として次式で定まる重力による位置エネルギー（ポテンシャルエネルギー）を持ちます。

重力による位置エネルギー $U = mgh$ (2-92)

（注）位置ニネルギーを表すのに U を用いる理由は諸説あって判然としません……。(^_^;) ただ、位置エネルギーを U で表すのは一般的です。

なお (2-91) は y 軸の原点（基準点）の位置によらず成立するので重力による位置エネルギーを扱う際、その原点（基準点）は任意の場所に設定することができます。

また (2-91) を移項して整理すると

$$\frac{1}{2}mv_1^2 + mgy_1 = \frac{1}{2}mv_2^2 + mgy_2 \tag{2-93}$$

ですね。

この (2-93) は運動方程式が (2-90) であるとき、**運動エネルギーと重力による位置エネルギーの和が一定**になるという**エネルギー保存則**を表しています。

■弾性力による位置エネルギー

今度は、一端を固定された水平なばねの他端に質量 m の物体が繋がれている場合の運動を考えます。

一般に、力を加えられて変形した物体がもとに戻ろうとする力を**弾性力**と言います。物体の変形量がある一定の範囲内にあるとき、**弾性力の大きさは物体の変形量に比例**します。これが**「フックの法則」**です。

ばねの弾性力 F もフックの法則に従い、ばねの自然長（力が加わっていない状態の長さ）からの伸びや縮みが x（>0）のとき

$$F = kx \tag{2-94}$$

が成り立ちます。このとき比例定数 k を**ばね定数**と言います。

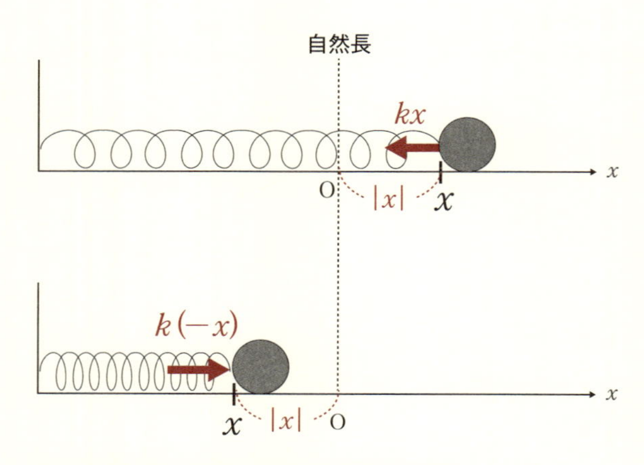

図 2-27 ●ばねの弾性力を受ける物体の運動

ただし、図 2-27 のように自然長を原点として座標軸を取った場合は注意が必要です。ばねの**「伸び」や「縮み」はつねに正の値なので、座標軸上では絶対値で考える**必要があります。

●ばねが自然長より伸びているとき

ばねの自然長からの「伸び」：$|x|=x$

ばねの弾性力 F の方向：x 軸の負の向き

よって

$$F=-k|x|=-kx \tag{2-95}$$

です。一方

●ばねが自然長より縮んでいるとき

ばねの自然長からの「縮み」：$|x|=-x$

ばねの弾性力 F の方向：x 軸の正の向き

よって

$$F = k|x| = k(-x) = -kx \qquad (2\text{-}96)$$

です。

結局、(2-95) と (2-96) から**ばねが伸びているときも縮んでいるときもばねの弾性力は $F = -kx$** になることがわかります。

よって図 2-27 のとき、いずれの場合も運動方程式は

$$ma = -kx \qquad (2\text{-}97)$$

です。

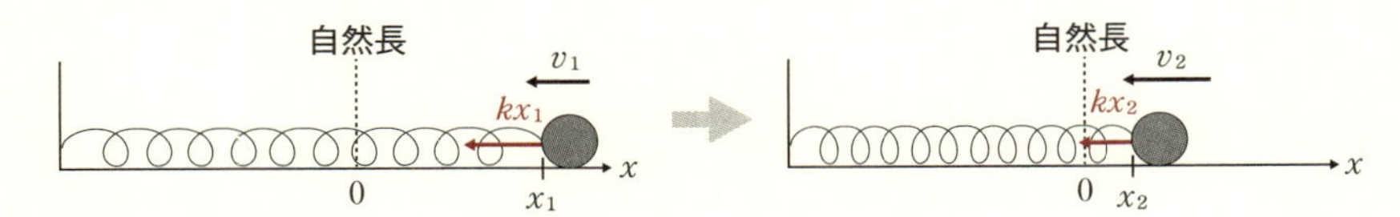

図 2-28 ●ばねの弾性エネルギー

図 2-28 のように $x = x_1$ のとき $v = v_1$、$x = x_2$ のとき $v = v_2$ とすると、$F = -kx$ なので p.216 の (2-85) より

$$\frac{1}{2}mv_2{}^2 - \frac{1}{2}mv_1{}^2 = \int_{x_1}^{x_2}(-kx)dx \qquad \boxed{\frac{1}{2}mv_2{}^2 - \frac{1}{2}mv_1{}^2 = \int_{x_1}^{x_2}F dx}$$

$$= -\int_{x_1}^{x_2} kx\,dx = -\left[\frac{1}{2}kx^2\right]_{x_1}^{x_2}$$

$$= -\frac{1}{2}k(x_2{}^2 - x_1{}^2) = \frac{1}{2}k(x_1{}^2 - x_2{}^2) \qquad (2\text{-}98)$$

(2-98) はばねの弾性力が $-\left[\frac{1}{2}kx^2\right]_{x_1}^{x_2}$ に相当する分だけ仕事をする（物体の運動エネルギーを変化させる）ことを示しています。つまり、ばねに繋がれた物体が自然長ではない位置にあると、やはり潜在的に「仕事に変換し得る物理量＝エネルギー」を持っていることになります。よって、$\boldsymbol{\frac{1}{2}kx^2}$ を**弾性力による位置エネルギー**、あるいは**ばねの弾性エネルギー**と

言います。

弾性力による位置エネルギー	$U=\dfrac{1}{2}kx^2$ 　[kはばね定数]	(2-99)

(2-98) を移項して整理すると

$$\frac{1}{2}mv_1{}^2+\frac{1}{2}kx_1{}^2=\frac{1}{2}mv_2{}^2+\frac{1}{2}kx_2{}^2 \tag{2-100}$$

を得ます。

この (2-100) は運動方程式が (2-97) であるとき、**運動エネルギーと弾性力による位置エネルギーの和が一定**になるという**エネルギー保存則**を表しています。

一般に、物体の持つ**運動エネルギー K と位置エネルギー U の合計**を**力学的エネルギー**と言います。

(2-93) や (2-100) より物体の運動方程式に重力や弾性力以外の力が登場しないとき、次の**力学的エネルギー保存則**が成立します。

力学的エネルギー保存則

物体に重力や弾性力以外の力がはたらかないとき、運動エネルギーを K、位置エネルギーを U とすると

$$K+U=\text{一定}$$

(注)
- ●**運動エネルギー**…… $K=\dfrac{1}{2}mv^2$
- ●**重力による位置エネルギー**…… $U=mgh$
- ●**弾性力による位置エネルギー**…… $U=\dfrac{1}{2}kx^2$

力学において、運動エネルギー保存則と並んで重要な保存則が運動方程式を時刻 t で積分することで得られる**運動量保存則**です。今度はこれを見ていきましょう。

運動量もエネルギーにおける仕事のように、高校では「これを運動量とします」というところから入るので、突然登場した物理量のように感じる人がやはり少なくないと思います。でも、これからお見せするように運動方程式を時刻 t で定積分したときに出てくる量こそ**運動量**であり、その変化分と等しい物理量（**力積**と言います）を定積分の形で定義することも自然な流れの中で理解してもらえると思います。

■運動量と力積

仕事や力学的エネルギーは、運動方程式を位置 (x) について定積分することで導きました。

今度は運動方程式を時間 (t) について定積分してみましょう。

運動方程式は一般に

$$m\vec{a}=\vec{F} \tag{2-101}$$

ですね。(2-101) の両辺について t_1 から t_2 までの定積分を求めてみましょう。

$$\int_{t_1}^{t_2} m\vec{a}\,dt=\int_{t_1}^{t_2}\vec{F}\,dt \tag{2-102}$$

なお、(2-102) は被積分関数がベクトルになっていますが、これは（平面運動の場合）、x 方向の運動方程式の定積分と y 方向の運動方程式の定積分をまとめた表現です。すなわち、$\vec{a}=(a_x,\ a_y)$、$\vec{F}=(F_x,\ F_y)$ とするとき

$$x方向\quad ma_x=F_x\quad\Rightarrow\quad\int_{t_1}^{t_2} ma_x\,dt=\int_{t_1}^{t_2} F_x\,dt$$

$$y方向\quad ma_y=F_y\quad\Rightarrow\quad\int_{t_1}^{t_2} ma_y\,dt=\int_{t_1}^{t_2} F_y\,dt$$

であることから

$$\int_{t_1}^{t_2} m\vec{a}\, dt = \left(\int_{t_1}^{t_2} ma_x\, dt,\ \int_{t_1}^{t_2} ma_y\, dt\right)$$

$$= \left(\int_{t_1}^{t_2} F_x\, dt,\ \int_{t_1}^{t_2} F_y\, dt\right) dt = \int_{t_1}^{t_2} \vec{F}\, dt$$

と書いているわけです。

(2-102) で加速度 $\vec{a}$ を $\dfrac{d\vec{v}}{dt}$ で書き換えると

$$\int_{t_1}^{t_2} m\frac{d\vec{v}}{dt} dt = \int_{t_1}^{t_2} \vec{F}\, dt$$

$kf'(x) = \{kf(x)\}'$

$$\Rightarrow \int_{t_1}^{t_2} \frac{d}{dt}(m\vec{v}) dt = \int_{t_1}^{t_2} \vec{F}\, dt \qquad (2\text{-}103)$$

このあとは p.216 で (2-83) を導いたときと同様に考えます。

$\dfrac{d}{dt} m\vec{v}$ は $m\vec{v}$ を (t で) 微分したものなので、$m\vec{v}$ は $\dfrac{d}{dt} m\vec{v}$ の不定積分（原始関数）です。

$m\vec{v}$ —微分→ $\dfrac{d}{dt}(m\vec{v})$ —積分→ $m\vec{v}$

$F(x)$ が $f(x)$ の不定積分の1つであるとき

$$\int_a^b f(x)dx = \Big[F(x)\Big]_a^b$$

つまり (2-103) の左辺は

$$\int_{t_1}^{t_2} \frac{d}{dt}(m\vec{v}) dt = \Big[m\vec{v}\Big]_{t_1}^{t_2} \qquad (2\text{-}104)$$

と変形できます。

さらに、速度 $\vec{v}$ は時刻 t の関数であり、$\vec{v}(t_1) = \vec{v_1}$、$\vec{v}(t_2) = \vec{v_2}$ とすると (2-104) は

$$\left[m\vec{v}\right]_{t_1}^{t_2}=\left[m\vec{v}(t)\right]_{t_1}^{t_2}$$

$$\left[F(x)\right]_a^b=F(b)-F(a)$$

$$=m\vec{v}(t_2)-m\vec{v}(t_1)$$

$$=m\vec{v_2}-m\vec{v_1} \qquad (2\text{-}105)$$

と書けます。(2-103)、(2-104)、(2-105) より

$$\boldsymbol{m\vec{v_2}-m\vec{v_1}=\int_{t_1}^{t_2}\vec{F}\,dt} \qquad (2\text{-}106)$$

を得ます。

ここで (2-106) の物理的な意味を考えてみましょう。

たとえば、速度が同じピンポン球と野球の硬球をバットで打ち返すことを想像してみてください。後者のほうが明らかに手に大きな衝撃を受けますね。また同じ硬球でも速度が違えば速いボールのほうが大きな衝撃を受けます。

さらに、同じ速度の硬球を打ち返す場合、ファウルチップのようにバットにボールがかすかにあたる（ボールの方向がほとんど変わらない）ケースと、正面方向に弾き返す（ボールの方向が 180° 近く変わる）ケースとでは、やはり後者のほうが手に感じる衝撃は大きいでしょう。

以上より**運動の「衝撃」の大きさには質量と速度と方向が関係する**ことがわかります。

そこで、運動している物体の激しさ（勢い）を表す物理量として（2-106）の左辺に登場するベクトル量 $m\vec{v}$ を**運動量**と名付けて定義することになりました。

運動量　$\vec{P} = m\vec{v}$　(2-107)

(注) 運動量は英語で書くと「勢い」という意味もある momentum ですが、運動量を表す記号には $\vec{P}$ を使うことが多いです。一説には頭文字の m は質量と混同するから避け、アルファベットで m の次にくる n も垂直抗力（normal reaction）で使用済みだから避け、さらに次の o は原点を表すから避け……ということで o の次の p が選ばれた、などと言われていますが、これも位置エネルギー同様はっきりとした根拠は不明です。

結局（2-106）の左辺は運動量ベクトルの変化分を表します。これと等しい（2-106）の右辺のベクトルは**力積**と言います。力積は英語では衝撃という意味にもなる impulse と言うので、力積を記号で表すときは $\vec{I}$ を使います（個人的には力積という名前よりも「衝撃」のほうが運動量の変化にふさわしいと思いますが……）。すなわち

力積　$\vec{I} = \int_{t_1}^{t_2} \vec{F}\,dt$　(2-108)

です。

以上より（2-106）は、**「運動量の変化はその間に物体に与えられた力積に等しい」**という物理的な意味を持つことがわかります。

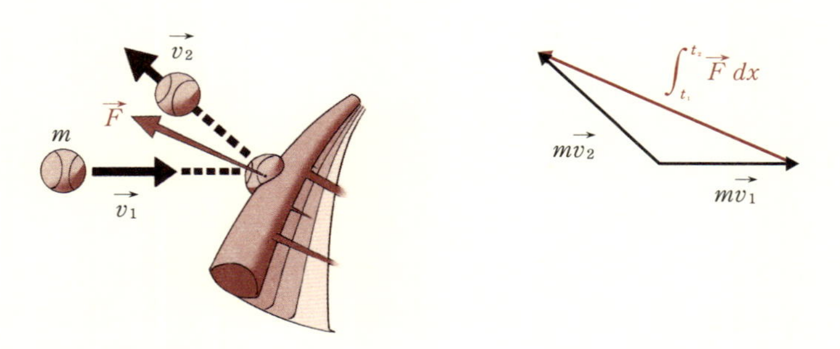

図 2-29 ●運動量の変化と力積

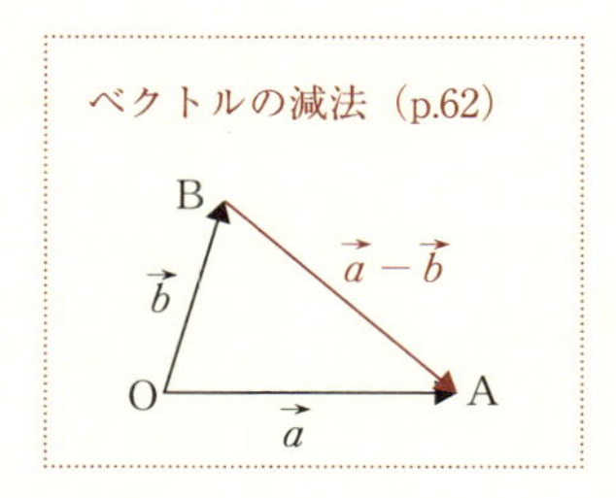

特に $\vec{F}$ が一定のときは

$$\vec{I} = \int_{t_1}^{t_2} \vec{F}\,dt = \vec{F}\int_{t_1}^{t_2} 1dt$$

$$= \vec{F}\Big[\,t\,\Big]_{t_1}^{t_2} = \vec{F}(t_2 - t_1) = \vec{F}\,\varDelta t \quad [\varDelta t = t_2 - t_1] \tag{2-109}$$

です。

■運動量保存の法則

今度は質量 m の物体と質量 M の物体の相互作用を考えます。

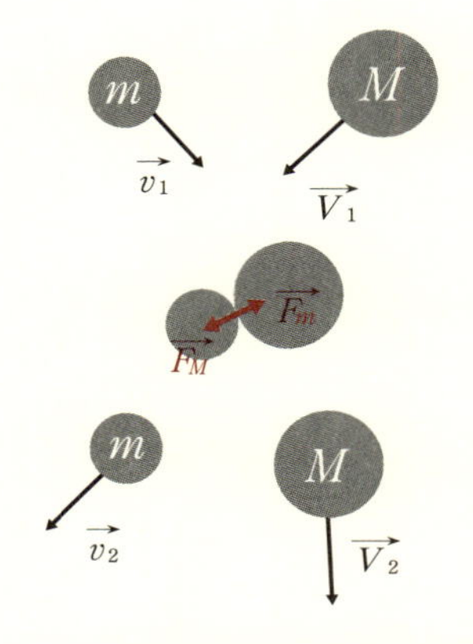

図 2-30 ●異なる質量の 2 物体の相互作用

図 2-30 のように質量 m の物体と質量 M の物体がそれぞれ速度 $\vec{v_1}$ と速

度 $\overrightarrow{V_1}$ で接近し、時刻 t_1 から時刻 t_2 まで相互作用をしたとします。このとき、

質量mの物体が質量Mの物体から受ける力を $\overrightarrow{F_M}$
質量Mの物体が質量mの物体から受ける力を $\overrightarrow{F_m}$

とすると、作用・反作用の法則 (p.95) より

$$\overrightarrow{F_m} = -\overrightarrow{F_M} \tag{2-110}$$

が成り立ちます。

(2-106) より、質量 m の物体について

$$m\overrightarrow{v_2} - m\overrightarrow{v_1} = \int_{t_1}^{t_2} \overrightarrow{F_M}\,dt \tag{2-111}$$

質量 M の物体についても同様に

$$M\overrightarrow{V_2} - M\overrightarrow{V_1} = \int_{t_1}^{t_2} \overrightarrow{F_m}\,dt \tag{2-112}$$

(2-111) ＋ (2-112) より

$$m\overrightarrow{v_2} - m\overrightarrow{v_1} + M\overrightarrow{V_2} - M\overrightarrow{V_1}$$

$$= \int_{t_1}^{t_2} \overrightarrow{F_M}\,dt + \int_{t_1}^{t_2} \overrightarrow{F_m}\,dt$$

(2-110) より

$$= \int_{t_1}^{t_2} \overrightarrow{F_M}\,dt + \int_{t_1}^{t_2} \left(-\overrightarrow{F_M}\right)dt$$

$$= \int_{t_1}^{t_2} \overrightarrow{F_M}\,dt - \int_{t_1}^{t_2} \overrightarrow{F_M}\,dt = \vec{0} \tag{2-113}$$

(2-113) を移項して整理すると

$$m\overrightarrow{v_1} + M\overrightarrow{V_1} = m\overrightarrow{v_2} + M\overrightarrow{V_2} \tag{2-114}$$

(2-114) は**２物体の間にはたらく力が相互作用のみのとき**（外から力がはたらかないとき）、**全運動量が保存される**（一定になる）ことを表してい

ます。これを**運動量保存の法則**と言います。

運動量保存の法則

２つの物体の間に相互作用力のみがはたらくとき、運動量の合計は保存される。

$$m\overrightarrow{v_1}+M\overrightarrow{V_1}=m\overrightarrow{v_2}+M\overrightarrow{V_2}$$

（注）「２つの物体の間に相互作用力のみがはたらくとき」というのは具体的には

・衝突　・分離　・合体

のいずれかのケースです。

入試問題に挑戦

では、最後に問題を解いてみましょう。今回はセンター試験の問題です。

問題7 センター試験

図1のように、床の上に鉛直に固定した自然の長さ l の軽いばねがある。このばねの上に質量 m の小球をのせた。手で小球を押し下げ、図2のように、ばねの縮みを x にした。その後、静かに小球をはなした。すると、ばねが自然の長さに達したとき、小球はばねを離れ、速さ v で鉛直上方に運動した。その直後に、ばねを床から取り去った。小球は最高点に達した後、床に落ちた。ばね定数を k、重力加速度の大きさを g とする。

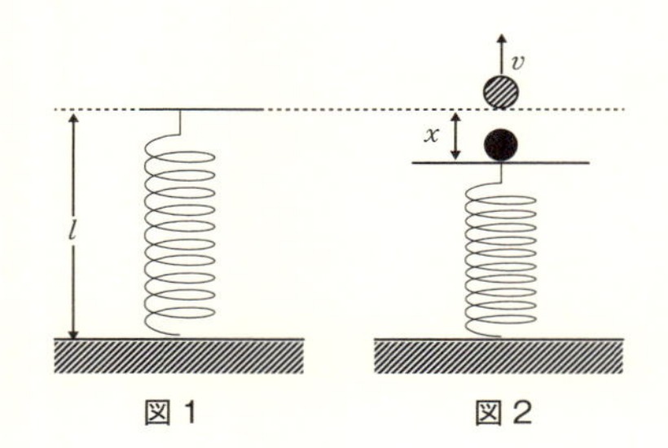

図1　　図2

x と v の関係を表す式、および小球がばねから離れて飛び出すために x が満たすべき条件を表す式の組合わせとして最も適当なものを、次の①～⑥のうちから1つ選べ。

	x と v の関係式	x の条件式
①	$\frac{1}{2}mv^2=\frac{1}{2}kx^2-mgx$	$x>0$
②	$\frac{1}{2}mv^2=\frac{1}{2}kx^2-mgx$	$x>\frac{mg}{k}$
③	$\frac{1}{2}mv^2=\frac{1}{2}kx^2-mgx$	$x>\frac{2mg}{k}$
④	$\frac{1}{2}mv^2=\frac{1}{2}kx^2+mgx$	$x>0$
⑤	$\frac{1}{2}mv^2=\frac{1}{2}kx^2+mgx$	$x>\frac{mg}{k}$
⑥	$\frac{1}{2}mv^2=\frac{1}{2}kx^2+mgx$	$x>\frac{2mg}{k}$

◇ 解説

この運動は重力と弾性力以外の力がはたらいていないので力学的エネルギー保存則が成立します。

❖ 解答

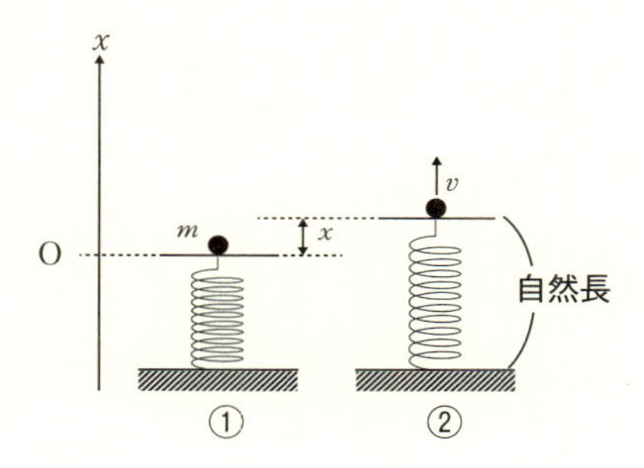

上の図の①は小球を離した瞬間、②はばねが自然長になったときです。①の状態と②の状態で力学的エネルギー保存則が成立します。

運動エネルギーを K、位置エネルギーを U とすると、

$$\text{力学的エネルギー} = K + U = \text{一定}$$

です。①の物体の位置を位置エネルギーの原点（基準点）とします。①では速度 $v=0$、基準面からの高さ $h=0$、②ではばねの伸び（縮み）$x=0$ であることに気をつけると

$$K + U = \underbrace{\frac{1}{2}m \cdot 0^2 + mg \cdot 0 + \frac{1}{2}kx^2}_{①} = \underbrace{\frac{1}{2}mv^2 + mgx + \frac{1}{2}k \cdot 0^2}_{②}$$

$$\Rightarrow \quad \frac{1}{2}kx^2 = \frac{1}{2}mv^2 + mgx$$

$$\Rightarrow \quad \boldsymbol{\frac{1}{2}mv^2 = \frac{1}{2}kx^2 - mgx}$$

$K = \frac{1}{2}mv^2$

$U = mgh$

$U = \frac{1}{2}kx^2$

また小球がばねから離れて飛び出すためには、②の状態で運動エネルギーが存在すればいいので、上式より

$$\frac{1}{2}mv^2=\frac{1}{2}kx^2-mgx=\left(\frac{1}{2}kx-mg\right)x>0$$

$x>0$ なので

$$\frac{1}{2}kx-mg>0 \quad \Rightarrow \quad \boldsymbol{x>\frac{2mg}{k}}$$

以上より、**③が正解**。

質問コーナー

生徒●「物体に重力や弾性力以外の力がはたらかないとき」というのが、力学的エネルギーが保存されるための条件だとありましたが、たとえば、図 2-27 の運動でも、弾性力と重力以外に床から垂直抗力を受けていますよね……それでも力学的エネルギーは保存するんですか？

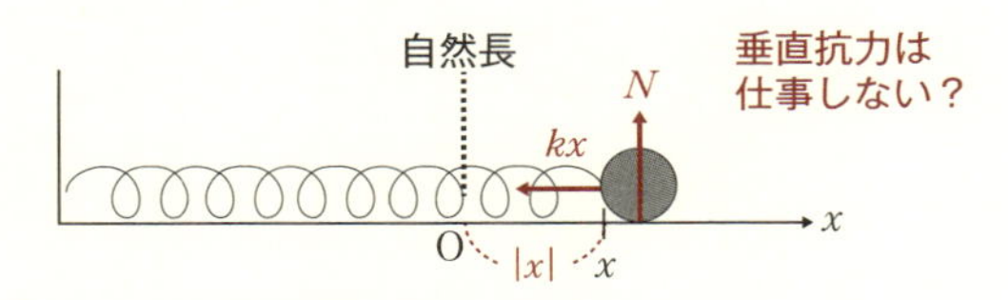

図 2-31 ●力学的エネルギーは保存される?

先生●いやあ、すばらしい質問ですね！　結論から言うと、**重力や弾性力以外の力がはたらいていても、それが物体の移動方向に対して垂直であれば、力学的エネルギーは保存されます**。

生徒●？？？

先生● p.213 や p.219 で運動エネルギーを変化させる能力が『仕事』であり、仕事に変換し得る物理量がエネルギーだ、というお話をしましたが、図 2-31 の垂直抗力のように運動方向に対して垂直な力は運動エネルギーを変化させないので、「仕事」ができず、結果として力学的エネルギーの総和に影響を及ぼさないのです。

生徒●進行方向に垂直にはたらく力があっても、速度は変わらないので力学的エネルギーが保存されるというわけですね。では、重力や弾性力の他に力学的エネルギーが保存される力ってありますか？

先生●あります。**万有引力**（p.97）や**クーロン力（静電気力）**などは、力学的エネルギー保存の法則を成り立たせる力です。

生徒●力学的エネルギーが保存される力の共通点ってなんですか？

先生●力学的エネルギーの保存法則を成り立たせる力のことを**保存力**と言

います。物体に保存力だけがはたらいている場合、保存力に逆らって2点間をゆっくり移動する外力がする仕事は2点の位置の違いだけで決まり、途中の経路によりません。

生徒●はあ……。それがなぜ力学的エネルギーが保存される根拠になるのですか？

先生●たとえば地面を基準点にとり、地面から高さLの位置にクレーン車で吊るされた質量mの角材のことを考えてみましょう。

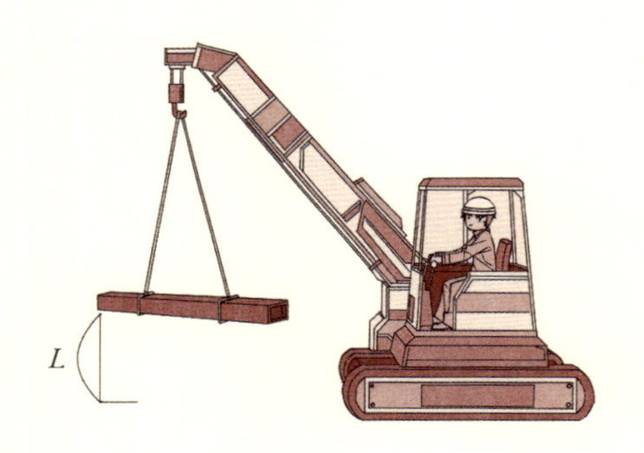

この角材はp.221の（2-92）より

$$U = mgL$$

の位置エネルギーを持ちますね。ただし、この角材を地面からこの位置まで持ってきたのはクレーン車の力です。

もしクレーン車の力が重力との釣り合いを保ちながら非常にゆっくりと角材を持ち上げたのなら、角材の速度はほぼ0に等しいので、角材は運動エネルギーを持たず、位置エネルギーだけを持ちます。

生徒●ちょっと待ってください。クレーン車の力が重力と釣り合っていたら角材は動きませんよね？

先生●はい。もちろん厳密にはそうですが、物理では物体に及ぼした仕事と位置エネルギーを等価にしたいとき、「力の釣り合いを保ちながら永遠の時間をかけて移動させる」などという言い方をします。これは外力が重力に限りなく近いとき、外力による仕事は限りなく位置エネルギーに近くなる、という意味だと思ってください。

生徒●（久々出ました！）極限（p.7）ですね！

先生●そうです。とにかく、この角材が持つ位置エネルギーは永遠の時間をかけて移動させたクレーン車の力がした仕事に等しいわけです。

生徒●なるほど。

先生●そして、重要なのはここからですが、もし角材を持ち上げるとき、まっすぐに持ち上げるのと、旋回をしながら持ち上げるのとでクレーン車のする仕事が違うなんてことがあったらどうでしょう？

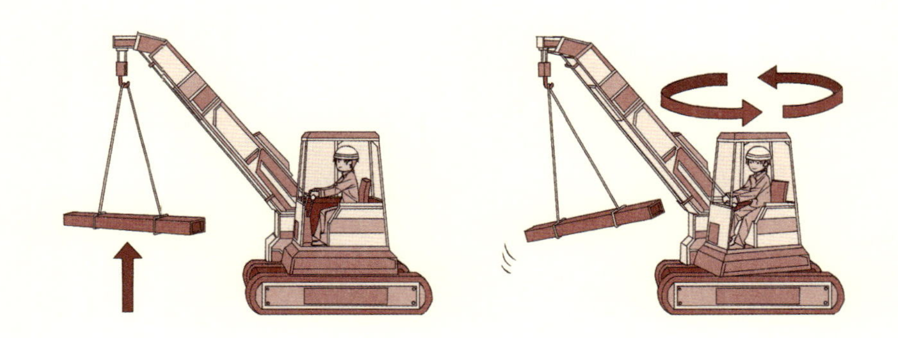

生徒●角材が持つ位置エネルギーも違うものになります。

先生●そうですね。そうすると糸を切られて角材が落下するとき、高さが変わらないなら落下する角材が地面スレスレで持つ運動エネルギーは一定なのに、位置エネルギーだけがさまざまな値を取ることになってしまい「運動エネルギー＋位置エネルギー＝一定」という力学的エネルギー保存則が崩れてしまいます。

生徒●そんなことはありえない……。

先生●そうです。だから、クレーン車のする仕事は経路によらず一定で、重力は保存力なのです。

生徒●ちなみにどうして運動エネルギーは一定になるとわかるのですか？

先生●この章の中盤で学んだ「運動の基本式」にしたがって計算すれば、

高さ L から自由落下する角材の地面スレスレでの速度は

$$v=\sqrt{2gL}$$

となり、一定になることからわかります。これは宿題にしましょう。

運動の基本式

$$v=v_0+at、x=x_0+v_0t+\frac{1}{2}at^2$$

生徒●（げっ！）……運動エネルギーの定義式は $\frac{1}{2}mv^2$ でしたね。

先生●物体にはたらく力が保存力のときは力学的エネルギーが保存される、ということを本当の意味で理解するためには、経路積分という大学レベルの数学が必要になってしまうのでここでは深入りしませんが、結果だけを紹介すると、保存力に対しては、重力や弾性力のときと同じように（最初と最後の位置だけきまる）位置エネルギーを定義することができて、経路積分を行えば、位置エネルギーの減少分（あるいは増加分）と運動エネルギーの増加分（あるいは減少分）が一致することが示されます。これは保存力による位置エネルギーが運動エネルギーを生み出す潜在的能力を持っていることを示し、力学的エネルギーの総和が一定になることを意味します。

生徒●（なんだか難しい話になってしまったな……）では保存力でない力にはどんなものがありますか？

先生●保存力でない力は**非保存力**と言って、摩擦力や抵抗力などは非保存力の代表格です。物体に非保存力がはたらいている場合は、外力によって同じ2点間を移動する場合でも経路によって仕事が異なり、力学的エネルギー保存の法則が成り立ちません。

生徒●でも、エネルギーの総和としては一定になるんですよね？

先生●そのとおりです。摩擦力がある場合、エネルギーの一部は熱エネルギーなどになってしまうため、力学的エネルギーの総和は減少してしまい、力学的エネルギー保存則は成り立ちませんが、熱エネルギーなどの分も合わせたエネルギー全体の総和は変わりません。

第3章
微分方程式

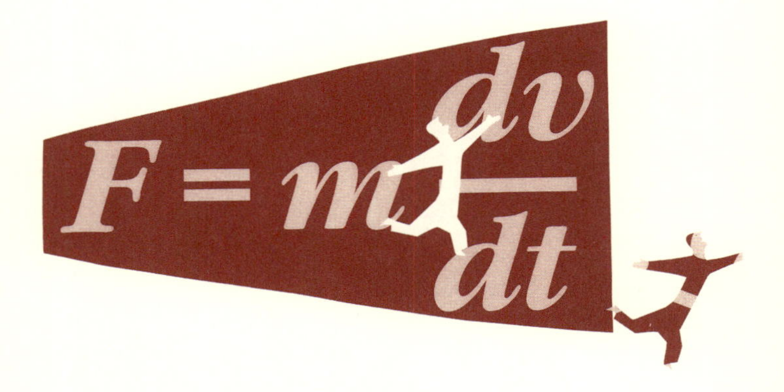

3-1 微分方程式とモデル化

現実をモデル化し、未来を予測する術

微分（第１章）、積分（第２章）と進んできてこの章ではいよいよ、「**微分方程式**」を学んでいきますが、そもそも

「方程式とはなにかを説明してください」

と言われたら、あなたは自信をもって答えることができるでしょうか？

「方程式」という言葉は中学１年生の数学から登場しますし、巷でも「勝利の方程式」とか「成功の方程式」などといった文言の中で使われています。でも、正確な意味は意外と知られていないようです。

念のため確認させてくださいね。

$$2x+1=5$$

のように、**文字に特定の値**（ここでは $x=2$）**を代入したときだけに成立する等式**を**方程式**といい、この特定の値を**方程式の解**といいます。

注）

$$x+x+1=2x+1$$

のように x **の値によらず、つねに成立する等式**のことを恒等式といいます。方程式と恒等式は対照的なので、セットで理解するといいでしょう。

「勝利の方程式」とか「成功の方程式」というのは、勝つためや成功するための特定の方法を示唆する場面で使われることが多いので、言葉の使われ方としては概ね間違っていません。(^_-)- ☆

特に、

$$\frac{d^2y}{dx^2}+3\frac{dy}{dx}+x=0 \tag{3-1}$$

のように、未知の関数 $y=f(x)$ とその導関数 $\frac{dy}{dx}$、$\frac{d^2y}{dx^2}$、$\frac{d^3y}{dx^3}$、……、および独立変数 x を含む方程式を**微分方程式**といいます。

ここで、記号とその意味について確認しておきましょう。

$\frac{d^2y}{dx^2}$ は

$$\frac{d^2y}{dx^2}=\frac{d}{dx}\left(\frac{dy}{dx}\right)$$

のように関数 $y=f(x)$ の導関数 $\frac{dy}{dx}$ をさらに微分して得られる導関数で、**2 階導関数**あるいは**第 2 次導関数**というのでしたね（p.36）。

2 階導関数（第 2 次導関数）は $\frac{d^2y}{dx^2}$ の他に $f''(x)$、y''、$\frac{d^2}{dx^2}f(x)$ などの記号でも表すというお話もしました。

$\frac{d^3y}{dx^3}$ は

$$\frac{d^3y}{dx^3}=\frac{d}{dx}\left(\frac{d^2y}{dx^2}\right)=\frac{d}{dx}\left\{\frac{d}{dx}\left(\frac{dy}{dx}\right)\right\}$$

のように関数 $y=f(x)$ の 2 階導関数（第 2 次導関数）$\frac{d^2y}{dx^2}$ をさらに微分して得られる導関数で、**3 階導関数**あるいは**第 3 次導関数**といいます。

3 階導関数（第 3 次導関数）は $\frac{d^3y}{dx^3}$ の他に $f'''(x)$、y'''、$\frac{d^3}{dx^3}f(x)$ などとも表しますが、「′」が多いと見づらいので、$f^{(3)}(x)$、$y^{(3)}$ といった記号も使うことが多いです。

一般に、関数 $y=f(x)$ を n 回微分した導関数を **n 階導関数**あるいは**第 n 次導関数**といい、$\frac{d^ny}{dx^n}$、$f^{(n)}(x)$、$y^{(n)}$、$\frac{d^n}{dx^n}f(x)$ などと表します。

微分方程式に含まれる未知関数の導関数のうち最も高い微分の階数が n のとき、この微分方程式を **n 階微分方程式**といいます。

たとえば上の（3-1）は 2 階微分方程式で、

$$\frac{dy}{dt}=ky \tag{3-2}$$

は 1 階微分方程式です。

■微分方程式の解

関数 $y=f(x)$ についての微分方程式を解くということは、導関数を含む等式から、その等式を満たす（導関数を含まない）x と y の関係式を導くことを意味します。

たとえば

$$\frac{dy}{dx}-2x=0 \tag{3-3}$$

という微分方程式は、

$$\frac{dy}{dx}-2x=0 \quad \Rightarrow \quad \frac{dy}{dx}=2x \tag{3-4}$$

と変形できます。(3-4) は関数 $y=f(x)$ を1回微分すると $2x$ になることを示していますから、

$$y=x^2+C \quad [C\text{は任意の定数}] \tag{3-5}$$

であることがわかります。

(3-3) から (3-5) を導く計算が

$$\frac{dy}{dx}=2x \quad \Rightarrow \quad \int\frac{dy}{dx}dx=\int 2x\,dx \quad \Rightarrow \quad y=x^2+C$$

であることからもわかるように、微分方程式の解を求める計算の本質は積分です。実際、諸外国の中には「微分方程式を解く」と「積分を行う」を同じ言葉で表す言語もあります。

一般に、微分方程式を満たし、導関数を含まない関係式のことをその微分方程式の**解**といいます。(3-5) は (3-3) で与えられた微分方程式の解です。なお、(3-5) のように**任意定数を含む解**のことを**一般解**、一般解の**任意定数に特定の値を代入した解**を**特殊解**と言います。

たとえば「$y=x^2+1$」は (3-3) の特殊解です。

物理への展開……単振動

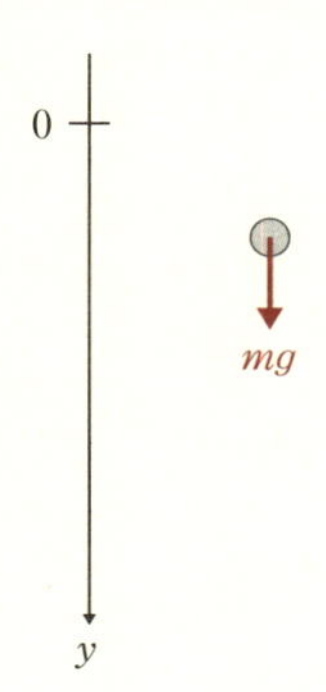

質量 m の物体が落下するとき、その物体の運動方程式は鉛直方向下向きを正にして座標軸（ここでは y 軸）を取ると

$$ma = mg \tag{3-6}$$

と書けます。$a = \dfrac{d^2y}{dt^2}$ であることを考えれば（3-6）は**微分方程式**であり、この微分方程式は p.188 で（2-44）を導いたときと同じようにして、

$$m\frac{d^2y}{dt^2} = mg \quad \Rightarrow \quad \frac{d^2y}{dt^2} = g$$

$$\Rightarrow \quad \frac{d}{dt}\left(\frac{dy}{dt}\right) = g$$

$$\Rightarrow \quad \frac{dy}{dt} = gt + C_1$$

$$\Rightarrow \quad y = \frac{1}{2}gt^2 + C_1t + C_2 \tag{3-7}$$

と解くことができます。

（3-7）は任意の定数 C_1 と C_2 を含むので、（3-6）の一般解です。
時刻 $t = 0$ での速度（初速度）を v_0、最初の位置を y_0 と置くと

$$v = \frac{dy}{dt} = gt + C_1 \underset{t=0}{\Rightarrow} v_0 = C_1 \tag{3-8}$$

$$y = \frac{1}{2}gt^2 + C_1 t + C_2 \underset{t=0}{\Rightarrow} y_0 = C_2 \tag{3-9}$$

なのでこれらを (3-7) に代入すれば

$$y = \frac{1}{2}gt^2 + v_0 t + y_0 \tag{3-10}$$

を得ます。v_0 や y_0 が具体的な値なのであれば (3-10) は (3-6) の特殊解です。

■運動方程式を「解く」醍醐味

運動方程式によって加速度が与えられても運動を一意に決めることはできません。運動を決定するためには、他に初速度と最初の位置という初期条件が必要です。これは、**運動方程式という微分方程式の一般解には２つの初期条件（初速度と最初の位置）を自由にあてはめられるように２つの任意定数が必要であることを意味します**。

実際、(3-7) が運動方程式 (3-6) の一般解たり得ているのは、2つの任意定数を含み、それらに2つの初期条件を与えることで、(3-6) で与えられる運動のすべてを記述できるからです。

私の高校時代の物理の先生は「物理というのは未来を予測する学問だ」と（やや格好つけて？）おっしゃっていましたが、確かに運動方程式という微分方程式を解くことによって、物体の位置が時刻 t の関数として得られれば、そして、その解があらゆる初期条件に対応できる2つの任意定数を含むのであれば、その物体の運動は（運動方程式が変わらない限り）未来永劫完全に予測することができます。これは運動方程式という微分方程式を解く最大の醍醐味だと言っていいでしょう。

18 世紀から 19 世紀にかけて活躍し、現代確率論の地平を開いた数学者であり偉大な物理学者でもあった**ピエール＝シモン・ラプラス** (1749-1827) はその著書『**確率の解析的理論**』(1812) の中で次のように書いています。

「もしもある瞬間における全ての物質の力学的状態と力を知ることができ、かつもしもそれらのデータを解析できるだけの能力の知性が存在するとすれば、この知性にとっては、不確実なことは何もなくなり、その目には未来も（過去同様に）全て見えているであろう」　　　（伊藤清・樋口順四郎 訳、共立出版）

ラプラスの言う「知性」は全知全能＝神に繋がることから、彼のこの考え方は「ラプラスの悪魔」と呼ばれるようになりました。

現代の私たちにはもちろん、「ラプラスの悪魔」は極端な考えに映ります。でも、運動方程式＝微分方程式の一般解が求まれば、その物体の運動は完全に記述することができるのですから、これを「未来が全て見える」と言い表すことは決して言い過ぎではありません。ニュートンの提示する運動方程式を微分方程式として解くことは、それだけ大きな可能性を秘めています。これに気づき感動に打ち震えた者の中から、ラプラスのように考える者が現れることはむしろ自然であると私は思います。

（注） ただし、量子力学における不確定性原理によれば、「原子の位置と運動量を同時に正しく知ることはできない」ので、私たちがどんなに知性を磨いたとしても全知全能なる「ラプラスの悪魔」を手に入れることはないでしょう。(^_-)- ☆

■モデル化について

ところで (3-10) は本当に正しいでしょうか？　いや、今までさんざん運動方程式の可能性を語っておいて、今更こんなことを聞いてすいません。m(_ _)m

私が言いたいのは、運動方程式の解の是非ではなく、そもそも落下する物体の運動方程式は本当に (3-6) でいいのか、ということです。

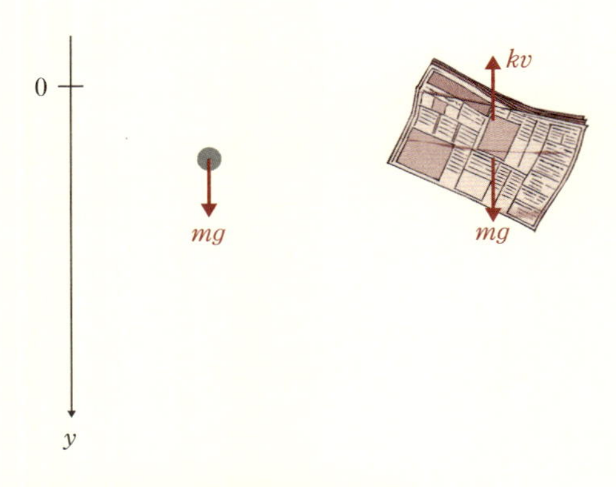

図 3-1 ●鉄球と新聞紙の落下の違い

もし落下する物体が質量 m の鉄球なのであれば (3-10) は現実の測定結果とよく合致するでしょう。でも、落下する物体が質量 m の新聞紙であった場合 (3-10) と現実の測定結果は大きくずれるはずです。後者の場合は空気抵抗が大きくなることが想像されますから、(3-6) をこの運動の運動方程式と考えるのは適切ではありません。

一般に空気抵抗は速度に比例すると考えられますので、落下する新聞紙の運動方程式は空気抵抗の比例定数を k として、

$$ma = mg - kv \quad \Rightarrow \quad m\frac{dy^2}{dt^2} = mg - k\frac{dy}{dt} \tag{3-11}$$

$$a = \frac{d^2y}{dt^2}、v = \frac{dy}{dt}$$

とする必要があります（この運動方程式＝微分方程式の解き方は次節で解説します）。

ただし、新聞紙が回転をしながら落下する場合、k は定数ではなくなりますし、また風の影響も決して少なくないはずなので (3-11) のように考えることすらも不適切になってしまいます。回転や風の影響も考慮して運動方程式を立てたり解いたりすることは、大学の専門課程で物理を学んだとしても大変難しい（あるいは解けない）問題になってしまうのです。

現実の物体は質量と形状（と電荷）を持ちますが、本書では物体の形状

については考慮してきませんでした。私はこれまで「物体」を、**質量と位置だけを持ち、大きさは持たない点**として扱ってきたのです。このような「点」のことを**質点**といいます。質点は物体を理想化（抽象化）された極限として表現するために導入された概念であり、現実には存在しません。でも、「現実に存在しないものを考えても意味がない」とは思わないでください。

確かに前頁で取り上げた新聞紙の運動と同じ質量の質点の運動は大きく異なります。しかしながら重力に従って物体が落下するという現象の本質は、やはり（3-6）の運動方程式で表現されているのです。空気抵抗や風の影響はそこに新しい要素が加わったと考えるべきであり、問題としては切り離すべきでしょう。

その昔、古代ギリシャのアリストテレスは重い物体ほど速く落下する、と主張していました。確かにコインと木の葉を同じ高さから落とすとコインのほうが木の葉よりも先に地面に着きます。でもそれは木の葉のほうが大きな空気抵抗を受けるからであり、真空中では質量にかかわらず物体が落下する速度は一定です。このことを最初に主張したのはガリレオ・ガリレイでした。真空というものを作り得なかった時代に、落下の本質を捉えたガリレオの慧眼（けいがん）はさすがです。

物理学ではいつも、複雑な自然現象から本質的な物理法則を引き出すために諸問題を分離し、理想化された極限として物体を捉えます。言わば自然現象を**モデル化**するわけです。物理学者にとって最も大切なもの、それはモデル化のために何を残し、何を捨てるかという取捨選択のセンスであると言っても過言ではないでしょう。

（注）物体を表す理想化された概念には質点のほかに、**剛体**（大きさを持つが決して変形しない物体）、**弾性体**（力を加えると変形し、力を取り除くと完全にもとに戻る物体）、**流体**（境界面において、接触面に平行力がはたらかない液体や気体）などがあります。

「自然という書物は数学の言葉で書かれている」というガリレオの言葉はとても有名ですが、実際は**数学で記述できるように自然界をモデル化する術を人類が手に入れた**、というほうが正確だろうと思います。運動方程式という微分方程式もまさにその成果です。

ただし、１次方程式や２次方程式と違って、**微分方程式はいつも解けるとは限りません**。

私は p.35 に「ある関数を微分するということは結局、関数を細かく分断し（中略）、関数の値に変化をもたらすものの正体をつきとめようとする計算だ」と書きました。

微分方程式を解くことの難しさは、**ほとんど瞬間と呼べるような短い時間のごく小さな変化を調べることで未来永劫の変化の様子を完全に予測しようとすること**の難しさに似ています。こう聞くと「そんなことできるわけない」と思うでしょう？　そうなんです。私の大学時代の先生は「世の中の 99％の微分方程式は解けません」とおっしゃいました。まさにそんな感覚です。

だからこそ、微分方程式の勉強では「どのような形であれば解けるのか」を学ぶことが大切なのですが、本書では微分方程式の分類は次節に譲ります。

この後は、まずは微分方程式が解けることの恩恵を感じてもらうためにも、ばねに繋がれた物体の運動を表す運動方程式＝微分方程式の解（物体の位置を時刻 t の関数として表したもの）が三角関数ひとつで表される振動（**単振動**と言います）になることを紹介したいと思います。単振動は多くの高校生が苦労する単元ですが、運動方程式を微分方程式と捉え、これを解くことで一元的に理解することができますから、どうぞご期待ください！ (^_-)- ☆

■ばねに繋がれた物体の運動

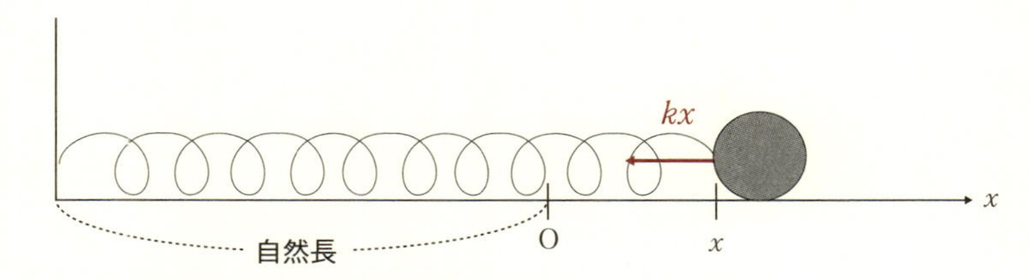

図 3-2 ●ばねに繋がれた物体の運動

一端を固定された水平なばねの他端に繋がれた質量 m の物体（質点）の運動方程式を考えます。図 3-2 のように水平方向に x 軸を取り、自然長を原点とすると、運動方程式は、ばねが伸びていても縮んでいても（x の正負に関係なく）

$$ma = -kx \tag{2-97}$$

となるのでしたね（p.223）。

先ほどと同じように $a = \dfrac{d^2x}{dt^2}$ であることを考えれば（2-95）は微分方程式であり、

$$m\frac{d^2x}{dt^2} = -kx \quad \Rightarrow \quad \frac{d^2x}{dt^2} = -\frac{k}{m}x \tag{3-12}$$

となります。ここで $\dfrac{k}{m} = \omega^2$ とすると、（3-12）は

$$\boldsymbol{\frac{d^2x}{dt^2} = -\omega^2 x} \quad [\omega\text{は定数}] \tag{3-13}$$

と書けます。

(注)「ω」は「オメガ」と読むギリシャ文字で、物理では良く使う記号です。ω^2 とする理由は後でわかります。

さてこの微分方程式を満たす x を考えるわけですが、左辺の $\frac{d^2x}{dt^2}$ は x を t で2回微分するという意味でした。一方、右辺の $-\omega^2 x$ は x を定数倍（ω^2 倍）して符号を逆にしたものです。

ここで連想してもらいたいのが、p.120 で学んだ三角関数の微分です。

$$(\sin\theta)' = \cos\theta \quad \Rightarrow \quad \frac{d}{d\theta}\sin\theta = \cos\theta \tag{3-14}$$

$$(\cos\theta)' = -\sin\theta \quad \Rightarrow \quad \frac{d}{d\theta}\cos\theta = -\sin\theta \tag{3-15}$$

でしたね。

(3-14) を (3-15) に代入して $\cos\theta$ を消去します。

$$\frac{d}{d\theta}\left(\frac{d}{d\theta}\sin\theta\right) = -\sin\theta \tag{3-16}$$

(3-16) は $\sin\theta$ を θ で2回微分すると $-\sin\theta$ になることを示しています。さらに θ と t を入れ替えれば、

$$\frac{d}{dt}\left(\frac{d}{dt}\sin t\right) = -\sin t \quad \Rightarrow \quad \frac{d^2}{dt^2}\sin t = -\sin t \tag{3-17}$$

です。ここで

$$x = \sin t \tag{3-18}$$

とすると (3-18) は

$$\boldsymbol{\frac{d^2x}{dt^2} = -x} \tag{3-19}$$

を満たします。つまり $x = \sin t$ は微分方程式 (3-19) の解です。

また、(3-14) と (3-15) から $\sin\theta$ を消去すると、まったく同じようにして

$$\frac{d^2}{dt^2}\cos t = -\cos t \tag{3-20}$$

が得られるので、$x = \cos t$ も微分方程式 (3-19) の解です。

ただし、$x = \sin t$ や $x = \cos t$ は任意定数を含まない「特殊解」なので、

これらを手がかりに（3-19）の一般解を探っていきたいと思います。

p.244にも書きましたとおり、**運動方程式の一般解は、あらゆる初速度と初期位置に対応するため２つの任意定数を含んでいる必要があります。**

α（アルファ）とβ（ベータ）が定数のとき、導関数の性質（p.31）より、

$$\frac{d}{dt}\{\alpha p(t)+\beta q(t)\}=\alpha\frac{d}{dt}p(t)+\beta\frac{d}{dt}q(t) \tag{3-21}$$

$\{kf(x)+lg(x)\}'=kf'(x)+lg'(x)$

なので、これをくり返し使うことにより

$$\begin{aligned}\frac{d^2}{dt^2}\{\alpha p(t)+\beta q(t)\} &= \frac{d}{dt}\left[\frac{d}{dt}\{\alpha p(t)+\beta q(t)\}\right]\\ &= \frac{d}{dt}\left[\alpha\frac{d}{dt}p(t)+\beta\frac{d}{dt}q(t)\right]\\ &= \alpha\frac{d}{dt}\left\{\frac{d}{dt}p(t)\right\}+\beta\frac{d}{dt}\left\{\frac{d}{dt}q(t)\right\}\\ &= \alpha\frac{d^2}{dt^2}p(t)+\beta\frac{d^2}{dt^2}q(t)\end{aligned} \tag{3-22}$$

$\frac{d^2}{dt^2}\sin t=-\sin t$

$\frac{d^2}{dt^2}\cos t=-\cos t$

を得ます。ここで

$$p(t)=\sin t、q(t)=\cos t$$

とすると、（3-17）、（3-20）、（3-22）より

$$\begin{aligned}\frac{d^2}{dt^2}(\alpha\sin t+\beta\cos t) &= \alpha\frac{d^2}{dt^2}\sin t+\beta\frac{d^2}{dt^2}\cos t\\ &= \alpha(-\sin t)+\beta(-\cos t)\\ &= -(\alpha\sin t+\beta\cos t)\end{aligned} \tag{3-23}$$

です。ここで

$$g(t)=\alpha\sin t+\beta\cos t \tag{3-24}$$

と置くと、(3-23) は $x=g(t)$ が微分方程式 (3-19) の解であることを示しています。しかも $g(t)$ は任意の定数 α と β を含んでいるのでこれは一般解です！＼(^o^)／……と喜ぶのはまだちょっと早いですね。(^_^;) 私たちが解を求めたいのは (3-19) の微分方程式ではなく、p.249 の (3-13) の微分方程式です。まだ右辺に ω^2 (定数) が足りません。

そこで思い出してもらいたいのが、p.126 で合成関数の微分を学んだ際に「覚えておいて損はありません」と予告した

$$\{g(ax+b)\}'=ag'(ax+b) \tag{1-98}$$

です。(1-98) の独立変数を x から t に変更し、$b=0$ とすれば

$$\frac{d}{dt}g(at)=ag'(at) \tag{3-25}$$

となりますね。これを２回使えば

$$\begin{aligned}\frac{d^2}{dt^2}g(at)&=\frac{d}{dt}\left\{\frac{d}{dt}g(at)\right\}\\&=\frac{d}{dt}\{ag'(at)\}\\&=a\frac{d}{dt}g'(at)\\&=a\cdot ag''(at)\\&=a^2g''(at)\end{aligned} \tag{3-26}$$

を得ます。

(3-23) と (3-24) から

$$\frac{d^2}{dt^2}(\alpha\sin t+\beta\cos t)=-(\alpha\sin t+\beta\cos t)$$

$$\Rightarrow\quad \frac{d^2}{dt^2}g(t)=-g(t)$$

$$\Rightarrow\quad g''(t)=-g(t) \qquad (3\text{-}27)$$

(3-26) に (3-27) を使えば

$$\frac{d^2}{dt^2}g(at)=a^2g''(at)=a^2\{-g(at)\}=-a^2g(at)$$

$$\Rightarrow\quad \frac{d^2}{dt^2}g(at)=-a^2g(at) \qquad (3\text{-}28)$$

最後に（あと一息です！）

$$a=\omega \qquad (3\text{-}29)$$

とすると、(3-28) より

$$\frac{d^2}{dt^2}g(\omega t)=-\omega^2g(\omega t) \qquad (3\text{-}30)$$

ですから、

$$\frac{d^2x}{dt^2}=-\omega^2x \quad (3\text{-}13)$$

$$\boldsymbol{x=g(\omega t)=\alpha\sin\omega t+\beta\cos\omega t} \quad [\alpha, \beta\text{は任意の定数}] \qquad (3\text{-}31)$$

これこそが微分方程式 (3-13) の一般解であることがわかります！

(注) p.249 で $\frac{k}{m}=\omega^2$ としたのは、単位上の理由もありますが、ここでは (3-29) の置き換えをシンプルにするためだと思ってください。

今、「でも、(3-31) は三角関数が 2 つあるよ。さっき、ばねに繋がれた物体の運動は三角関数ひとつで表される『単振動』になるって言ってなかった？」と、つっこんでくれた人はとても注意深い人ですね。確かにそのとおりです。でも (3-31) は、次に紹介する「三角関数の合成」という操作を行えば、ひとつの三角関数で表すことができます。

■三角関数の合成

ここでの目標は、α, β, θ が与えられているとき

$$\alpha \sin\theta + \beta\cos\theta = A\sin(\theta + \varphi) \quad [A > 0] \tag{3-32}$$

を満たす A と φ（ファイ）を見つけることです。

(3-32) の右辺を、加法定理 (p.111) を使って展開します。

$$\begin{aligned} \text{右辺} &= A\sin(\theta + \varphi) \\ &= A(\sin\theta\cos\varphi + \cos\theta\sin\varphi) \\ &= A\cos\varphi\sin\theta + A\sin\varphi\cos\theta \end{aligned} \tag{3-33}$$

$\sin(\alpha+\beta) = \sin\alpha\cos\beta + \cos\alpha\sin\beta$

一方、(3-32) の左辺は

$$\text{左辺} = \alpha\sin\theta + \beta\cos\theta \tag{3-34}$$

なので、左辺と右辺が等しくなるためには

$$A\cos\varphi = \alpha\text{、}\ A\sin\varphi = \beta \tag{3-35}$$

であればよいことがわかります。(3-35) を

$$\cos\varphi = \frac{\alpha}{A} \qquad \sin\varphi = \frac{\beta}{A} \tag{3-36}$$

と変形して三角関数の相互関係 (p.109)「$\cos^2\varphi + \sin^2\varphi = 1$」に代入すると

$$\cos^2\varphi+\sin^2\varphi=1 \Rightarrow \left(\frac{\alpha}{A}\right)^2+\left(\frac{\beta}{A}\right)^2=1$$

$$\Rightarrow \frac{\alpha^2}{A^2}+\frac{\beta^2}{A^2}=1$$

$$\Rightarrow A^2=\alpha^2+\beta^2$$

$A>0$

$$\Rightarrow \boldsymbol{A=\sqrt{\alpha^2+\beta^2}} \quad (3\text{-}37)$$

となります。

このとき、(3-36) より φ は

$$\cos\varphi=\frac{\alpha}{A}=\frac{\alpha}{\sqrt{\alpha^2+\beta^2}}、\quad \sin\varphi=\frac{\beta}{A}=\frac{\beta}{\sqrt{\alpha^2+\beta^2}} \quad (3\text{-}38)$$

を満たすことがわかります。

まとめておきましょう。

三角関数の合成

$$\boldsymbol{\alpha\sin\theta+\beta\cos\theta=A\sin(\theta+\varphi)}$$

ただし、A と φ は次式を満たす。

$$A=\sqrt{\alpha^2+\beta^2}、\quad \cos\varphi=\frac{\alpha}{A}=\frac{\alpha}{\sqrt{\alpha^2+\beta^2}}、\quad \sin\varphi=\frac{\beta}{A}=\frac{\beta}{\sqrt{\alpha^2+\beta^2}}$$

例） $\sqrt{3}\sin\theta+\cos\theta$ を合成します。

$$\sqrt{3}\sin\theta+\cos\theta=A\sin(\theta+\varphi)$$

とする。

$$A=\sqrt{\sqrt{3}^2+1^2}=\sqrt{4}=2$$

$$\cos\varphi=\frac{\sqrt{3}}{2}、\sin\varphi=\frac{1}{2}\ \Rightarrow\ \varphi=\frac{\pi}{6}$$

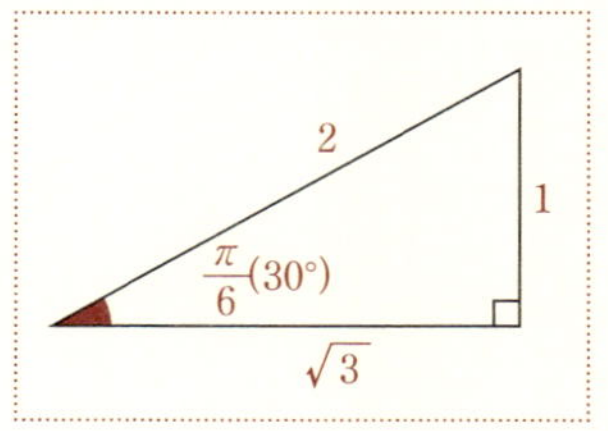

以上より、

$$\sqrt{3}\sin\theta+\cos\theta=\mathbf{2\sin\left(\theta+\frac{\pi}{6}\right)}$$

■単振動の一般解と初期条件の使いかた

単振動に話を戻します。

(3-31) は三角関数の合成を用いると

$$A=\sqrt{\alpha^2+\beta^2}、\quad \cos\varphi=\frac{\alpha}{A}=\frac{\alpha}{\sqrt{\alpha^2+\beta^2}}、\quad \sin\varphi=\frac{\beta}{A}=\frac{\beta}{\sqrt{\alpha^2+\beta^2}}$$

を使って

$$x=\alpha\sin\omega t+\beta\cos\omega t=A\sin(\omega t+\varphi) \tag{3-39}$$

とまとめられるので、ω を元に戻すと

$$\omega^2=\frac{k}{m}$$

$$\boldsymbol{x=A\sin\left(\sqrt{\frac{k}{m}}t+\varphi\right)} \tag{3-40}$$

が、２つの任意定数 A と φ を含む運動方程式（微分方程式）

$$ma=-kx \tag{2-97}$$

の**一般解**であることがわかります。

p.249 の図 3-2 のような装置を組むと物体は左右に振動するだろうという予測は誰しも持てるでしょう。そして、その振動が (3-40) のようにひとつの三角関数で表されることから、運動方程式が (2-97) で表される物体の運動を**単振動**と言います。

(3-40) を t で微分すると単振動における速度が時刻 t の関数として得られます。

$$\begin{aligned} v &= \frac{dx}{dt} \\ &= \frac{d}{dt}\left\{A\sin\left(\sqrt{\frac{k}{m}}t+\varphi\right)\right\} \\ &= A\frac{d}{dt}\left\{\sin\left(\sqrt{\frac{k}{m}}t+\varphi\right)\right\} \\ &= A\sqrt{\frac{k}{m}}\cos\left(\sqrt{\frac{k}{m}}t+\varphi\right) \end{aligned} \tag{3-41}$$

$\{kf(x)\}'=kf(x)$

$\{g(ax+b)\}'=ag'(ax+b)$

$\{\sin\theta\}'=\cos\theta$

任意定数 A と φ の値を初期条件（$t=0$ における位置と初速度）によって決める例を 2 つほど出しておきましょう。なお、三角関数の具体的な値は図 3-3 を参照してください。

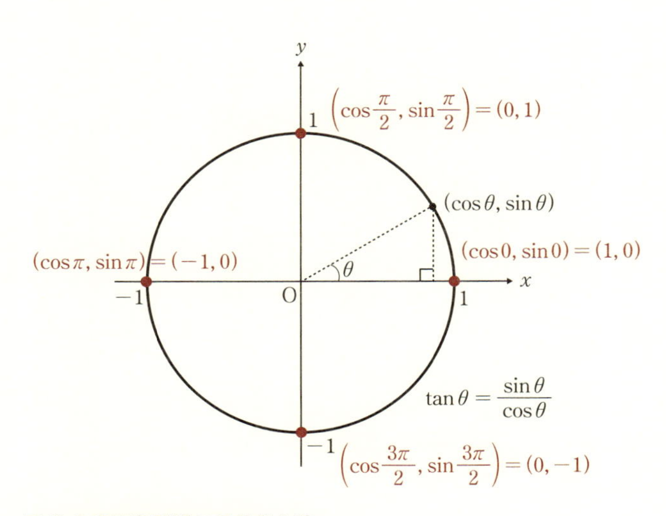

図 3-3 ●三角関数の具体的な値

例 1） 最初に $x=x_0$ まで引っ張って、そっと離す ($v=0$) 場合

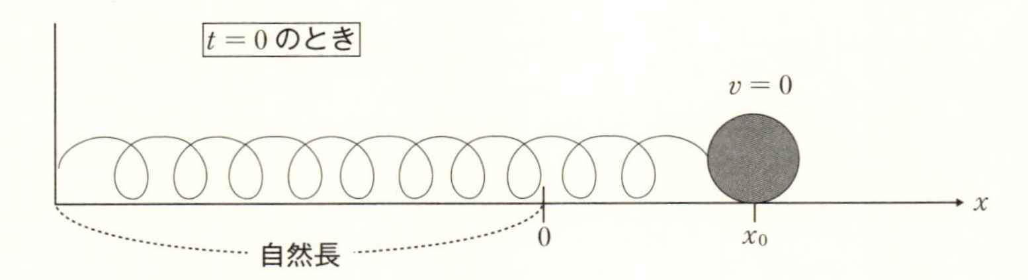

図 3-4 ●初期条件が $x=x_0$、$v=0$ の場合

$t=0$ のとき、$x=x_0$ かつ $v=0$ なので (3-40) と (3-41) に $t=0$ を代入して

$$x_0 = A\sin\varphi \tag{3-42}$$

$$0 = A\sqrt{\frac{k}{m}}\cos\varphi \ \Rightarrow\ \cos\varphi = 0 \ \Rightarrow\ \varphi = \frac{\pi}{2} \text{ or } \frac{3\pi}{2} \tag{3-43}$$

(3-43) から $\varphi=\frac{\pi}{2}$ or $\frac{3\pi}{2}$ ですが、$\varphi=\frac{3\pi}{2}$ のときは (3-42) より

$\sin\frac{3\pi}{2}=-1$

$$\varphi = \frac{3\pi}{2} \ \Rightarrow\ x_0 = A\cdot(-1) \ \Rightarrow\ A = -x_0 \tag{3-44}$$

となり $x_0>0$、$A>0$ であることを考えると不適。よって、$\varphi=\frac{\pi}{2}$。

このとき (3-42) より

$\sin\frac{\pi}{2}=1$

$$\varphi = \frac{\pi}{2} \ \Rightarrow\ x_0 = A\cdot 1 \ \Rightarrow\ A = x_0 \tag{3-45}$$

以上より、

$$x = x_0\sin\left(\sqrt{\frac{k}{m}}t + \frac{\pi}{2}\right) \tag{3-46}$$

例 2） 最初に自然長の位置（$x=0$）で負の方向に速度 v_0 を与えた場合

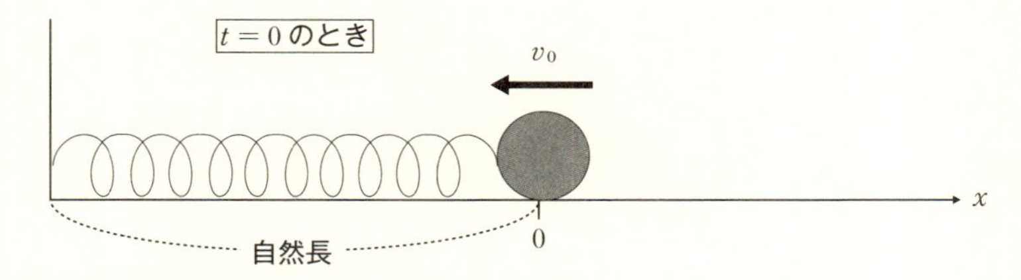

図 3-5 ●初期条件が $x=0$、$v=-v_0$ の場合

$t=0$ のとき、$x=0$ かつ $v=-v_0$ なので（3-40）と（3-41）に $t=0$ を代入して

$$0 = A\sin\varphi \quad \Rightarrow \quad \sin\varphi = 0 \quad \Rightarrow \quad \varphi = 0 \text{ or } \pi \tag{3-47}$$

$$-v_0 = A\sqrt{\frac{k}{m}}\cos\varphi \tag{3-48}$$

（3-47）から $\varphi=0$ or π ですが、$\varphi=0$ のときは（3-48）より

$$\varphi = 0 \;\Rightarrow\; -v_0 = A\sqrt{\frac{k}{m}}\cdot 1$$

$\cos 0 = 1$

$$\Rightarrow\; A = -v_0\sqrt{\frac{m}{k}} \tag{3-49}$$

となり $v_0>0$、$A>0$ であることを考えると不適。よって、$\varphi=\pi$。このとき（3-48）より

$$\varphi = \pi \;\Rightarrow\; -v_0 = A\sqrt{\frac{k}{m}}\cdot(-1)$$

$\cos\pi = -1$

$$\Rightarrow\; A = v_0\sqrt{\frac{m}{k}} \tag{3-50}$$

以上より、

$$x = v_0\sqrt{\frac{m}{k}}\sin\left(\sqrt{\frac{k}{m}}\,t + \pi\right) \tag{3-51}$$

なお、三角関数 $\sin\theta$ と $\cos\theta$ はその定義から角度が 2π（360°）進むごとに同じ値を取ります。つまり

$$\sin(\theta+2\pi)=\sin\theta\text{、}\cos(\theta+2\pi)=\cos\theta$$

です。

単振動をする物体の位置 x が (3-40) で与えられるとき、物体が１往復するのにかかる時間を T とすると、(3-40) の角度に相当する部分 $\left(\sqrt{\frac{k}{m}}t+\varphi\right)$ は T ごとに 2π 進みます。すなわち

$$\sqrt{\frac{k}{m}}(t+T)+\varphi=\sqrt{\frac{k}{m}}t+\varphi+2\pi$$

$$\Rightarrow\ \sqrt{\frac{k}{m}}T=2\pi\ \Rightarrow\ \boldsymbol{T=2\pi\sqrt{\frac{m}{k}}} \tag{3-52}$$

です。この T を**周期**と言います。

最後に単振動についてまとめます。

単振動

運動方程式が

$$ma=-kx$$

のとき、

$$\boldsymbol{x=A\sin\left(\sqrt{\frac{k}{m}}t+\varphi\right)}$$

$$\boldsymbol{v=A\sqrt{\frac{k}{m}}\cos\left(\sqrt{\frac{k}{m}}t+\varphi\right)}$$

であり、周期は

$$\boldsymbol{T=2\pi\sqrt{\frac{m}{k}}}$$

入試問題に挑戦

さあ、ここまでの理解をもとに東京大学の入試問題にチャレンジしてみましょう。

問題8 東京大学

図1のように、鉛直に固定した透明な管がある。ばね定数kのばねの下端を管の底面に固定し、上端を質量mの物体1に接続する。質量が同じくmの物体2を、物体1の上に固定せずにのせる。地面上の1点Oを原点として鉛直上向きにx軸をとる。ばねが自然の長さになっているときの物体1のx座標はhであり、重力加速度の大きさはgである。なお、物体の大きさは小さく、管との摩擦や空気抵抗は無視でき、x方向以外の運動は考えない。ばねの質量は無視できる。また、管は十分長く、実験中に物体が飛び出すことはないものとする。

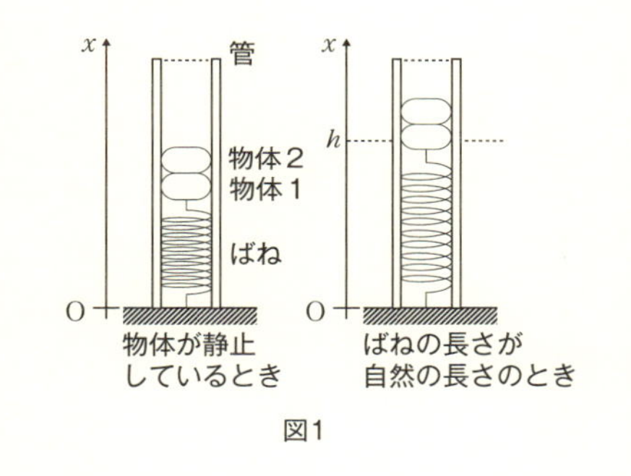

図1

[A] 物体1と物体2を、たがいに接した状態で、物体1のx座標がx_Aとなる位置まで押し下げ、時刻$t=0$に初速度0ではなしたところ、物体1と物体2はたがいに接した状態で単振動を開始した。

(1)　このときの、物体1の単振動の中心のx座標を答えよ。

(2)　物体1と物体2のx方向の運動方程式をそれぞれ書け。各物体の加速度をa_1、a_2、物体1の位置をx、たがいに及ぼす抗力の大きさをN $(N \geqq 0)$とせよ。

(3)　x_Aの値によっては、運動中に物体1と物体2が分離することがある。図2はこのような場合の物体の位置の時間変化を示す。運動方程式を使って、分離の瞬間の物体1のx座標を求めよ。なお、図2では物体の大きさは無視されており、接している間の物体1と物体2の位置を1本の実線で表している。

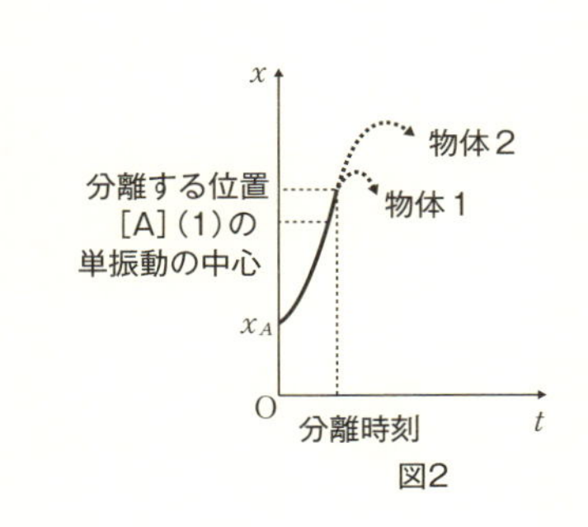

図2

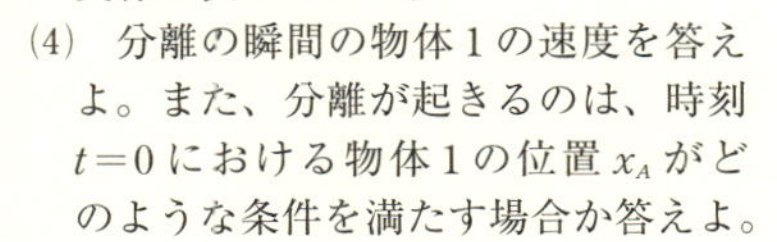

(4)　分離の瞬間の物体1の速度を答えよ。また、分離が起きるのは、時刻$t=0$における物体1の位置x_Aがどのような条件を満たす場合か答えよ。

◇ 解説

(1) は文字の置き換えを行って「$ma=-kx$」の形に変形するところがポイントです。

(2) は（垂直）抗力が物体１と物体２の間で作用・反作用の法則を満たすことと、物体２にはばねの力が及ばないことに気をつけましょう。

(3) は分離する瞬間は $N=0$ であることと、分離するまでの加速度は物体１と物体２で同じになることがわかれば、(2) の結果を使ってすぐに解決します。

(4) は計算がとても大変です。でも (1) で導いた式を微分して速度の式を求めた上で、初期条件を使って丹念に式変形していけば、解答に行き着くことができます。がんばってください！

❖ 解答

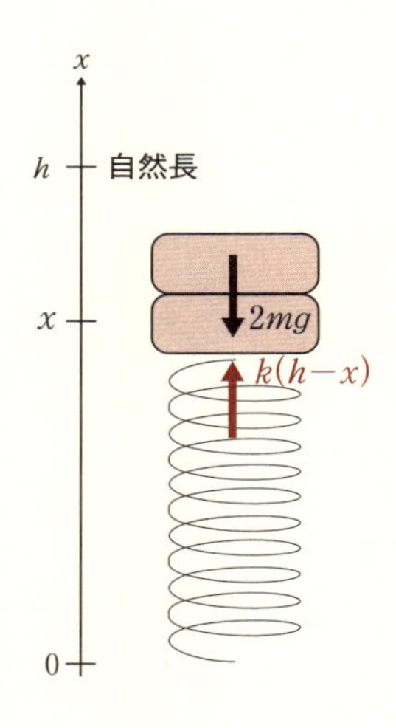

(1)　最初、物体１と物体２は一体となって運動しているので、質量 $2m$ の物体に上の図のように、力がはたらいていると考えると、運動方程式は

$$2ma = k(h - x) - 2mg$$

$$\Rightarrow \quad 2m\frac{d^2x}{dt^2} = -k\left(x - h + \frac{2mg}{k}\right) \tag{3-53}$$

ここで

$$X = x - h + \frac{2mg}{k} \tag{3-54}$$

とすると（**ここがポイントです**）、

$$\frac{d^2X}{dt^2} = \frac{d}{dt}\left(\frac{dX}{dt}\right)$$

$$= \frac{d}{dt}\left\{\frac{d}{dt}\left(x - h + \frac{2mg}{k}\right)\right\}$$

$$= \frac{d}{dt}\left(\frac{dx}{dt} - 0 + 0\right) = \frac{d^2x}{dt^2} \tag{3-55}$$

なので、(3-54) と (3-55) を (3-53) に代入すると

$$2m\frac{d^2X}{dt^2} = -kX \tag{3-56}$$

よって、p.260 の単振動の公式から

$$X = A\sin\left(\sqrt{\frac{k}{2m}}\,t + \varphi\right) \tag{3-57}$$

X を x に戻すと

$$x - h + \frac{2mg}{k} = A\sin\left(\sqrt{\frac{k}{2m}}\,t + \varphi\right)$$

$$\Rightarrow \quad x = h - \frac{2mg}{k} + A\sin\left(\sqrt{\frac{k}{2m}}\,t + \varphi\right) \tag{3-58}$$

(3-58) は単振動の中心が $\boldsymbol{h - \frac{2mg}{k}}$ であることを示しています。

(2)

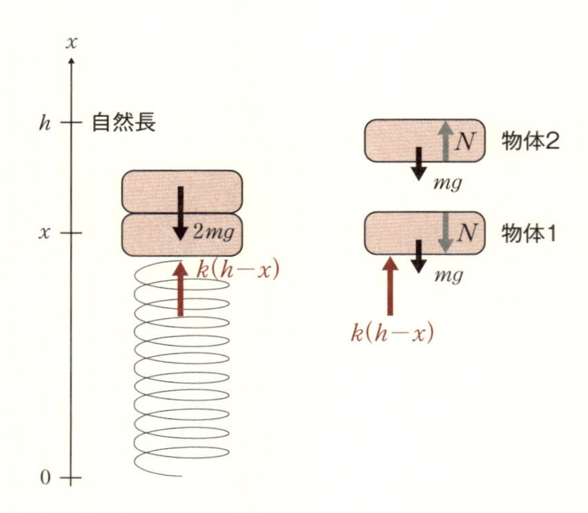

上の図より物体１の運動方程式は

$$\boldsymbol{ma_1 = k(h - x) - mg - N} \tag{3-59}$$

物体２の運動方程式は

$$\boldsymbol{ma_2 = N - mg} \tag{3-60}$$

(3)　分離する瞬間は $N=0$ であり、分離するまでの加速度は物体１と物体２で同じですから $a_1=a_2$。よって (3-59) から (3-60) を引き算すると

$$\begin{aligned} ma_1 - ma_2 &= k(h-x) - mg - N - N + mg \\ \Rightarrow \qquad 0 &= k(h-x) \\ \Rightarrow \qquad \boldsymbol{x} &\boldsymbol{= h} \end{aligned} \tag{3-61}$$

(4)　分離の瞬間 ($x=h$) の時刻を T とすると (3-58) より

$$h = h - \frac{2mg}{k} + A\sin\left(\sqrt{\frac{k}{2m}}\,T + \varphi\right)$$

$$\Rightarrow \quad \sin\left(\sqrt{\frac{k}{2m}}\,T + \varphi\right) = \frac{2mg}{Ak} \tag{3-62}$$

また（3-58）より

$$v = \frac{dx}{dt}$$

$\{g(ax+b)\}' = ag'(ax+b)$

$\{\sin\theta\}' = \cos\theta$

$$= \frac{d}{dt}\left\{h - \frac{2mg}{k} + A\sin\left(\sqrt{\frac{k}{2m}}t + \varphi\right)\right\}$$

$$= A\sqrt{\frac{k}{2m}}\cos\left(\sqrt{\frac{k}{2m}}t + \varphi\right) \tag{3-63}$$

ここで求める速度（時刻 T における速度）を V とすると

$$V = A\sqrt{\frac{k}{2m}}\cos\left(\sqrt{\frac{k}{2m}}T + \varphi\right)$$

$$\Rightarrow \quad \cos\left(\sqrt{\frac{k}{2m}}T + \varphi\right) = \frac{V}{A}\sqrt{\frac{2m}{k}} \tag{3-64}$$

（3-62）と（3-64）を $\sin^2\theta + \cos^2\theta = 1$ に代入します。

$$\sin^2\left(\sqrt{\frac{k}{2m}}T + \varphi\right) + \cos^2\left(\sqrt{\frac{k}{2m}}T + \varphi\right) = 1$$

$$\Rightarrow \quad \left(\frac{2mg}{Ak}\right)^2 + \left(\frac{V}{A}\sqrt{\frac{2m}{k}}\right)^2 = 1$$

$$\Rightarrow \quad V^2\frac{2m}{A^2k} = 1 - \frac{4m^2g^2}{A^2k^2}$$

$$\Rightarrow \quad V^2 = A^2\frac{k}{2m} - \frac{2mg^2}{k} \tag{3-65}$$

ここで A を求めるために初期条件を考えましょう。$t=0$ のとき、$x=x_A$、$v=0$ なので（3-58）と（3-63）から

$$x_A = h - \frac{2mg}{k} + A\sin\varphi \tag{3-66}$$

$$0 = A\sqrt{\frac{k}{2m}}\cos\varphi \tag{3-67}$$

(3-67) より $\varphi=\dfrac{\pi}{2}$ or $\dfrac{3\pi}{2}$ ですが、題意より $x_A<h-\dfrac{2mg}{k}$（振動の中心）なので (3-66) より $A\sin\varphi<0$。よって、$\varphi=\dfrac{3\pi}{2}$。このとき (3-66) より

$$x_A=h-\frac{2mg}{k}+A\sin\frac{3\pi}{2}$$

$\sin\dfrac{\pi}{2}=1 \quad \sin\dfrac{3\pi}{2}=-1$

$$\Rightarrow \quad x_A=h-\frac{2mg}{k}-A$$

$$\Rightarrow \quad A=h-x_A-\frac{2mg}{k} \tag{3-68}$$

(3-68) を (3-65) に代入します。

$$V^2=\left(h-x_A-\frac{2mg}{k}\right)^2\frac{k}{2m}-\frac{2mg^2}{k}$$

$$\Rightarrow \quad V^2=\left\{(h-x_A)^2-2(h-x_A)\frac{2mg}{k}+\frac{4m^2g^2}{k^2}\right\}\frac{k}{2m}-\frac{2mg^2}{k}$$

$$\Rightarrow \quad V^2=\frac{k}{2m}(h-x_A)^2-2(h-x_A)g+\frac{2mg^2}{k}-\frac{2mg^2}{k}$$

$$\Rightarrow \quad V^2=\left\{\frac{k}{2m}(h-x_A)-2g\right\}(h-x_A)$$

$$\Rightarrow \quad V=\sqrt{\left\{\frac{k}{2m}(h-x_A)-2g\right\}(h-x_A)} \tag{3-69}$$

質問コーナー

生徒●最後の計算、心折れました……。（涙）

先生●お疲れ様でした。でも、この東大の問題のように、決して一般的とは言えない設定の問題でも、単振動の一般解を勉強しておいたおかげで、ひとつひとつ着実に計算していけばちゃんと答えに行き着くのだという感動は是非味わってもらいたいと思います。

生徒●そうそう、「一般解」で思い出しました！　ちょっと腑に落ちないことがあります。

先生●なんですか？

生徒● p.253の（3-31）が単振動の微分方程式を満たすことはわかりましたし、2つの任意定数を持つ解が運動方程式の一般解になるということは、物理的な解釈を通してなんとなくわかりました。でも、数学的には（3-31）が一般解であることはどのようにしてわかるのですか？　（3-31）に行き着くまでの展開が「$x=1$ は $x^2-1=0$ を満たすから $x^2-1=0$ の解は $x=1$ である」みたいな感じがして、スッキリしません。なぜ（3-31）以外にも解がある可能性は考えなくてよいのですか？

先生●すばらしい！　今の質問はあなたがこれまで私にしてくれた質問の中で最もよい質問かもしれませんね。

生徒●そうですか？（余計なことはいいから教えて！）

先生●実は単振動の運動方程式は、**2階定数係数線形同次微分方程式**と呼ばれるもので……

生徒●はい？　はい？？？　なんですって？

先生●舌を噛みそうな長い名前ですよね。とにかく

$$y''+ay'+by=0 \quad \cdots\cdots☆$$

の形をしている微分方程式をこう呼びます。単振動の運動方程式は上の式で $a=0$ のケースですね。そして、互いに定数倍の関係になっていない $p(x)$ と $q(x)$ が☆の解ならば、☆の一般解は任意の定数

C_1 と C_2 を用いて

$$y=C_1p(x)+C_2q(x)$$

と書けるという、いわゆる「線形微分方程式の解の存在と一意性」についての定理があります。これについては後ほど（p.321）詳しくお話しします。

生徒●はい……。(・・?

先生●今はチンプンカンプンでも問題ありません！

生徒●……。

先生●すまないね。とにかく上の定理があるおかげで

$$p(t)=\sin t、q(t)=\cos t$$

がそれぞれ $\omega=1$ の場合の微分方程式（p.250：3-19）の解であることを確かめれば、$p(t)$ と $q(t)$ は互いに定数倍の関係になっていないことから、この２つの関数と定数 C_1, C_2 から作った

$$g(t)=C_1p(t)+C_2q(t)$$

は（3-19）の一般解であると言えます。そのあと（3-31）を導く展開は p.253 で説明したとおりです。

生徒●ふ〜〜ん。そうですか……。

先生●納得できない気持ちはよくわかります。後を楽しみにしていてください。(^_^;)

3-2 …………………………………… **1 階微分方程式〜変数分離形〜**

「解ける」微分方程式の基本形

■微分方程式の分類

予告どおり、ここでは微分方程式の分類についてお話ししていきます。

●常微分方程式と偏微分方程式

微分方程式を大別すると、**常微分方程式と偏微分方程式にわかれます。**

$$y = 2x^2 + 1$$

のように、y が x の **1 変数関数**である（x の値だけで y の値が決まる）とき、すなわち、$y = f(x)$ であるとき、

$$y' = \frac{dy}{dx}、\quad y'' = \frac{d^2y}{dx^2}、\quad y''' = \frac{d^3y}{dx^3}、\cdots\cdots$$

を含む

$$y' = 2x、\quad y'' + 2y' + 3x = 0$$

などの方程式のことを微分方程式ということは既に紹介したとおりですが（p.241）、y が x の **1 変数関数**であるときの微分方程式は、正確には**常微分方程式**と言います。

なお、$x^2 + y^2 - 1 = 0$ のように、$y = f(x)$ の形ではなく $f(x, y) = 0$ の形をしているものも、変形すれば（解ける範囲が限定的であったり解が一意でなかったりすることはあるものの→次頁の注）$y = f(x)$ の形にできるので、y は x の 1 変数関数であると言うことができます。ちなみに $f(x, y) = 0$ の形をしている関数のことは**陰関数**と言います。

(注) たとえば、$x^2+y^2-1=0$ の場合、$y=f(x)$ の形にできるのは $-1\leqq x\leqq 1$ の範囲に限られますし、$y=\pm\sqrt{1-x^2}$ であり、解を1つに決めることができません。

これに対して

$$z=x^2-2y^3+1$$

のように z が **2変数関数**である（x と y の値で z の値が決まる）とき、すなわち、$z=f(x, y)$ であるとき、

$$\frac{\partial z}{\partial x}、\frac{\partial z}{\partial y}、\cdots\cdots$$

などを**偏微分**と言い、これらを含む微分方程式のことを**偏微分方程式**と言います。

ただし、偏微分方程式は本書では扱わないので、本書で単に微分方程式と言うときは常微分方程式を指すものとします。

●階数

次の大きな分類は、階数による分類です。

微分方程式においては、これから求めようとする関数を**未知関数**と言い、未知関数の導関数のうち最も高い微分の階数（微分された回数）が n のとき、この微分方程式を ***n* 階微分方程式**ということも既に紹介しました（p.241）。たとえば

$y'=2x$　　　　1階微分方程式

$y''+2y'+3x=0$　　　　2階微分方程式

でしたね。

なお物理で登場する微分方程式のほとんどは1階微分方程式と2階微分方程式なので、本書ではこの2つに絞って紹介していきます。

● 1 階微分方程式の分類①：変数分離形

$f(x)$ を x のみの関数、$g(y)$ を y のみの関数とするとき、

$$g(y)\frac{dy}{dx}=f(x) \tag{3-70}$$

の形になる微分方程式を**変数分離形**と言います。形式的に $\frac{dy}{dx}$ を分数のように扱えば、

$$g(y)\frac{dy}{dx}=f(x) \;\Rightarrow\; g(y)dy=f(x)dx$$

と、独立変数の x と従属変数の y を左辺と右辺に「分離」できるからです。

p.246 で紹介した、落下する物体に空気の抵抗力がかかる場合の運動方程式

$$m\frac{d^2y}{dt^2}=mg-k\frac{dy}{dt} \tag{3-11}$$

は

$$\frac{dy}{dt}=v、\quad \frac{d^2y}{dt^2}=\frac{d}{dt}\left(\frac{dy}{dt}\right)=\frac{dv}{dt} \tag{3-71}$$

とすれば

$$m\frac{dv}{dt}=mg-kv \;\Rightarrow\; \frac{1}{-kv+mg}\frac{dv}{dt}=\frac{1}{m} \tag{3-72}$$

と変形できるので変数分離形です。

(注) (3-72) は t の関数である v について

$$g(v)=\frac{1}{-kv+mg}、\quad f(t)=\frac{1}{m}$$

とすれば（k, m, g は定数）

$$g(v)\frac{dv}{dt}=f(t)$$

となり、変数分離形になります。この場合、$f(t)$ は定数関数です。

● 1 階微分方程式の分類②：同次形

1 階微分方程式のうち、

$$\frac{dy}{dx}=\frac{2xy+y^2}{x^2} \quad \Rightarrow \quad \frac{dy}{dx}=2\frac{y}{x}+\left(\frac{y}{x}\right)^2 \tag{3-73}$$

のように

$$\frac{dy}{dx}=f\left(\frac{y}{x}\right) \tag{3-74}$$

の形に変形できるものを**同次形微分方程式**と言います。

同次形微分方程式は、次のように置き換えることで変数分離形に直すことができます。

$$\frac{y}{x}=u \quad \Rightarrow \quad y=xu \tag{3-75}$$

確認してみましょう。

$$\frac{dy}{dx}=f\left(\frac{y}{x}\right) \quad \Rightarrow \quad \frac{d}{dx}(xu)=f(u) \tag{3-76}$$

$\{f(x)g(x)\}'=f'(x)g(x)+f(x)g'(x)$

(3-76) の左辺は積の微分 (p.87) を使って

$$\frac{d}{dx}(xu)=\frac{dx}{dx}\cdot u+x\cdot\frac{du}{dx}=u+x\frac{du}{dx} \tag{3-77}$$

となるので、これを (3-76) に代入すれば

$$\frac{d}{dx}(xu)=f(u) \quad \Rightarrow \quad u+x\frac{du}{dx}=f(u)$$

$$\Rightarrow \quad x\frac{du}{dx}=f(u)-u$$

$$\Rightarrow \quad \frac{1}{f(u)-u}\frac{du}{dx}=\frac{1}{x}$$

$$\left[\ \Rightarrow \quad \frac{1}{f(u)-u}du=\frac{1}{x}dx\ \right] \tag{3-78}$$

となり、確かに変数分離形になりますね。

この後は 2 階微分方程式の分類を紹介します。

● 2 階微分方程式の分類①：線形と非線形

「**線形**」というのは「**1 次の**」という意味です。$x+y+1=0$ のような 1 次式のグラフが直線になることに由来しています。

y が x の関数であるとき、導関数（y' や y''）と従属変数（y）に関して 1 次式になっている微分方程式、言い換えれば**y、y'、y'' の積（yy'、y'^2 など）や商（$\dfrac{y''}{y}$ など）を含まない微分方程式**のことを**線形微分方程式**といいます。たとえば

$$y''+5y'+2xy=3x^2+\sin^2 x$$

は、導関数としては y'、y''、従属変数としては y があります（x は独立変数）が、これらについてすべて 1 次式になっているので、線形微分方程式です。

（注）$y=f(x)$ のとき、x を独立変数、y を従属変数と言います。

$f(x)$、$g(x)$、$h(x)$ を x のみの関数とするとき、**2 階線形微分方程式**の一般形は次のように書けます。

$$\boldsymbol{y''+f(x)y'+g(x)y=h(x)} \tag{3-79}$$

一方、たとえば

$$y''y'+x=0$$

は導関数どうしの積 $y''y'$ を含むので**非線形微分方程式**です。

非線形微分方程式は形が単純であっても解けないことが多いので、数値解析（具体的な数字を用いて近似解を見つける手法）を用いてせめて特殊解（与えられた初期条件のみを満たす解）だけでも求めようとするわけですが、非線形微分方程式を満たす未知関数はしばしば初期条件のわずかな違いによってその値が著しく異なります。そのため数値解析も難しいことが珍しくありません。ちなみにこのような複雑な現象を扱う理論をカオス理論と言います。

●２階微分方程式の分類②：同次と非同次

2階線形微分方程式（3-79）のうち、$h(x)$ がつねに0のもの、すなわち、

$$y''+f(x)y'+g(x)y=0 \tag{3-80}$$

を、**２階線形同次微分方程式**と言います。

一方、$h(x)\neq 0$ であるもの

$$y''+f(x)y'+g(x)y=h(x) \tag{3-81}$$

は、**２階線形非同次微分方程式**と言います。

たとえば

$$y''+xy'+(x^2+2x)y=0$$

は2階線形同次微分方程式で、

$$y''+xy'+(x^2+2x)y=3x^2$$

は、2階線形非同次微分方程式です。

> **（注）** 同じ「同次」という言葉を使いながら、1階微分方程式の「同次形」とは意味が違いますから要注意です（ややこしいですね……(^_^;)）。

●２階微分方程式の分類③：定数係数と変数係数

2階線形微分方程式（3-79）のうち導関数 y' と従属変数 y の係数 $f(x)$ と $g(x)$ が定数であるもの、すなわち

$$y''+ay'+by=h(x) \quad (a\text{と}b\text{は定数}) \tag{3-82}$$

を**２階定数係数線形微分方程式**と言います。これに対し $f(x)$ と $g(x)$ がともに定数でなければ、**２階変数係数線形微分方程式**と言います。

$$y''+5y'+2y=3x^2$$

は 2 階定数係数線形微分方程式で

$$y''+xy'+(x^2+2x)y=3x^2$$

は 2 階変数係数線形微分方程式ですね。

なお、2 階定数係数線形微分方程式 (3-82) のうち $h(x)$ がつねに 0 のもの、すなわち、

$$y''+ay'+by=0 \tag{3-83}$$

は**2階定数係数線形同次微分方程式**と言います（長いですね……(^_^;)。

2 階微分方程式の分類を図にまとめておきましょう。

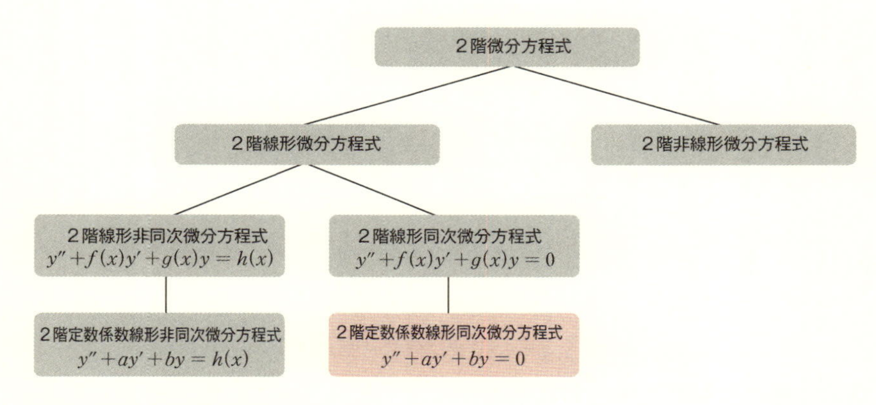

図 3-6 ● 2 階微分方程式の分類

前節で苦労して一般解を求めた単振動の運動方程式（微分方程式）は

$$m\frac{d^2x}{dt^2}=-kx \quad \Rightarrow \quad \frac{d^2x}{dt^2}=-\frac{k}{m}x$$

$$\Rightarrow \quad \frac{d^2x}{dt^2}+\frac{k}{m}x=0$$

$$\Rightarrow \quad \frac{d^2x}{dt^2}+0\cdot\frac{dx}{dt}+\frac{k}{m}x=0 \qquad (3\text{-}84)$$

と変形できることから、２階定数係数線形同次微分方程式であることがわかります（→注）。

本書では次節で２階定数係数線形同次微分方程式の一般的な解法をクローズアップする予定です。(^_-)- ☆

（注） y が x の関数であるとき２階定数係数線形同次微分方程式の一般形（3-84）は

$$y''+ay'+by=0 \quad \Rightarrow \quad \frac{d^2y}{dx^2}+a\frac{dy}{dx}+by=0$$

ですから、（3-84）は x が t の関数であるときの２階定数係数線形同次微分方程式において、

$$a=0、\quad b=\frac{k}{m}$$

のケースですね。

実はこの先の勉強を進めるために必要な関数を私たちはまだ学んでいません。それは**指数関数**と**対数関数**です。少し長くなるかもしれませんが、これをクリアすれば、変数分離形の１階微分方程式と２階定数係数線形同次微分方程式をエレガントに解けるようになります。がんばって克服しましょう！

（数Ⅱで指数関数と対数関数を既習の人は p.298 に飛んでください）

■指数の拡張①（0 や負の整数の指数）

正の数 a が与えられたとき、

$$f(x)=a^x \tag{3-85}$$

と表される関数を**指数関数**と言いますが、私たちの当面の目標は (3-85) の関数 $f(x)$ が $-\infty<x<\infty$ の実数全域で定義できるようにすることです。

中学で同じ数をくり返し掛けるときは

$$2\times2=2^2、2\times2\times2=2^3$$

のように表せることを学びました。同じ数をくり返し掛けることを**累乗**といい、数字の右肩に書かれた小さな数字は**累乗の指数**、というのでしたね。

しかし、累乗をこのように理解している限り (3-85) は x が正の整数の場合しか定義することができません。

そこで、a^x の x（累乗の指数）に許される数の範囲を拡張していきたいと思います。ただし、その際には「指数法則」と呼ばれる次の性質が壊れないように注意します。

指数法則

(i)　$a^m\times a^n=a^{m+n}$

(ii)　$(a^m)^n=a^{mn}$

(iii)　$(ab)^n=a^n b^n$

$2^3\to2^2\to2^1$ と指数（肩の数字）を 1 つずつ小さくすると、その度に数が半分になりますので、$2^1\to2^0\to2^{-1}\to2^{-2}\to\cdots\cdots$ と指数が 0 や負の整数になってもこの性質が壊れないようにするには、

$$2^0=1、2^{-1}=\frac{1}{2^1}=\frac{1}{2}、2^{-2}=\frac{1}{2^2}=\frac{1}{4}、2^{-3}=\frac{1}{2^3}=\frac{1}{8}$$

のように定めればいいことがわかります。

$$\times\frac{1}{2}\quad\times\frac{1}{2}\quad\times\frac{1}{2}\quad\times\frac{1}{2}\quad\times\frac{1}{2}\quad\times\frac{1}{2}$$

$$2^3 \to 2^2 \to 2^1 \to 2^0 \to 2^{-1} \to 2^{-2} \to 2^{-3}$$

$$8 \to 4 \to 2 \to 1 \to \frac{1}{2} \to \frac{1}{4} \to \frac{1}{8}$$

つまり

$$\boldsymbol{a}^0 = \mathbf{1} \tag{3-86}$$

$$\boldsymbol{a}^{-n} = \frac{\mathbf{1}}{\boldsymbol{a}^n} \tag{3-87}$$

であればいいわけです。

しかし、このように定めることで指数法則が崩れてしまっては元も子もありません。確認してみましょう。

指数法則（i）について

$$\boldsymbol{a}^m \times \boldsymbol{a}^0 = a^m \times 1 = a^m = \boldsymbol{a}^{m+0} \qquad \boxed{a^0 = 1}$$

$$\boldsymbol{a}^{-n} \times \boldsymbol{a}^n = \frac{1}{a^n} \times a^n = 1 = a^0 = \boldsymbol{a}^{-n+n}$$

$$\boxed{a^{-n} = \frac{1}{a^n}}$$

指数法則（i）
$a^p \times a^q = a^{p+q}$

指数法則（ii）について

$$(\boldsymbol{a}^m)^0 = 1 = \boldsymbol{a}^{m\times 0} \qquad \boxed{a^0 = 1}$$

$$(\boldsymbol{a}^m)^{-n} = \frac{1}{(a^m)^n} = \frac{1}{a^{mn}} = a^{-(mn)} = \boldsymbol{a}^{m\times(-n)}$$

$$\boxed{a^{-n} = \frac{1}{a^n}} \qquad \boxed{\frac{1}{a^n} = a^{-n}}$$

指数法則（ii）
$(a^p)^q = a^{pq}$

指数法則 (iii) について

$$(ab)^0 = 1 = 1 \times 1 = a^0 b^0$$

$a^0 = 1$

指数法則 (iii)
$(ab)^p = a^p b^p$

$$(ab)^{-n} = \frac{1}{(ab)^n} = \frac{1}{a^n b^n} = \frac{1}{a^n} \times \frac{1}{b^n} = a^{-n} b^{-n}$$

$a^{-n} = \frac{1}{a^n}$　　$\frac{1}{a^n} = a^{-n}$

以上より、$a^0 = 1$、$a^{-n} = \frac{1}{a^n}$ と定めても指数法則が成り立つことがわかりました。そこでこれを 0 と負の整数の指数の定義とします。

0 や負の整数の指数

$$a^0 = 1$$

$$a^{-n} = \frac{1}{a^n} \qquad [a \neq 0、n は自然数]$$

(注) 指数を自然数以外に拡張すると、指数は「同じ数を掛けた回数」ではなくなります。$f(x) = a^x$ を実数全体で定義するために、指数法則を崩さない新しい定義を考えたのだと理解してください。

■累乗根

指数が有理数（分数）の場合を考える前に「**累乗根**」というものを定義しておきます。

一般に正の整数 n に対して、n 乗すると a になる数、すなわち

$$x^n = a \tag{3-88}$$

を満たす x のことを「**a の n 乗根**」と言います。n 乗根を総称して**累乗根**

とも呼びます。

（注）ただし、2乗根は（これまでどおり）「平方根」と言うのが普通です。

a の n 乗根は (3-88) の解なので、$y=x^n$ と $y=a$ のグラフの交点の x 座標です。ただし、図3-7のように $y=x^n$ のグラフは n が偶数のときと、n が奇数のときとで大きく違いますから注意してください。

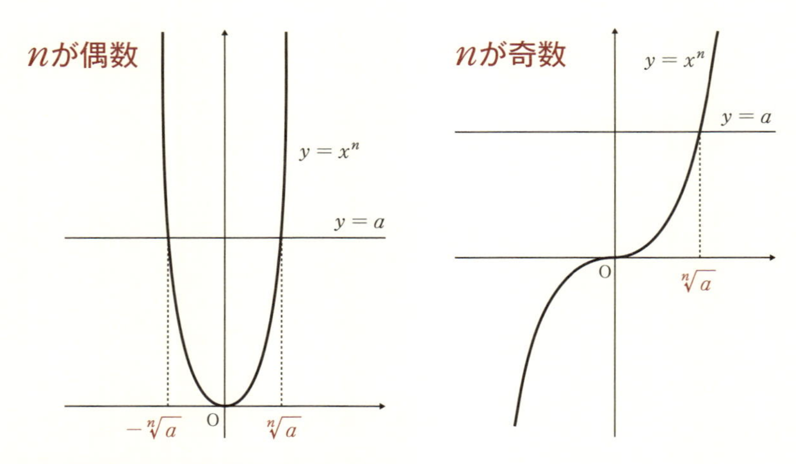

図3-7 ● $y=x^n$ のグラフと n 乗根

n が偶数の場合は交点（a の n 乗根）は2つ、n が奇数の場合は交点（a の n 乗根）は1つです。

n が偶数のとき、2つある **a の n 乗根のうちの正のほうを「$\sqrt[n]{a}$」と表**します（負のほうは $-\sqrt[n]{a}$）。また n が奇数のときは a の n 乗根は1つなので、それを単に「$\sqrt[n]{a}$」と書きます。なお **n が偶数の場合、a が負のときは交点が存在しない（累乗根が存在しない）**ことにも気をつけましょう。以上、累乗根についてまとめておきます。

累乗根の定義

正の整数 n に対して

(i) n が偶数のとき

$$\boldsymbol{x^n = a \Leftrightarrow x = \pm\sqrt[n]{a}} \quad [a>0]$$

(ii) n が奇数のとき

$$\boldsymbol{x^n = a \Leftrightarrow x = \sqrt[n]{a}}$$

（注１）$n=2$ のとき

$$x^2 = a \Leftrightarrow x = \pm\sqrt[2]{a} \quad [a>0]$$

ですが、「$\sqrt[2]{a}$」の 2 は省略して「$\sqrt{a}$」と書きます。
（注２）特に $a=0$ のときは

$$\sqrt[n]{0} = 0$$

と定めます。

特に n が偶数のとき、累乗根は a が正かゼロか負かによって場合分けする必要があります。一方、私たちの目標は $f(x)=a^x$ を $-\infty<x<\infty$ の実数全域で定義することでした。その際、面倒な場合分けは避けたいので、今後は（特に断らない限り）**累乗根は $a>0$ のときのみ考える**ことにします。

$a>0$ のとき正の整数 n に対して、前頁図 3-7 のグラフより

$$\sqrt[n]{a} > 0 \tag{3-89}$$

は明らかです。

また $x=\sqrt[n]{a}$ は方程式 $x^n=a$ の解なので代入すると

$$\left(\sqrt[n]{a}\right)^n = a \tag{3-90}$$

が得られます。(3-89) と (3-90) を使うと、累乗根には次の性質があることがわかります。

累乗根の性質

(i) $\sqrt[n]{a} \times \sqrt[n]{b} = \sqrt[n]{ab}$

(ii) $\left(\sqrt[n]{a}\right)^m = \sqrt[n]{a^m}$　　[$a>0$, $b>0$でm, nは正の整数]

❖ 証明

$\left(\sqrt[n]{a}\right)^n = a$、$\sqrt[n]{a} > 0$ であることと指数法則を使って証明します。

(i)

$(ab)^p = a^p b^p$　　$\left(\sqrt[n]{a}\right)^n = a$

$$\text{左辺の}n\text{乗} = \left(\sqrt[n]{a} \times \sqrt[n]{b}\right)^n = \left(\sqrt[n]{a}\right)^n \times \left(\sqrt[n]{b}\right)^n = a \times b = ab$$

$$\text{右辺の}n\text{乗} = \left(\sqrt[n]{ab}\right)^n = ab$$

$\left(\sqrt[n]{a}\right)^n = a$

よって

$$\left(\sqrt[n]{a} \times \sqrt[n]{b}\right)^n = \left(\sqrt[n]{ab}\right)^n$$

$\sqrt[n]{a} > 0$、$\sqrt[n]{b} > 0$より $\sqrt[n]{a} \times \sqrt[n]{b} > 0$、$\sqrt[n]{ab} > 0$なので（→注）

$$\boldsymbol{\sqrt[n]{a} \times \sqrt[n]{b} = \sqrt[n]{ab}}$$

(ii)

$(a^p)^q = a^{pq}$　　$\left(\sqrt[n]{a}\right)^n = a$

$$\text{左辺の}n\text{乗} = \left\{\left(\sqrt[n]{a}\right)^m\right\}^n = \left(\sqrt[n]{a}\right)^{mn} = \left(\sqrt[n]{a}\right)^{nm} = \left\{\left(\sqrt[n]{a}\right)^n\right\}^m = a^m$$

$$\text{右辺の}n\text{乗} = \left(\sqrt[n]{a^m}\right)^n = a^m$$

$\left(\sqrt[n]{a}\right)^n = a$

よって

$$\{(\sqrt[n]{a})^m\}^n=(\sqrt[n]{a^m})^n$$

$\sqrt[n]{a}>0$、$\sqrt[n]{a^m}>0$ なので（→注）

$$(\sqrt[n]{a})^m=\sqrt[n]{a^m}$$

（注） 一般に、

$$A^n=B^n \quad \Rightarrow \quad A=B$$

は正しくありません。

$A=-1$、$B=1$、$n=2$ などの反例 $[(-1)^2=1^2$ でも $-1\neq 1]$ があるからです。しかし、$A>0, B>0$ の場合には

$$A^n=B^n \quad \Rightarrow \quad A=B$$

は正しい論理展開になります。そのため、上の証明では両辺が正であることを断る必要があります。

■指数の拡張②（有理数の指数）

今度は指数（肩の数字）を有理数（分数）の範囲に拡張していきたいと思いますが、たとえば、$2^{\frac{1}{3}}$ はどのように定義すればよいでしょうか？　これは少々厄介なので、指数が整数の場合に成り立つ次の性質に注目します。

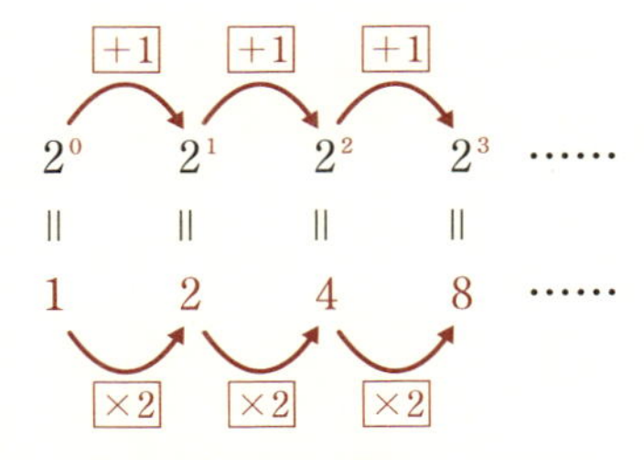

図 3-8 ●指数が整数のときの性質

n が整数の場合、2^n の指数 n が 0、1、2、3、……と等間隔に増えていく

（数列で言えば、等差数列になっている）とき、2^0、2^1、2^2、2^3、……は次々と同じ数を掛けたもの（数列で言えば、等比数列）になります。この性質が、2^n の指数 n が分数のときにも成立するものと仮定します。すなわち 2^n の指数 n が 0、$\frac{1}{3}$、$\frac{2}{3}$、1、……と等間隔に増えていくとき、2^0、$2^{\frac{1}{3}}$、$2^{\frac{2}{3}}$、2^1、……も次々と同じ数 r（>0）を掛けたものになっているはずだと考えるわけです。

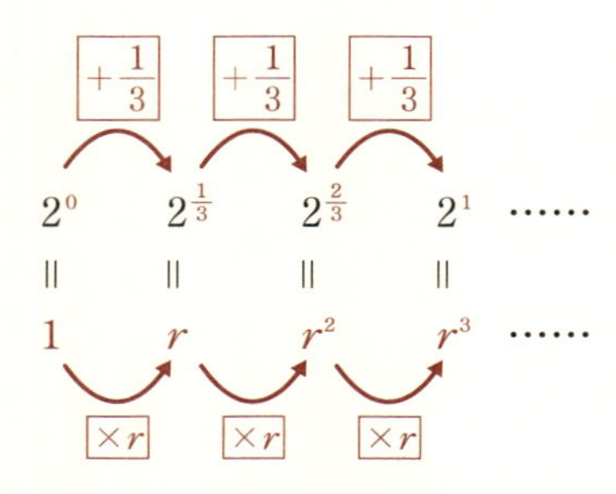

図 3-9 ● 指数が分数のときも成り立つとすると……

すると図 3-9 より

$$r^3 = 2^1 \tag{3-91}$$

$$r^2 = 2^{\frac{2}{3}}$$

$$r = 2^{\frac{1}{3}} \tag{3-92}$$

となります。(3-91) は r が 2 の 3 乗根であることを示していますから

$$r = \sqrt[3]{2} \tag{3-93}$$

$x>0$、$n>0$、$a>0$ のとき
$x^n = a \Rightarrow x = \sqrt[n]{a}$

です。(3-92) と (3-93) より

$$2^{\frac{1}{3}} = \sqrt[3]{2} \tag{3-94}$$

と考えればいいんじゃないかという仮説が立ちます。

この仮説を文字で表せば、$n>0$、$a>0$ のとき

$$a^{\frac{1}{n}}=\sqrt[n]{a} \tag{3-95}$$

です。また (3-95) の両辺を m 乗したときには

$$\left(a^{\frac{1}{n}}\right)^m=\left(\sqrt[n]{a}\right)^m \Leftrightarrow a^{\frac{m}{n}}=\left(\sqrt[n]{a}\right)^m=\sqrt[n]{a^m} \tag{3-96}$$

が成立することも期待されます。

累乗根の性質
$\left(\sqrt[n]{a}\right)^m=\sqrt[n]{a^m}$

(3-95) と (3-96) から次のようにも書けるでしょう。

$$a^{\frac{m}{n}}=\left(\sqrt[n]{a}\right)^m=\sqrt[n]{a^m}$$

$\sqrt[n]{a}=a^{\frac{1}{n}}$

$$\Rightarrow \quad a^{\frac{m}{n}}=\left(a^{\frac{1}{n}}\right)^m=\left(a^m\right)^{\frac{1}{n}} \tag{3-97}$$

ただ、これらはあくまで仮説の上に成り立っているので、分数の指数について (3-95) や (3-96)、そしてそこから導かれる (3-97) のように考えれば、指数法則が成立することをこれから確かめたいと思います（このさきは細かい計算になるので、指数の拡張に初めて触れる人で文字式に抵抗を感じる人は、ひとまず飛ばしてもかまいません）。

以下 $a>0$、$b>0$ とし、m、n、s、t は整数、$p=\dfrac{m}{n}$、$q=\dfrac{s}{t}$ とします。

●指数法則（i） $a^p\times a^q=a^{p+q}$ について

$a^{\frac{m}{n}}=\sqrt[n]{a^m}$ 　 $\sqrt[n]{a}\times\sqrt[n]{b}=\sqrt[n]{ab}$

$$a^p\times a^q=a^{\frac{m}{n}}\times a^{\frac{s}{t}}=a^{\frac{mt}{nt}}\times a^{\frac{ns}{nt}}=\sqrt[nt]{a^{mt}}\times\sqrt[nt]{a^{ns}}=\sqrt[nt]{a^{mt}\times a^{ns}}=\sqrt[nt]{a^{mt+ns}}$$

$$a^{p+q}=a^{\frac{m}{n}+\frac{s}{t}}=a^{\frac{mt+ns}{nt}}=\sqrt[nt]{a^{mt+ns}}$$

$a^{\frac{m}{n}}=\sqrt[n]{a^m}$

$$\Rightarrow \quad a^p\times a^q=a^{p+q}$$

●指数法則 (ii)　$(a^p)^q = a^{pq}$ について

$a^{\frac{m}{n}} = \left(a^{\frac{1}{n}}\right)^m$　　$a^{\frac{m}{n}} = (a^m)^{\frac{1}{n}}$

$$(a^p)^q = \left(a^{\frac{m}{n}}\right)^{\frac{s}{t}} = \left\{\left(a^{\frac{1}{n}}\right)^m\right\}^{\frac{s}{t}} = \left[\left\{\left(a^{\frac{1}{n}}\right)^m\right\}^s\right]^{\frac{1}{t}}$$

$$= \left\{\left(a^{\frac{1}{n}}\right)^{ms}\right\}^{\frac{1}{t}} = \left\{(a^{ms})^{\frac{1}{n}}\right\}^{\frac{1}{t}} = \sqrt[t]{\left\{(a^{ms})^{\frac{1}{n}}\right\}}$$

$\left(a^{\frac{1}{n}}\right)^m = (a^m)^{\frac{1}{n}}$　　$a^{\frac{m}{n}} = \sqrt[n]{a^m}$　　$(a^m)^{\frac{1}{n}} = a^{\frac{m}{n}}$

$$= \sqrt[t]{\boldsymbol{a}^{\frac{\boldsymbol{ms}}{\boldsymbol{n}}}}$$

$$a^{pq} = a^{\frac{m}{n} \times \frac{s}{t}} = a^{\frac{ms}{nt}} = a^{\frac{\frac{ms}{n}}{t}} = \sqrt[t]{\boldsymbol{a}^{\frac{ms}{n}}}$$　　$a^{\frac{m}{n}} = \sqrt[n]{a^m}$

$$\Rightarrow \quad (a^p)^q = a^{pq}$$

●指数法則 (iii)　$(ab)^p = a^p b^p$ について

$a^{\frac{m}{n}} = (a^m)^{\frac{1}{n}}$　　$a^{\frac{1}{n}} = \sqrt[n]{a}$　　$\sqrt[n]{ab} = \sqrt[n]{a} \times \sqrt[n]{b}$

$$(ab)^p = (ab)^{\frac{m}{n}} = \{(ab)^m\}^{\frac{1}{n}} = (a^m b^m)^{\frac{1}{n}} = \sqrt[n]{a^m b^m} = \sqrt[n]{\boldsymbol{a}^m} \times \sqrt[n]{\boldsymbol{b}^m}$$

$$a^p b^p = a^{\frac{m}{n}} b^{\frac{m}{n}} = \sqrt[n]{\boldsymbol{a}^m} \times \sqrt[n]{\boldsymbol{b}^m}$$

$a^{\frac{m}{n}} = \sqrt[n]{a^m}$

$$\Rightarrow \quad (ab)^p = a^p b^p$$

細かい計算でしたね……。(^_^;) でも、これで (3-95) や (3-96) のように定めれば、指数が分数の場合も指数法則が崩れないことがわかりました。そこでこれらを有理数（分数）の指数の定義とします。

有理数の指数

$$a^{\frac{1}{n}}=\sqrt[n]{a}$$

$$a^{\frac{m}{n}}=\sqrt[n]{a^m}$$

[$a>0$でm, nは正の整数]

■指数の拡張③（無理数の指数）

a^x の x（累乗の指数）に許される数の範囲を実数全体に拡げるためには無理数（分数では表せない数）についても指数を定義する必要があります。

ただ……、残念なことに指数が無理数にまで拡張できることの厳密な証明は、大学のそれも数学科に進まない限り学ぶことがないくらい高度です。そこで本書では（多くの高校の教科書・参考書にならって）、以下のように考えることとします。

たとえば「$2^{\sqrt{2}}$」という数を考えます。

$$\sqrt{2}=1.41421356237\cdots\cdots$$

の右辺は小数点以下が不規則に限りなく続く無理数ですが、これに近い値の有理数を使って、指数を徐々に $\sqrt{2}$ に近づけてみましょう。

$$2^1=2$$
$$2^{1.4}=2.63901\cdots\cdots$$
$$2^{1.41}=2.65737\cdots\cdots$$
$$2^{1.414}=2.66474\cdots\cdots$$
$$2^{1.4142}=2.66511\cdots\cdots$$
$$2^{1.41421}=2.66513\cdots\cdots$$
$$2^{1.414213}=2.66514\cdots\cdots$$

実は、これを続けると右辺は「2.665144142……」という一定の値に限りなく近づいていきます。そこで「$2^{\sqrt{2}}$」を次のように定義することにしました。

$$2^{\sqrt{2}}=\lim_{x\to\sqrt{2}}2^x=2.665144142\cdots\cdots$$

　また同様に

$$2^{\sqrt{3}}=\lim_{x\to\sqrt{3}}2^x=3.321997085\cdots\cdots$$

$$2^{\sqrt{2}+\sqrt{3}}=\lim_{x\to\sqrt{2}+\sqrt{3}}2^x=8.853601074\cdots\cdots$$

$$(2^{\sqrt{2}})^{\sqrt{3}}=\lim_{x\to\sqrt{3}}(2^{\sqrt{2}})^x=5.462228785\cdots\cdots$$

$2^{\sqrt{2}}$ には「2.665144142……」を代入

$$2^{\sqrt{6}}=\lim_{x\to\sqrt{6}}2^x=5.462228785\cdots\cdots$$

$$3^{\sqrt{2}}=\lim_{x\to\sqrt{2}}3^x=4.728804387\cdots\cdots$$

$$6^{\sqrt{2}}=\lim_{x\to\sqrt{2}}6^x=12.60294531\cdots\cdots$$

などを定めると

$$\boldsymbol{2^{\sqrt{2}}\times 2^{\sqrt{3}}=2^{\sqrt{2}+\sqrt{3}}}$$

$$\boldsymbol{(2^{\sqrt{2}})^{\sqrt{3}}=2^{\sqrt{2}\times\sqrt{3}}=2^{\sqrt{6}}}$$

$$\boldsymbol{(2\times 3)^{\sqrt{2}}=6^{\sqrt{2}}=2^{\sqrt{2}}\times 3^{\sqrt{2}}}$$

となり、指数法則が成り立つことが確かめられます（関数電卓を持っている人は是非実際にやってみてください）。

　一般に、指数が無理数の場合の累乗を

$$a^r=\lim_{x\to r}a^x \quad [r\text{は無理数}]$$

によって定めても指数法則はすべて成り立つことが**わかっています**（前述のとおり証明は割愛します）。

　最後はややすっきりしない展開になっていて恐縮ですが、以上をもって

累乗の指数は実数全体に拡張できたことにさせてください。m(_ _)m

指数法則

$a>0$、$b>0$、x、y が実数のとき、次の法則が成り立つ。

(i) $\boldsymbol{a^x \times a^y = a^{x+y}}$

(ii) $\boldsymbol{(a^x)^y = a^{xy}}$

(iii) $\boldsymbol{(ab)^x = a^x b^x}$

■指数関数

というわけで、$-\infty<x<\infty$ の実数全域で次のような**「指数関数」**を定義します。

指数関数

$$\boldsymbol{y=a^x} \quad [\text{ただし、}\boldsymbol{a>0} \quad \text{かつ} \quad \boldsymbol{a\neq 1}]$$

ここで「$a>0$」としているのは、p.281 で「累乗根は $a>0$ のときのみ考える」と約束したことに由来しています。

また $a\neq 1$ としているのは、$a=1$ のときは

$$y=1^x=1$$

となって、y が x の値によらない一定値になってしまうからです。

「別に一定値になってもいいのでは？」と思うかもしれませんが、指数関数 $y=a^x$ が x の値によらない一定値になってしまうと、y（出力）から x（入力）を決められなくなります。これは次に学ぶ対数関数を定義する際

に不都合になるので、指数関数では $a \neq 1$ を約束することになっています。ちなみに「a^x」の a は**「底」**と言います。

■指数関数のグラフ

たとえば $y=2^x$ のとき、グラフがどのような形になるか調べてみましょう。x にいくつか値を代入したものを表にします。

x	-2	-1	0	1	2	3
y	$2^{-2}=\mathbf{\frac{1}{4}}$	$2^{-1}=\mathbf{\frac{1}{2}}$	$2^0=\mathbf{1}$	$2^1=\mathbf{2}$	$2^2=\mathbf{4}$	$2^3=\mathbf{8}$

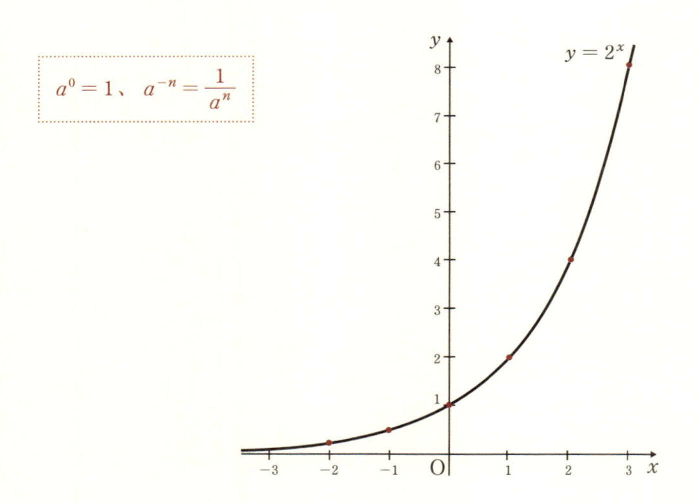

「$y=\left(\frac{1}{2}\right)^x$」のグラフはどうなるでしょうか？　また表を作ります。

$a^0=1$、$a^{-n}=\frac{1}{a^n}$

$$y=\left(\frac{1}{2}\right)^x=\frac{1}{2^x}=2^{-x}$$

であることに注意してください。

x	-2	-1	0	1	2	3
y	$2^{-(-2)}=\mathbf{4}$	$2^{-(-1)}=\mathbf{2}$	$2^0=\mathbf{1}$	$2^{-1}=\mathbf{\frac{1}{2}}$	$2^{-2}=\mathbf{\frac{1}{4}}$	$2^{-3}=\mathbf{\frac{1}{8}}$

「$y=2^x$」の場合の表と比べると **y の値がちょうど逆順**になっていますね。グラフはこうです。

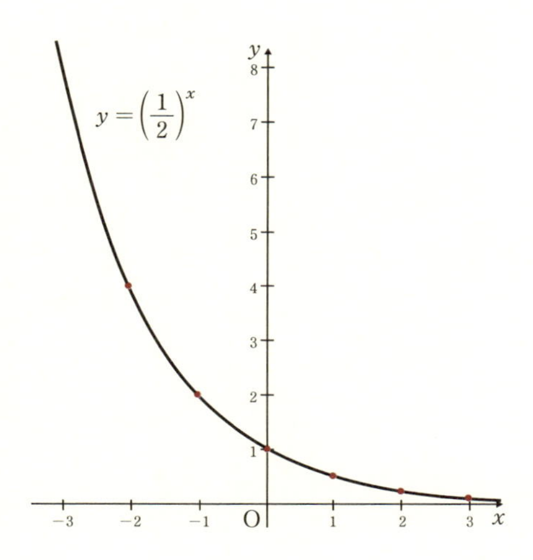

一般に $y=a^x$ のグラフは $a>1$ か $0<a<1$ かで大きく変わります。

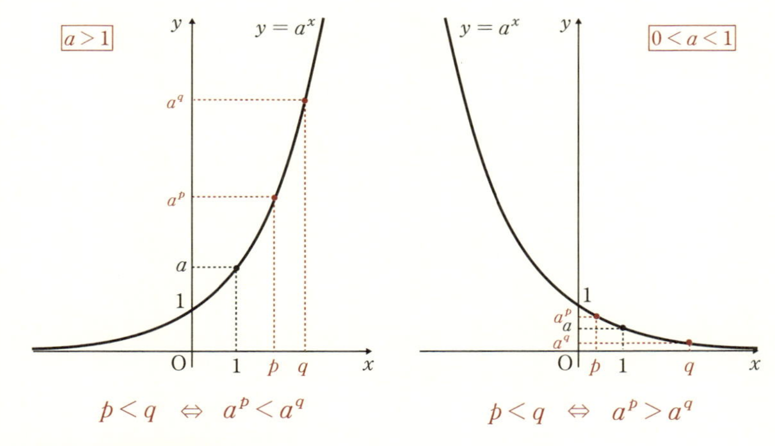

図 3-10 ●指数関数のグラフ

グラフから明らかなように

$$a>1 \quad \text{のとき、}\textbf{増加関数}：p<q \Leftrightarrow a^p<a^q \tag{3-98}$$

$$0<a<1 \quad \text{のとき、}\textbf{減少関数}：p<q \Leftrightarrow a^p>a^q \tag{3-99}$$

また、いずれの場合も

$$a^x>0$$

であることはしばしば使うので要注意です。

■対数

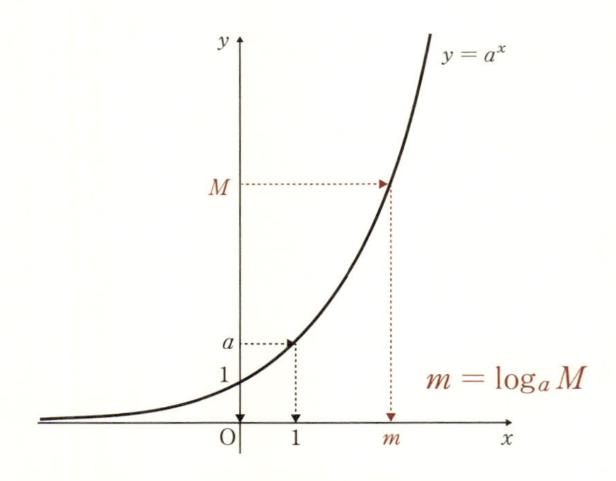

図 3-11 ● $y=a^x$ のグラフと対数・真数の関係

$a>0$、$a\neq1$ のとき、上の $y=a^x$ のグラフからわかるとおり、任意の正の実数 M に対して $a^m=M$ を満たす実数 m がただ１つ定まります。この m を、**a を底とする M の対数**といい、記号では $m=\log_a M$ と書きます。

また M を、**a を底とする m の真数**といいます。すなわち

$$a^m=M \quad \Leftrightarrow \quad m=\log_a M \tag{3-100}$$

です。

「log」というのは「対応する数＝対数」を意味する英語の“logarithm”から来ています。

$y=a^x$ において $a>0$ かつ $a\neq 1$ であることと、$y>0$ であることから、**底は 1 でない正の数、真数は正の数**です。この約束は忘れないでくださいね。(^_-)- ☆

対数の定義

$a^m=M$ を満たす x の値を

$$\boldsymbol{m=\log_a M}$$

と表す。このとき a を「**底**」、M を「**真数**」という。

［ただし、$a>0$ かつ $a\neq 1$ かつ $M>0$］

■対数の性質

（3-100）の定義より

$a^m = M \quad \Leftrightarrow \quad m = \log_a M$

$$a^1=a \quad \Leftrightarrow \quad 1=\log_a a \tag{3-101}$$

$$a^0=1 \quad \Leftrightarrow \quad 0=\log_a 1 \tag{3-102}$$

であることは明らかですね。

対数の基本性質

（i）$\boldsymbol{\log_a a=1}$

（ii）$\boldsymbol{\log_a 1=0}$

［ただし、$a>0$ かつ $a\neq 1$］

■対数法則

対数には指数法則から導かれる、次のような法則があります。

対数法則

(i) $\log_a MN = \log_a M + \log_a N$

(ii) $\log_a \dfrac{M}{N} = \log_a M - \log_a N$

(iii) $\log_a M^r = r \log_a M$

[ただし、a は１でない正の実数、M、N は正の実数]

❖ 証明

$$\log_a M = m、\log_a N = n \qquad (3\text{-}103)$$

とすると、定義より

$\log_a M = m \ \Leftrightarrow \ a^m = M$

$$a^m = M、a^n = N \qquad (3\text{-}104)$$

(i) について

$$\log_a MN = s \qquad (3\text{-}105)$$

とすると定義と (3-104) より

$$a^s = MN = a^m \times a^n = a^{m+n} \quad \Rightarrow \quad s = m + n \qquad (3\text{-}106)$$

$a^p \times a^q = a^{p+q}$

(3-103) と (3-105) より

$$\log_a MN = \log_a M + \log_a N \qquad (3\text{-}107)$$

(ii) について

$$\log_a \frac{M}{N} = t \tag{3-108}$$

とすると定義と（3-104）より　$\log_a M = m \;\Leftrightarrow\; a^m = M$

$$a^t = \frac{M}{N} = \frac{a^m}{a^n} = a^m \times \frac{1}{a^n} = a^m \times a^{-n} = a^{m+(-n)} = a^{m-n}$$　$\frac{1}{a^n} = a^{-n}$

$$\Rightarrow \quad t = m - n \tag{3-109}$$

（3-103）と（3-108）より

$$\log_a \frac{M}{N} = \log_a M - \log_a N \tag{3-110}$$

(iii) について

$$\log_a M^r = u \tag{3-111}$$

とすると定義と（3-104）より　$\log_a M = m \;\Leftrightarrow\; a^m = M$

$$a^u = M^r = (a^m)^r = a^{mr} \quad \Rightarrow \quad u = mr = rm \tag{3-112}$$

（3-103）と（3-111）より　$(a^p)^q = a^{pq}$

$$\log_a M^r = r \log_a M \tag{3-113}$$

■底の変換公式

対数の計算で大活躍する「底の変換公式」も紹介しておきましょう。

底の変換公式

$$\log_a b = \frac{\log_c b}{\log_c a}$$

［ただし、a, b, c は正の実数で、$a \neq 1$、$c \neq 1$］

❖ 証明

$$\log_a b = k、\quad \log_c a = l、\quad \log_c b = m \tag{3-114}$$

とすると、定義より　$\log_a M = m \Leftrightarrow a^m = M$

$$a^k = b、\quad c^l = a、\quad c^m = b \tag{3-115}$$

(3-115) から a と b を消去すると

$$(c^l)^k = c^m \quad \Leftrightarrow \quad c^{l \times k} = c^m \quad \Leftrightarrow \quad l \times k = m \quad \Leftrightarrow \quad k = \frac{m}{l} \tag{3-116}$$

(3-114) より

$$\log_a b = \frac{\log_c b}{\log_c a} \tag{3-117}$$

■対数関数

次頁の図 3-12 のグラフからも明らかなように、$y = a^x$ であるとき、y を入力、x を出力とすれば、$y > 0$ の範囲で自由に選べる y に対して x が 1 通りに決まります。つまり、**y が x の指数関数であるとき、x も y の関数です。**

対数の定義は

$$y = a^x \quad \Leftrightarrow \quad x = \log_a y \quad (a > 0、a \neq 1)$$

でした。一般に $x = \log_a y$ で表される x を、**a を底とする y の対数関数**であるといいます。

ところで、$y = a^x$ と $x = \log_a y$ は同値ですから、数式として同内容を表しています。よって、表現方法は違いますが 2 式が表すグラフも同じです。

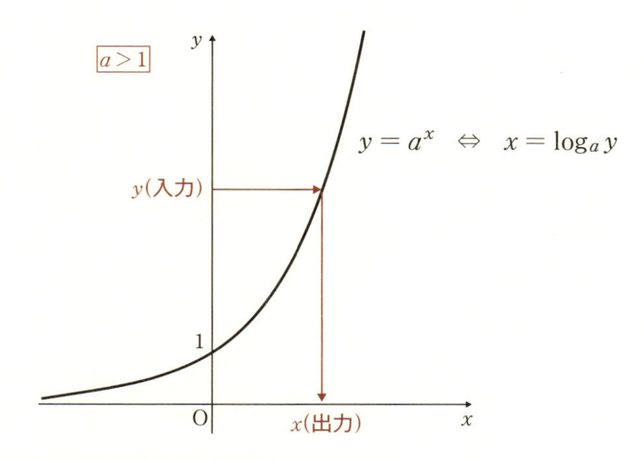

図 3-12 ●指数関数のグラフを逆に見る

$x=\log_a y$ と書くと y が独立変数（入力）、x が従属変数（出力）ですが、x が独立変数で y は従属変数のほうがしっくりきます。(^_-)- ☆

そこで、

$$x=\log_a y \quad \leftrightarrow \quad y=\log_a x \tag{3-118}$$

として、**x と y を入れ替え**、その後 x 軸と y 軸がいつもの向きになるように **ひっくり返すことを考えましょう**（図 3-13）。

すると図 3-12 のグラフは次のようになります。

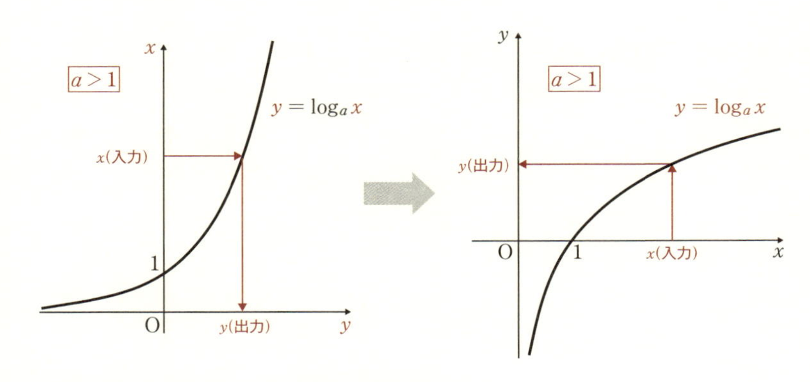

図 3-13 ● x と y を入れ替え、対数関数のグラフに

同様の操作を $0<a<1$ の場合も行えば、対数関数のグラフは次のようにまとめられます。

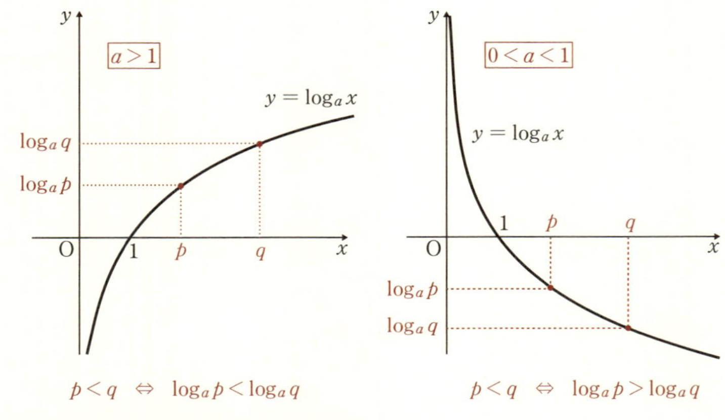

図 3-14 ●対数関数のグラフ（まとめ）

ここでもグラフから真数 (x) の大小と対数全体 (y) の大小が次のようになることがわかります。

$$a>1 \quad \text{のとき、}\textbf{増加関数}\ p<q \iff \log_a p<\log_a q \tag{3-119}$$

$$0<a<1 \quad \text{のとき、}\textbf{減少関数}\ p<q \iff \log_a p>\log_a q \tag{3-120}$$

■対数関数の微分と自然対数の底（ネイピア数）

この後は指数関数と対数関数の導関数を求めていきますが、（話の流れ上都合がいいので）先に対数関数を定義に従って微分していきます。するとある極限の値が必要になります。実はそれが、円周率と並ぶ２大定数と言われる**「自然対数の底（ネイピア数）」**です。

１でない正の実数 a と正の実数 x に対して

$$f(x)=\log_a x \tag{3-121}$$

とします。微分（導関数）の定義（p.23）より

$$f'(x) = \lim_{h\to 0}\frac{f(x+h)-f(x)}{h}$$

$$= \lim_{h\to 0}\frac{\log_a(x+h)-\log_a x}{h}$$

$$= \lim_{h\to 0}\frac{1}{h}\{\log_a(x+h)-\log_a x\}$$

$$\log_a M - \log_a N = \log_a \frac{M}{N}$$

$$= \lim_{h\to 0}\frac{1}{h}\log_a\frac{x+h}{x}$$

$$= \lim_{h\to 0}\frac{1}{h}\log_a\left(1+\frac{h}{x}\right)$$

$$= \lim_{h\to 0}\frac{1}{x}\cdot\frac{x}{h}\log_a\left(1+\frac{h}{x}\right)$$

$$r\log_a M = \log_a M^r$$

$$= \lim_{h\to 0}\frac{1}{x}\log_a\left(1+\frac{h}{x}\right)^{\frac{x}{h}} \tag{3-122}$$

ここで、次のような置き換えを行います。

$$\frac{h}{x}=k \ \Rightarrow\ \frac{x}{h}=\frac{1}{k}、h\to 0 \text{ のとき } \ k\to 0 \tag{3-123}$$

(3-123) を (3-122) に代入すると

$$f'(x) = \lim_{k\to 0}\frac{1}{x}\log_a(1+k)^{\frac{1}{k}} \tag{3-124}$$

です。この (3-124) の極限を求めるには

$$\lim_{k\to 0}(1+k)^{\frac{1}{k}} \tag{3-125}$$

の極限値が必要です。k に 0 に近い具体的な値をいくつか代入して（関数電卓などで）計算してみると

$$k=0.1 \Rightarrow (1+k)^{\frac{1}{k}}=2.59374\cdots\cdots$$
$$k=0.01 \Rightarrow (1+k)^{\frac{1}{k}}=2.70481\cdots\cdots$$
$$k=0.001 \Rightarrow (1+k)^{\frac{1}{k}}=2.71692\cdots\cdots$$
$$k=0.0001 \Rightarrow (1+k)^{\frac{1}{k}}=2.71814\cdots\cdots$$
$$k=0.00001 \Rightarrow (1+k)^{\frac{1}{k}}=2.71826\cdots\cdots$$

$(1+k)^{\frac{1}{k}}$ はだんだんと「2.718……」という値に近づいていくことがわかります。実際、$k\to 0$ のとき $(1+k)^{\frac{1}{k}}$ の極限値は

2.718281828459045……

という定数になることがわかっています。しかもこれは円周率 π と同じく、分数で表すことができない数（無理数）です。そこで、次のように記号と名前が付けられています。

ネイピア数　$$e=\lim_{k\to 0}(1+k)^{\frac{1}{k}}=2.718281828459045\cdots\cdots \quad (3\text{-}126)$$

「ネイピア」というのは、この数に最初に言及した**ジョン・ネイピア**（1550-1617）のことです。ただしネイピアはいくつかの値を計算しただけで、この数が円周率と並ぶ重要な定数であることに気づいていたわけではありません。

ネイピア数が特別な数であることに最初に気づいたのは、**レオンハルト・オイラー**（1707-1783）でした。オイラー（Euler）は自身の頭文字である「e」でネイピア数を表し、（あとで示すように）

$$\frac{d}{dx}e^x=e^x、\quad \int\frac{1}{x}dx=\log_e x+C \quad (x>0)$$

などを示しました。

$\frac{1}{x}$ の不定積分（原始関数）である $\log_e x$ を**自然対数**（natural logarithm）と呼ぶことから、ネイピア数は**自然対数の底**とも言います。

（3-126）を（3-124）に代入すると $f(x)=\log_a x$ のとき

$$f'(x)=\lim_{k\to 0}\frac{1}{x}\log_a(1+k)^{\frac{1}{k}}=\frac{1}{x}\log_a e \quad (3\text{-}127)$$

です。

数学では自然対数 $\log_e x$ を非常によく使うので、底 e は省略して単に $\boldsymbol{\log x}$ と書くことが多いです。(3-127) を底の変換公式 (p.295) を使って、自然対数で書いてみると、$f(x)=\log_a x$ の導関数は

$\log_a b = \dfrac{\log_c b}{\log_c a}$　　$\log_a a = 1$

$$f'(x)=\frac{1}{x}\log_a e=\frac{1}{x}\cdot\frac{\log_e e}{\log_e a}=\frac{1}{x}\cdot\frac{1}{\log_e a}$$

$$\Rightarrow\quad (\log_a x)'=\frac{1}{x\log_e a} \qquad (3\text{-}128)$$

となります。特に $a=e$ のときは非常にシンプルに

$$(\log_e x)'=\frac{1}{x}\cdot\frac{1}{\log_e e}=\frac{1}{x} \qquad \boxed{\log_a a=1} \qquad (3\text{-}129)$$

です。まとめておきましょう。

対数関数の微分

$$(\log x)'=\frac{1}{x}$$

$$(\log_a x)'=\frac{1}{x\log a}$$

(注) 自然対数の底 e は省略しています。すなわち

$$\log x=\log_e x、\log a=\log_e a$$

です。

■指数関数の微分

次に指数関数 $y=a^x$ の導関数を求めてみましょう。

$y=a^x$ の両辺に底を e とする対数（自然対数）を取る（→注）と

$$y=a^x \Rightarrow \log y=\log a^x$$

$\log_a M^r = r\log_a M$

$$\Rightarrow \log y = x\cdot\log a = \log a\cdot x \tag{3-130}$$

（注）

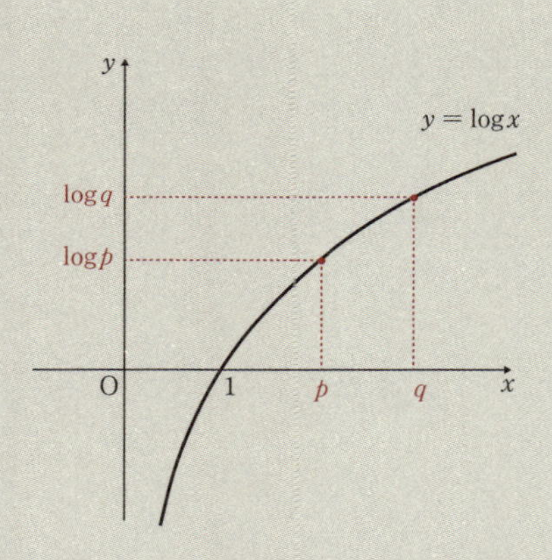

対数関数（$y=\log x$）のグラフ（p.298）からもわかるとおり、対数関数は x と y がそれぞれ１対１に対応します。これは x と y のどちらか一方の値が違えば他方の値も違うことを意味しています。逆に言えば、x と y のどちらか一方の値が同じであれば他方の値も同じだということです。よって正の数 p、q に対して

$$p=q \Leftrightarrow \log p=\log q$$

です。このことを使って $p=q$ という式から $\log p=\log q$ を作ることを「**対数を取る**」という言い方をします。

(3-130) の両辺を x で微分します。

$$\frac{d}{dx}\log y = \frac{d}{dx}(\log a \cdot x)$$

$\log a$ は定数なので　$(\log a \cdot x)' = \log a$

$$\Rightarrow \frac{dy}{dx} \cdot \frac{d}{dy}(\log y) = \log a \cdot 1$$

合成関数の微分 (p.125)

$$\frac{dy}{dx} = \frac{du}{dx} \cdot \frac{dy}{du}$$

$$\Rightarrow \frac{dy}{dx} \cdot \frac{1}{y} = \log a$$

$(\log x)' = \frac{1}{x}$

$$\Rightarrow \frac{dy}{dx} = \log a \cdot y$$

$y = a^x$

$$\Rightarrow \boldsymbol{(a^x)' = \log a \cdot a^x} \tag{3-131}$$

特に $a=e$ のときは

$$(e^x)' = \log e \cdot e^x$$

$\log e = \log_e e = 1$

$$\Rightarrow \boldsymbol{(e^x)' = e^x} \tag{3-132}$$

指数関数の微分

$$\boldsymbol{(a^x)' = \log a \cdot a^x}$$

$$\boldsymbol{(e^x)' = e^x}$$

ところで、$f(x)=e^x$ の微分を定義に従って行うと

$$f'(x) = \lim_{h\to 0}\frac{f(x+h)-f(x)}{h}$$

$$= \lim_{h\to 0}\frac{e^{x+h}-e^x}{h}$$

$$= \lim_{h\to 0}\frac{e^x(e^h-1)}{h} = e^x\lim_{h\to 0}\frac{e^h-1}{h}$$

$$\Rightarrow (e^x)' = e^x\lim_{h\to 0}\frac{e^h-1}{h} \tag{3-133}$$

(3-132) と (3-133) から

$$e^x = e^x \lim_{h \to 0} \frac{e^h - 1}{h} \quad \Rightarrow \quad \boldsymbol{\lim_{h \to 0} \frac{e^h - 1}{h} = 1} \tag{3-134}$$

$f(x) = e^x$ のとき

$$\begin{aligned} f'(0) &= \lim_{h \to 0} \frac{f(0+h) - f(0)}{h} \\ &= \lim_{h \to 0} \frac{e^{0+h} - e^0}{h} \\ &= \lim_{h \to 0} \frac{e^h - 1}{h} \end{aligned} \tag{3-135}$$

であることから (3-134) は、

$$f'(0) = 1 \tag{3-136}$$

を意味します。つまり、$f(x) = e^x$ の $x = 0$、すなわち、y 切片における接線の傾きは１であることがわかります。

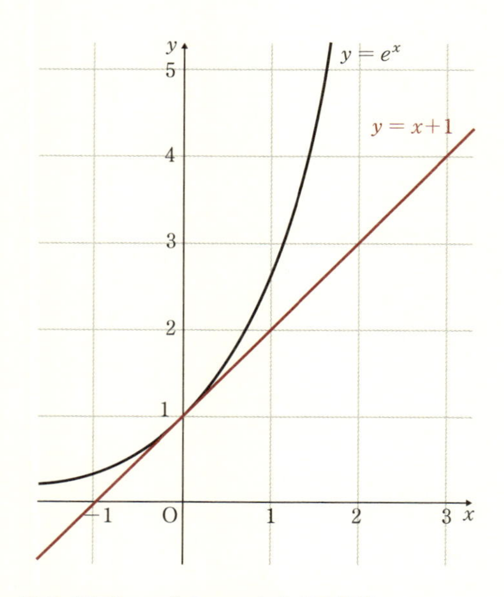

図 3-15 ● $y = e^x$ の $x = 0$ における接線

■指数関数と対数関数の積分

(3-128)、(3-129)、(3-131)、(3-132) より指数関数と対数関数の不定積分を求めます。

$$\int e^x dx = e^x + C \tag{3-137}$$

微分
e^x → e^x
積分

$$\int \log a \cdot a^x dx = a^x + C$$

$$\Rightarrow \quad \log a \int a^x dx = a^x + C$$

$$\Rightarrow \quad \int a^x dx = \frac{1}{\log a} a^x + C' \tag{3-138}$$

$$\left[C \text{や} C' = \frac{C}{\log a} \text{は積分定数} \right]$$

微分
a^x → $\log a \cdot a^x$
積分

$$\int \frac{1}{x} dx = \log|x| + C \tag{3-139}$$

$$[C \text{は積分定数}]$$

微分
$\log x$ → $\frac{1}{x}$
積分

$\frac{1}{x}$ の積分が $\log x$ ではなく $\log|x|$ になる理由について補足しておきましょう。対数を定義したとき（p.293）に約束したように、対数の真数（$\log x$ の x）は正でなくてはいけません。しかし、$\frac{1}{x}$ の x は負である可能性もあります。そこで次のように考えます。

$x < 0$ のとき

$$\{\log(-x)\}' = -1 \cdot \frac{1}{-x} = \frac{1}{x} \tag{3-140}$$

微分
$\log(-x)$ → $\frac{1}{x}$
積分

(注) ふたたび p.126 で紹介した

$$\{g(ax+b)\}'=ag'(ax+b)$$

を使いました。今回は

$$g(x)=\log x、g'(x)=\frac{1}{x}、a=-1、b=0$$

のケースです。

一方、$\boldsymbol{x>0}$ **のとき**は (3-129) より

$$(\log x)'=\frac{1}{x}$$

なので、結局

$$\int\frac{1}{x}dx=\begin{cases}\log x+C & [x>0]\\ \log(-x)+C & [x<0]\end{cases} \tag{3-141}$$

です。

ところで、絶対値記号というのは

$$|\boldsymbol{x}|=\begin{cases}x & [x>0]\\ -x & [x<0]\end{cases}$$

という意味ですから、絶対値を使えば (3-141) は (3-139) のように

$$\int\frac{1}{x}dx=\log|\boldsymbol{x}|+C$$

とスッキリ表せるというわけです。(^_-)- ☆

■三角関数の積分

これまで三角関数の積分を紹介する機会がなかったので、ここで便乗してまとめておきましょう。(^_-)- ☆

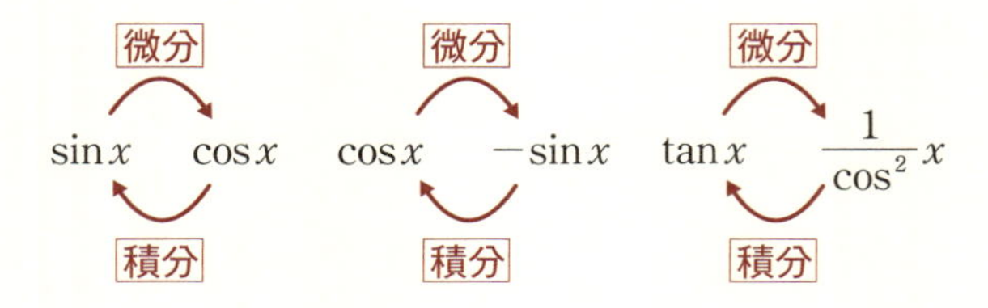

$$\int \cos x\, dx = \sin x + C \tag{3-142}$$

$$\int (-\sin x) dx = \cos x + C$$

$$\Rightarrow \int \sin x\, dx = -\cos x + C' \tag{3-143}$$

$$\int \frac{1}{\cos^2 x} dx = \tan x + C \tag{3-144}$$

［C や $C' = -C$ は積分定数］

■ 1 次式を含む合成関数の積分公式

それから、先ほども使った特別な合成関数の微分公式

$$\{g(ax+b)\}' = ag'(ax+b)$$

から導かれる、使い勝手のいい積分公式も紹介しておきましょう。

関数 $f(x)$ の原始関数（不定積分）の 1 つを $F(x)$ とすると

$$F(x) \underset{\text{積分}}{\overset{\text{微分}}{\rightleftarrows}} f(x) \qquad F(ax+b) \underset{\text{積分}}{\overset{\text{微分}}{\rightleftarrows}} af(ax+b)$$

$$\{F(ax+b)\}' = aF'(ax+b) = af(ax+b)$$

$$\Rightarrow \int af(ax+b)dx = F(ax+b) + C$$

$$\Rightarrow a\int f(ax+b)dx = F(ax+b) + C$$

$$\Rightarrow \int f(ax+b)dx = \frac{1}{a}F(ax+b) + C' \tag{3-145}$$

［C や $C' = \dfrac{C}{a}$ は積分定数］

という公式が求まります。

(3-145) は置換積分を行うことですぐに確かめることができますが、これを公式として使えるようにしておくと便利なシーンがたくさんあります（微分方程式を解くときにも便利です）。

例）

$$\int e^{2x+1}dx = \frac{1}{2}e^{2x+1} + C \qquad \int e^x dx = e^x + C$$

$$\int \frac{1}{3x}dx = \frac{1}{3}\log|3x| + C \qquad \int \frac{1}{x}dx = \log|x| + C$$

$$\int \cos(4x+5)dx = \frac{1}{4}\sin(4x+5) + C \qquad \int \cos x\, dx = \sin x + C$$

さあ、これで、準備は整いました。

このあとは（お待たせしました！）変数分離形の１階微分方程式を解いていきたいと思います。

■変数分離形の１階微分方程式の解き方

変数分離形の１階微分方程式（p.271：3-70）

$$g(y)\frac{dy}{dx} = f(x)$$

の両辺を x で積分します。

$$\int \left(g(y)\frac{dy}{dx}\right)dx = \int f(x)dx \tag{3-146}$$

ここで $y = h(x)$ とすると

$$y = h(x) \ \Rightarrow \ \frac{dy}{dx} = h'(x) \tag{3-147}$$

なので置換積分法（p.203）

$$\int f(x)dx = \int f(g(u))g'(u)du \qquad [x = g(u)]$$

を使えば（3-146）の左辺は

$$\int \left(g(y)\frac{dy}{dx}\right)dx = \int g(h(x))h'(x)dx = \int g(y)dy \tag{3-148}$$

と書き換えられ、（3-146）は（3-148）を使うと

$$\int \left(g(y)\frac{dy}{dx}\right)dx = \int f(x)dx$$

$$\Rightarrow \quad \int g(y)dy = \int f(x)dx \tag{3-149}$$

となります。

（3-149）により、変数分離形の 1 階微分方程式では、形式的に次のように変形することが許されます。

$$g(y)\frac{dy}{dx} = f(x)$$

変数を「分離」する

$$\Rightarrow \quad g(y)dy = f(x)dx$$

$\int$ をつける

$$\Rightarrow \quad \int g(y)dy = \int f(x)dx \tag{3-150}$$

では実際に例題を解いてみましょう。

例 1）　$yy'=x$

❖ 解答

$$yy' = x \Rightarrow y\frac{dy}{dx} = x$$

変数を分離

$$\Rightarrow ydy = xdx$$

$$\Rightarrow \int ydy = \int xdx$$

$\int$ をつける

$$\Rightarrow \frac{1}{2}y^2 + C_1 = \frac{1}{2}x^2 + C_2$$

$\int x^n dx = \frac{1}{n+1}x^{n+1} + C$

$$\Rightarrow y^2 = x^2 + 2(C_2 - C_1)$$

$2(C_2 - C_1) = C$ とした

$$\Rightarrow \boldsymbol{y^2 = x^2 + C}$$

(注) この解は $y=f(x)$ の形をしていませんが、複雑になるときは無理に $y=f(x)$ の形にしなくても大丈夫です。

例 2） $y'=3y+1$

❖ 解答

$$y' = 3y+1 \Rightarrow \frac{dy}{dx} = 3y+1$$

$$\Rightarrow \frac{1}{3y+1}\frac{dy}{dx} = 1$$

変数を分離

$$\Rightarrow \frac{1}{3y+1}dy = dx$$

$$\Rightarrow \int \frac{1}{3y+1}dy = \int 1 \cdot dx$$

$\int \frac{1}{x}dx = \log|x| + C$

$$\Rightarrow \frac{1}{3}\log|3y+1| + C_1 = x + C_2$$

$\int f(ax+b)dx = \frac{1}{a}F(ax+b)+C$

$$\Rightarrow \log|3y+1| = 3x + 3(C_2 - C_1)$$

$3(C_2-C_1)=C$ とした

$\log_a M = m \Leftrightarrow a^m = M$

$$= 3x + C$$

$$\Rightarrow |3y+1| = e^{3x+C} = e^C e^{3x}$$

$a^{m+n} = a^m a^n$

$$\Rightarrow 3y+1 = \pm e^C e^{3x}$$

$$\Rightarrow y = \pm\frac{1}{3}e^C \cdot e^{3x} - \frac{1}{3}$$

$$\Rightarrow \boldsymbol{y = Ae^{3x} - \frac{1}{3}}$$

（注） C は任意定数なので $\pm\frac{1}{3}e^C$ は 0 以外の任意定数になります。そこであらためて $\pm\frac{1}{3}e^C=A$ としました。

物理への展開……空気抵抗を受けて落下する物体の運動

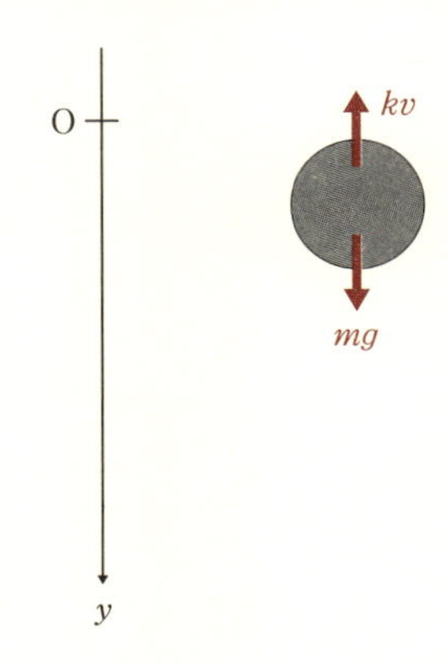

ここまでの内容を踏まえて、（予告どおり）速度に比例する抵抗力を受けながら落下する物体の運動方程式を解いてみましょう。

運動方程式は

$$m\frac{d^2y}{dt^2}=mg-k\frac{dy}{dt} \tag{3-11}$$

でしたね。p.271 の (3-72) でみたようにこれは

$$\Rightarrow\quad m\frac{dv}{dt}=mg-kv\quad\Rightarrow\quad\frac{1}{-kv+mg}\frac{dv}{dt}=\frac{1}{m}$$

と変形できるので、変数分離形の１階微分方程式に変形できます。それではこれを先ほど学んだ手順に従って解いていきましょう。

なお、文字が多い式ですが、**変数は v と t** で、その他の k、m、g **は定数**であることに注意してください。

$$\frac{1}{-kv+mg}\frac{dv}{dt}=\frac{1}{m}$$

変数を分離

$$\Rightarrow \frac{1}{-kv+mg}dv=\frac{1}{m}dt$$

$$\Rightarrow \int\frac{1}{-kv+mg}dv=\int\frac{1}{m}\cdot dt$$

$\int\frac{1}{x}dx=\log|x|+C$　　k, m, g は定数

$$\Rightarrow \frac{1}{-k}\log|-kv+mg|+C_1=\frac{1}{m}t+C_2$$

$\int f(ax+b)dx=\frac{1}{a}F(ax+b)+C$

$$\Rightarrow \log|-kv+mg|=-\frac{k}{m}t-k(C_2-C_1)=-\frac{k}{m}t+C$$

$-k(C_2-C_1)=C$ とした

$$\Rightarrow |-kv+mg|=e^{-\frac{k}{m}t+C}=e^Ce^{-\frac{k}{m}t}$$

$\log_a M=m \Leftrightarrow M=a^m$

$a^{m+n}=a^ma^n$

$$\Rightarrow -kv+mg=\pm e^Ce^{-\frac{k}{m}t}$$

$$\Rightarrow -kv=Ae^{-\frac{k}{m}t}-mg$$

$\pm e^C=A$ とした

$$\Rightarrow v=A'e^{-\frac{k}{m}t}+\frac{mg}{k} \tag{3-151}$$

$-\frac{A}{k}=A'$ とした

これで一般解は求まりました。

せっかくですから、$t=0$ で $v=0$（自由落下）の場合の特殊解を求めてみましょう。(3-151) より

$a^0=1$

$$0=A'e^0+\frac{mg}{k} \quad \Rightarrow \quad A'=-\frac{mg}{k} \tag{3-152}$$

(3-152) を (3-151) に代入すると

$$v=-\frac{mg}{k}e^{-\frac{k}{m}t}+\frac{mg}{k}$$

$$\Rightarrow \boldsymbol{v=\frac{mg}{k}\left(1-e^{-\frac{k}{m}t}\right)} \tag{3-153}$$

(3-153) こそ、速度に比例する抵抗力を受けながら自由落下をする物体

の速度です。$e=2.71\cdots\cdots>1$ より $0<\frac{1}{e}<1$ なので

$$\lim_{x\to\infty} e^{-x}=\lim_{x\to\infty}\left(\frac{1}{e}\right)^x=0 \qquad a^{-1}=\frac{1}{a} \tag{3-154}$$

です。よって (3-153) で表される速度をもつ物体は、十分時間が立つと一定の速度

$$v_\infty=\lim_{t\to\infty}\frac{mg}{k}\left(1-e^{-\frac{k}{m}t}\right)=\frac{mg}{k}(1-0)=\frac{mg}{k} \tag{3-155}$$

に近づきます。(3-153) をグラフにしてみるとその様子がよくわかります。

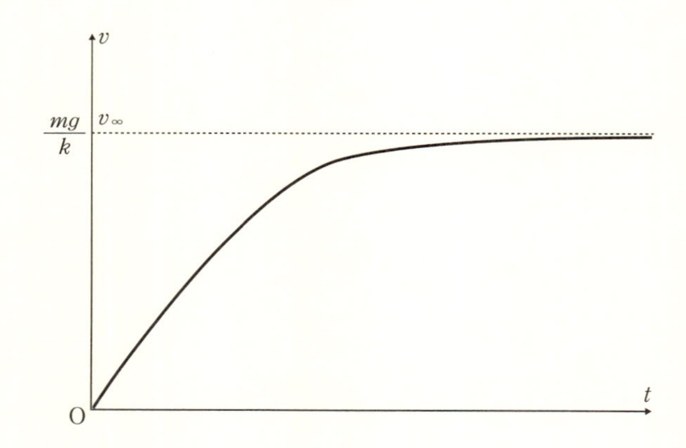

実際、空から降ってくる雨粒のうち、霧雨のような半径の小さな雨粒の**終端速度** $\boldsymbol{v_\infty}$ は、(3-155) で計算されるものと非常に近いものになることが知られています。ちなみに大きな雨粒の場合、空気抵抗は速度の２乗に比例するようになるので、(3-155) とはまた違った値になります。

入試問題に挑戦

では（いつものように）入試問題を解いてみましょう。

問題 9 日本大学

質量 m の物体が空気中で鉛直下方へ落下運動する場合を考える。物体が空気から受ける抵抗力の大きさは、物体の速さが u のとき ku（k は定数）であるとする。また、重力加速度の大きさを g とし、浮力は無視できるものとする。いま、下向きを正方向として鉛直方向に y 軸をとる。物体は $y=0$ の位置から初速度 0 で落下運動を開始するものとし、$y=0$ を重力の位置エネルギーの基準にとるものとする。

落下中の任意の時刻での物体の速度と加速度の y 成分をそれぞれ u, a とすると運動方程式は $ma=$ [(1)] となる。まず物体は [(2)] の作用で落下運動をはじめるが、速さの増加とともに [(3)] の大きさが次第に大きくなっていく。やがて物体にはたらく力はつりあう状態になり、それ以後は物体は一定の速さ [(4)] で落下していく。この速度を終端速度という。

ここで、位置 y での物体の速さを v、力学的エネルギーを U, y まで落下する間に空気の抵抗力が物体になした仕事を W とする。W を y や v などを用いて表すと [(5)] となる。いま、$y=s$ のとき物体の速度はすでに終端速度に達していたとすると、W と y および U と y の関係を最もよく表しているグラフはそれぞれ [(6)] と [(7)] である。さらに、位置 y のときの物体の速さ v の値が、同じ物体を初速度 0 で鉛直下方へ同じ距離 y だけ自由落下させたときの物体の速さの p 倍であったとする。この場合、落下運動の開始から位置 y まで落下する間に、重力が物体になした仕事の大きさは空気の抵抗力が物体になした仕事の大きさの [(8)] 倍になる。

[(6)] の解答群

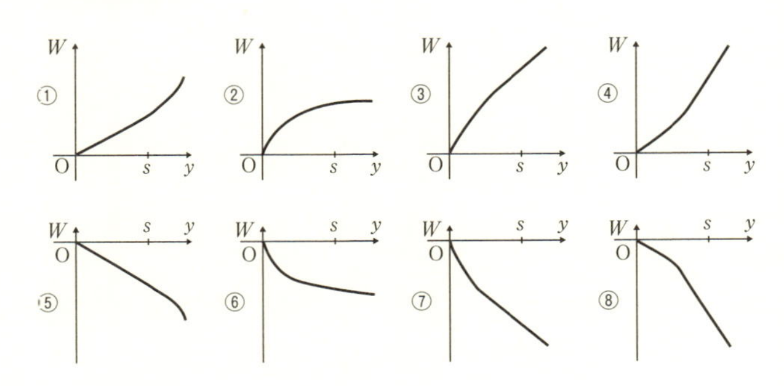

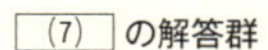
(7) の解答群

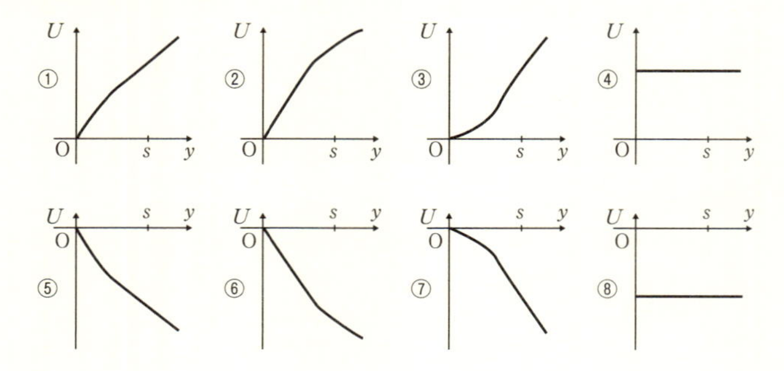

◇ 解説

この節の内容を理解した人なら、前半は非常に簡単に感じるでしょう。また (4) の結果が (3-155) で求めた終端速度と一致することを確認してください。

(5) では抵抗力のなした仕事 W は力学エネルギーの変化分 U に等しいと考えます。

(5) より $W=U$ なので (6)(7) は同じ形のグラフを選びます。

❖ 解答

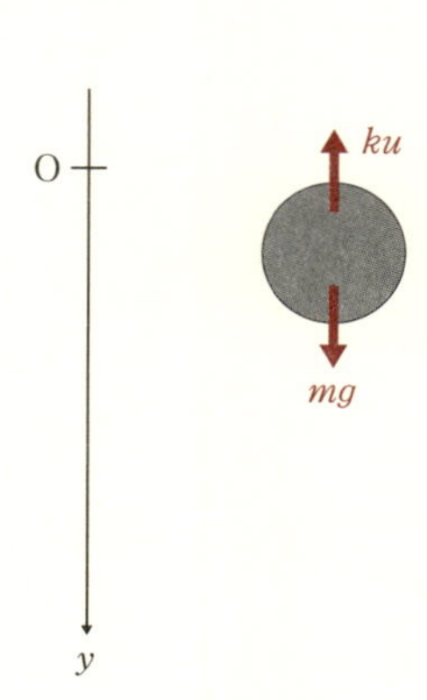

(1)　運動方程式は次のとおり。

$$ma = \mathbf{mg - ku}$$

(2)　**重力**

(3)　**抵抗力**

(4)　終端速度を v_∞ とします。物体が一定の速度（終端速度）になったとき、加速度は 0 なので (1) の運動方程式から

$$0 = mg - kv_\infty \quad \Rightarrow \quad v_\infty = \frac{\mathbf{mg}}{\mathbf{k}}$$

(5)

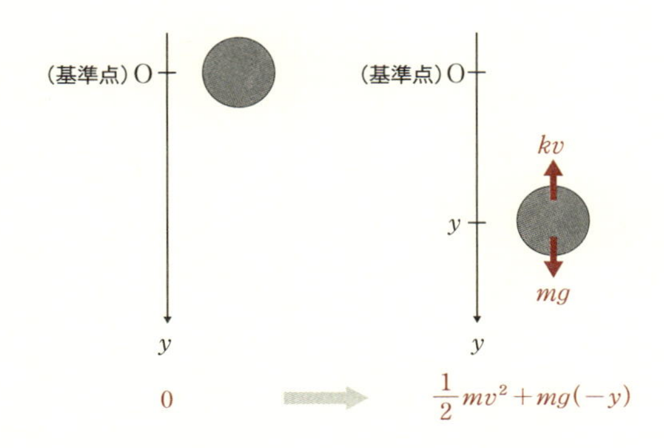

最初、物体は位置エネルギーの基準点から速度ゼロで落下するので、最初の状態における力学的エネルギーの和はゼロ。物体が速度 v を持ち、基準点よりも y だけ低い位置にあるとき、物体の持つ力学的エネルギーの和は

$$U=\frac{1}{2}mv^2+mg(-y)=\frac{1}{2}mv^2-mgy$$

力学的エネルギーの変化分が、抵抗力が物体になした仕事なので

$$W=U-0=\boldsymbol{\frac{1}{2}mv^2-mgy}$$

(6)(7)　(5)より

$$W=\ U=\boldsymbol{\frac{1}{2}mv^2-mgy}$$

なので、**W-y グラフと U-y グラフは同じグラフ**です。

運動開始直後は、速度がだんだん大きくなり、y の増加とともに運動エネルギーの項 $\frac{1}{2}mv^2$ も増加しますが、やがて終端速度に近づくと速度がほとんど変わらなくなるので一定になります。一方、位置エネルギー $-mgy$ の項は傾き $-mg$ の直線で（地面に着かない限り）小さくなり続けます。選ぶグラフはこれらを合成したものですから、(6) は⑧、(7) は⑦［形は同じ］。

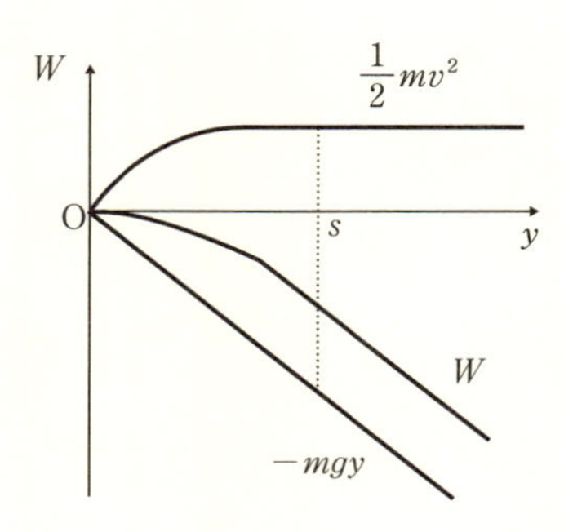

(8)　抵抗力がない場合の自由落下では力学的エネルギーが保存されます。
位置 y での速度を v' とすると

$$0=\frac{1}{2}mv'^2-mgy \qquad \Rightarrow \qquad v'=\sqrt{2gy}$$

です。抵抗力があるときの速度 v は v' の p 倍なので

$$v=pv' \qquad \Rightarrow \qquad v=p\sqrt{2gy}$$

これを踏まえて重力が物体になした仕事の大きさ $|mgy|$ と (5) の結果 $|W|$ を比べます。ここで W は (6)、(7) で考えたグラフからもわかるとおり、負であることに気をつけましょう。

$$\frac{|mgy|}{|W|}=\frac{mgy}{-W}=\frac{mgy}{-\frac{1}{2}mv^2+mgy}$$

$$=\frac{mgy}{-\frac{1}{2}m\left(p\sqrt{2gy}\right)^2+mgy}$$

$$=\frac{mgy}{-p^2mgy+mgy}$$

$$=\frac{1}{-p^2+1}=\boldsymbol{\frac{1}{1-p^2}}$$

質問コーナー

生徒●あの……生意気を言うようなんですけど……。

先生●なんでしょう？

生徒●この節では、かなりいろいろな準備をして変数分離形の1階微分方程式（言えた！）が解けるようになったと思うんですが……。

先生●そうでしたね。よくがんばりましたね。

生徒●ありがとうございます。でも、あんなに苦労したわりには、最後の問題なんて、ほとんど使うことなく解けてしまいましたし、終端速度を計算するときも、加速度が0だから抵抗力＝重力という式を作るだけで答えを出せてしまいました。「微分方程式」なんて意識すると、なんだか無駄に話が難しくなってしまうような気持ちがします……。

先生●確かにそうですね。高校物理は微分・積分を使わずに教えることが前提になっていますから、微分・積分を持ち出さなくても解けるような非常に限定的な話題しか出てきません。でも、そういう単純化された問題を使って、運動方程式を解く、という経験を積んでおくことは、あとになってから必ず大きな力になります。また、たとえば終端速度にしても、そこに至るまでの運動が指数関数に支配されているのだということがわかるのは、カラクリが見えておもしろいとは思いませんか？

生徒●まあ、ブラックボックスの中を覗きみたような気にはなりました。

先生●それから、最後の入試問題で抵抗力がする仕事を求める際にも、

$$v=\frac{mg}{k}\left(1-e^{-\frac{k}{m}t}\right)$$

とこれを積分することで得られる

$$y=\frac{mg}{k}\left(t+\frac{m}{k}e^{-\frac{k}{m}t}\right)$$

を使えば、仕事の定義（p.217：2-87）から

$$W=\int_0^y(-kv)dy$$

を直接計算することで求めることができます。

生徒●大変そう……。

先生●確かに計算は大変です。先ほど解いたときのように「力学的エネルギーの差が抵抗力のした仕事」と考えたほうがうんと楽です。

生徒●ですよね。

先生●でも、全然違った、しかもより本質的な方法を使って同じ答えを導くという経験は、単に問題集の問題を解くという次元を超えて、一歩研究者に近づく瞬間だと言ってもいいと私は思います。

生徒●別に研究者になりたいわけではなくても？

先生●もちろん、みんなが研究者になるわけではありませんが、そうやって「ああ、今自分は真理に触れているんだ」と思える感動を経験することは、あなたの勉強のエンジンになるはずです。

生徒●勉強嫌いではなくなると？

先生●そのとおりです。そして、誰に頼まれたわけではなく、自らの意思で本質と向き合おうとする姿勢を育むことは、あなたがどんな分野に進むことになっても、人生を大きくバックアップしてくれるに違いありません。

生徒●それはなんとなくわかります。

先生●是非、テストが終わったら終わり、になるような勉強ではなく、将来の宝になるような勉強をしてください。特に数学と物理は、高校生にとってそのきっかけをつかみやすい教科です。

3-3　2 階線形同次微分方程式

オイラーの公式で「解の公式」を手に入れる

この節では予告どおり**2階定数係数線形同次微分方程式**

$$y'' + ay' + by = 0 \tag{3-83}$$

の解法をお伝えしていきます。

■ 2 階定数係数線形同次微分方程式の一般解

n 階線形微分方程式については、次の定理がとても重要です。

定理［線形微分方程式の解の存在と一意性］

n 階線形微分方程式には、n 個の任意の初期条件を満たす解がただ1つ存在する。

逆に言えば、n 階の線形微分方程式の解は n 個の初期条件を与えないと一意に定めることができない、ということです。……と言われても「え？なに言ってるの？」と思いますよね。そこで運動方程式を使ってイメージをつかんでおきましょう。(^_-)- ☆

例によって運動方程式が

$$ma = mg \tag{3-156}$$

で与えられる物体の運動を考えます（鉛直下向きを正にして y 軸を取りま

す)。

$a=\dfrac{d^2y}{dt^2}$ ですから、これは(最も単純な)2階線形微分方程式です。ただし、この運動方程式によって加速度(位置 y の2階微分)が $a=g$ と求まっても、物体がどのような運動をするかはわかりませんね。実際、自由落下も鉛直投げ上げも鉛直投げ下ろしもすべて運動方程式は(3-156)になります。

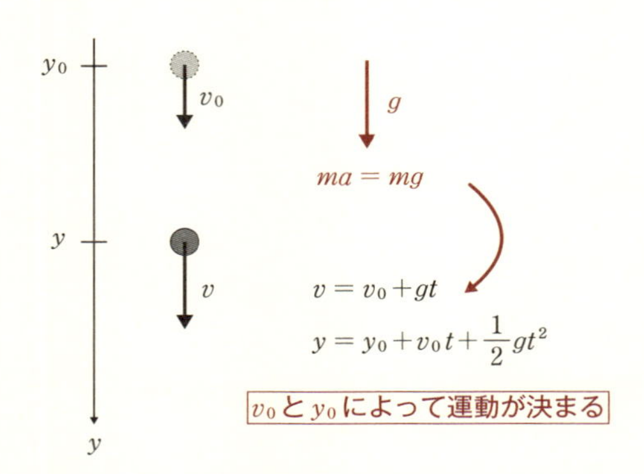

図 3-16 ● 2つの初期条件によって運動が決定する

ご承知のとおり、運動を一意に決めるためには速度 $v=\dfrac{dy}{dt}$ と位置 y についての初期条件(初速度 v_0 と最初の位置 y_0)が必要です。

また(3-156)で表される運動の初期条件には、任意の値が許される(→注)ことにも注目してください。

(注) 運動方程式が $ma=mg$ で表される運動を考えるとき、初速度や最初の位置に制限はなく、状況に応じて好きな値を選ぶことができる、という意味です。

話を数学に戻します。

p.267でもお話ししましたとおり、**互いに定数倍の関係になっていない $y_1=p(x)$ と $y_2=q(x)$** が(3-83)の解ならば、(3-83)の**一般解**は任意の定数

C_1 と C_2 を用いて

$$\boldsymbol{y = C_1 y_1 + C_2 y_2} \quad (3\text{-}157)$$

と 1 通りに書けることがわかっています。

(注)「互いに定数倍の関係になっていない $y_1=p(x)$ と $y_2=q(x)$」というのは「$y_1 \neq ky_2$ かつ $y_2 \neq ly_1$ (k, l は実数)」という意味です。

これについては次の 3 段階に分けて証明していきます。

① **$y=C_1y_1+C_2y_2$ は $y''+ay'+by=0$ の解である**
② **$y''+ay'+by=0$ の任意の解 y は必ず $y=C_1y_1+C_2y_2$ の形で表せる**
③ **$y''+ay'+by=0$ の解 y は $y=C_1y_1+C_2y_2$ の形で 1 通りに表せる**

［Ⅰ］ $y=C_1y_1+C_2y_2$ が $y''+ay'+by=0$ の解であることは次のようにして確かめられます。

$y_1=p(x)$ と $y_2=q(x)$ は $y''+ay'+by=0$ の解なので、これらは代入することができます。すなわち

$$y_1''+ay_1'+by_1=0 \quad (3\text{-}158)$$

$$y_2''+ay_2'+by_2=0 \quad (3\text{-}159)$$

です。ここで

$$C_1 \times (3\text{-}158) + C_2 \times (3\text{-}159)$$

を作ってみましょう。

$$C_1(y_1''+ay_1'+by_1)+C_2(y_2''+ay_2'+by_2)=C_1\times 0+C_2\times 0$$

$$\Rightarrow \quad (C_1y_1''+C_2y_2'')+a(C_1y_1'+C_2y_2')+b(C_1y_1+C_2y_2)=0$$

$$\Rightarrow \quad (C_1y_1+C_2y_2)''+a(C_1y_1+C_2y_2)'+b(C_1y_1+C_2y_2)=0 \quad (3\text{-}160)$$

$kf'(x)+lg'(x)=\{kf(x)+lg(x)\}'$

(3-160) は

① **$y = C_1y_1 + C_2y_2$ は $y'' + ay' + by = 0$ の解である**（代入できる）

ことを示しています。

［Ⅱ］ $y = C_1y_1 + C_2y_2$ が $y'' + ay' + by = 0$ の一般解であること、すなわち $y'' + ay' + by = 0$ を満たす解はどんなものでもこの形で表せることを確かめましょう。

はじめに $y_1 = p(x)$ と $y_2 = q(x)$ は $x = \alpha$ において

$$y_1(\alpha) = p(\alpha) = 1、\ y_1{}'(\alpha) = p'(\alpha) = 0 \tag{3-161}$$

$$y_2(\alpha) = q(\alpha) = 0、\ y_2{}'(\alpha) = q'(\alpha) = 1 \tag{3-162}$$

という初期条件をみたすものとします。

(注) 都合よく初期条件を勝手に決めていいのか？と思う人がいるかもしれませんが、先ほどの「線形微分方程式の解の存在と一意性」を保証する定理によって、任意の初期条件を満たす解が必ず存在するので、(3-161) や (3-162) のように置くことが許されます。

また、$y'' + ay' + by = 0$ を満たす**任意の解** y の $x = \alpha$ における初期条件が、任意定数 C_1 と C_2 を用いて

$$y(\alpha) = C_1、\ y'(\alpha) = C_2 \tag{3-163}$$

と表せることにします。

(注) C_1 と C_2 は任意の（好きな数を当てはめられる）定数なので、任意の解の初期条件をこのように置くことが許されます。

次に、この C_1 と C_2 を使って

$$u=C_1y_1+C_2y_2 \tag{3-164}$$

という関数を作ります。

（3-164）の両辺を微分してみましょう。

$$u'=C_1y_1'+C_2y_2' \tag{3-165}$$

ですね。

ここで、$x=\alpha$ における値を調べると、（3-161）、（3-162）、（3-164）、（3-165）より

$y_1(\alpha)=1$、$y_1'(\alpha)=0$、$y_2(\alpha)=0$、$y_2'(\alpha)=1$

$$u(\alpha)=C_1y_1(\alpha)+C_2y_2(\alpha)=C_1\cdot1+C_2\cdot0=C_1 \tag{3-166}$$

$$u'(\alpha)=C_1y_1'(\alpha)+C_2y_2'(\alpha)=C_1\cdot0+C_2\cdot1=C_2 \tag{3-167}$$

となります。すなわち、

$$u(\alpha)=C_1、u'(\alpha)=C_2 \tag{3-168}$$

です。

（3-163）と（3-168）は初期条件が一致しています。「線形微分方程式の解の存在と一意性」の定理より、2階線形微分方程式の**2つの初期条件を満たす解はただ1つだけ存在する**ので、$\boldsymbol{u=y}$ であり、

②　$y''+ay'+by=0$ の任意の解 y は必ず $y=C_1y_1+C_2y_2$ の形で表せる

ことがわかります。

［Ⅲ］　$y=C_1y_1+C_2y_2$ の表し方は1通りである（2つの初期条件を満たす解がいく通りにも表せることはない）ことも示しておきましょう。

仮に、$y''+ay'+by=0$ の解 y が

$$y=C_1y_1+C_2y_2 \tag{3-157}$$

$$y=A_1y_1+A_2y_2 \tag{3-169}$$

と２通りに表せたとします。

すると (3-157)－(3-169) より、

$$0=(C_1y_1+C_2y_2)-(A_1y_1+A_2y_2)$$

$$\Rightarrow \quad (C_1-A_1)y_1+(C_2-A_2)y_2=0 \tag{3-170}$$

ここで $\boldsymbol{C_1-A_1\neq 0}$ とすると

$$y_1=-\frac{C_2-A_2}{C_1-A_1}y_2 \tag{3-171}$$

$\boldsymbol{C_2-A_2\neq 0}$ とすると

$y_1\neq ky_2$　かつ　$y_2\neq ly_1$

$$y_2=-\frac{C_1-A_1}{C_2-A_2}y_1 \tag{3-172}$$

を得ますが (3-171) も (3-172) も、**$y_1=p(x)$ と $y_2=q(x)$ が互いに定数倍になっていない**という条件に反します。

よって、

$$C_1-A_1=0 \text{ かつ } C_2-A_2=0$$

$$\Rightarrow \quad \boldsymbol{C_1=A_1 \text{ かつ } C_2=A_2} \tag{3-173}$$

これで、

③　$y''+ay'+by=0$ の解 y は $y=C_1y_1+C_2y_2$ の形で１通りに表せる

ことも示せました。

①～③は、２階定数係数線形同次微分方程式は**互いに定数倍の関係になっていない（線形独立な→注）２つの解 $y_1=p(x)$ と $y_2=q(x)$ が見つけられれば解決する**ことを意味します（他のすべての解は見つかった y_1 と y_2 を使って、$y=C_1y_1+C_2y_2$ の形で１通りに表せるからです）。……というわけで、このさきは**互いに定数倍の関係になっていない $y''+ay'+by=0$ の解を２つ見つけることに集中したい**と思います。

（注） 2つの関数が「互いに定数倍になっていない」ことを、大学の微分方程式の教科書では「互いに**線形独立（1次独立）**である」と言います。逆に2つの関数のうち一方が他方の定数倍になっているときは「互いに**線形従属**である」と言います。

ちなみにベクトル（線形代数）では「$\overrightarrow{OA}$ と $\overrightarrow{OB}$ が線形独立である」は「3点O、A、Bで三角形が作れる」と同値です。2次元（平面上）の任意のベクトル $\overrightarrow{OP}$ は線形独立である2つのベクトル $\overrightarrow{OA}$ と $\overrightarrow{OB}$ を使って、$\overrightarrow{OP}=m\overrightarrow{OA}+n\overrightarrow{OB}$（$m$ と n は実数）の形で1通りに表せます。

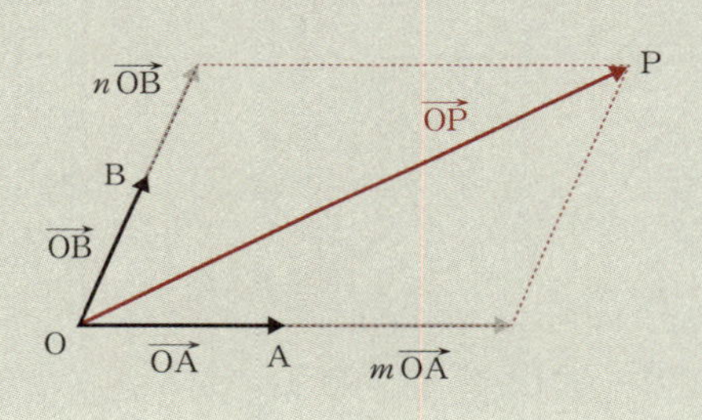

ただし、この先の話を進めるには、**複素数（虚数）**と**テイラー展開**について学ぶ必要があります。$y''+ay'+by=0$ の解を探す話に戻るまで、また少し話が長くなってしまうかもしれませんが (^_^;)、特にテイラー展開は、大学1年生で必ず学ぶ解析学の基礎的かつ重要な内容なので、是非おつきあいください。m(_ _)m　また、テイラー展開の話の冒頭で、**関数の近似**についても触れたいと思います。

■虚数単位と複素数

数Ⅰの範囲（実数の範囲）では、私たちは次の2次方程式を解くことができません。

$$x^2=-1 \tag{3-174}$$

この方程式の解は「2乗すると -1 になる数」ですが、正の数だけでなく負の数も2乗すると正の数になってしまうので、(3-174) を満たす解は実数の範囲には存在しないからです。

この方程式を解くには実数とは別の、**2乗すると負になる新しい数**を創造する必要があります。そのために導入されたのが以下に紹介する**虚数単位**（imaginary unit）です。

虚数単位 i

$$i=\sqrt{-1} \quad \Rightarrow \quad i^2=-1$$

虚数単位を使えば、(3-174) は次のようにして、形式的に解くことができます。

$$x^2=-1$$

$$\Rightarrow \quad x^2+1=0$$

$$\Rightarrow \quad x^2-(-1)=0$$

$-1=i^2$

$$\Rightarrow \quad x^2-i^2=0$$

$x^2-p^2=(x+p)(x-p)$

$$\Rightarrow \quad (x+i)(x-i)=0$$

$$\Rightarrow \quad x+i=0 \quad \text{または} \quad x-i=0$$

$$\Rightarrow \quad \boldsymbol{x=-i} \quad \textbf{または} \quad \boldsymbol{x=i} \tag{3-175}$$

(注) 虚数単位には正負がないので、「$x^2=-1$ の解のうち正のほうを i とする」わけではありません。ただ「$x^2=-1$ の解は i と $-i$ である」と言えるだけです。

虚数単位を使うと、たとえば次のような２次方程式も解くことができます。

$$x^2+2x+3=0$$

$$\Rightarrow \quad x=\frac{-2\pm\sqrt{2^2-4\cdot1\cdot3}}{2\cdot1}$$

$ax^2+bx+c=0 \;\Rightarrow\; x=\dfrac{-b\pm\sqrt{b^2-4ac}}{2a}$

$$=\frac{-2\pm\sqrt{-8}}{2}=\frac{-2\pm\sqrt{8}\cdot\sqrt{-1}}{2}$$

$$=\frac{-2\pm2\sqrt{2}\,i}{2}=-1\pm\sqrt{2}\,i \qquad \sqrt{-1}=i \qquad (3\text{-}176)$$

$-1+\sqrt{2}\,i$ のように、2 つの実数 a、b を用いて $\boldsymbol{a+bi}$ の形に表される数を**複素数**（complex number）といいます。複素数 $a+bi$ について a を**実部**、b を**虚部**と言います。たとえば $-1+\sqrt{2}\,i$ の実部は -1、虚部は $\sqrt{2}$ です。

複素数の定義

実数 a、b を用いて

$$\boldsymbol{a+bi}$$

と表される数を**複素数**という。

複素数 $a+bi$ について、次のように約束します。

$b=0$ のとき	$\Rightarrow$	複素数 $a+0i$ は**実数** $\boldsymbol{a}$ を表す
$b\neq0$ のとき	$\Rightarrow$	複素数 $a+bi$ を**虚数**という
特に $a=0$、$b\neq0$ のとき	$\Rightarrow$	複素数 $0+bi=bi$ を**純虚数**という

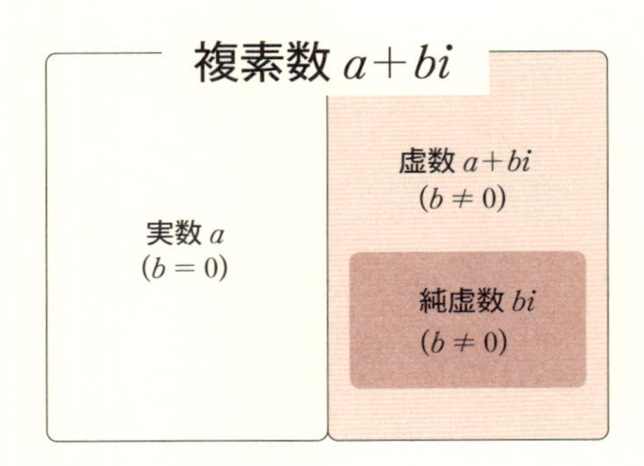

ここまでを読んで、「現実に存在しない数をでっち上げて、形式的に解いたところで意味がないのではないか？」と思う人もいるでしょう。その感覚はしごく真っ当です。

$\sqrt{\ }$の中の数字に負の数を許すことを最初に考えたのは、**ジローラモ・カルダノ**（1501-1576）という人でしたが、本人ですら著作に「これは詭弁的であり、数学をここまで精密化しても実用上の使いみちはない」なんて書いていますから、虚数は最初、なかなか世間に受け入れられませんでした。

しかし、18 世紀になると虚数の限りない可能性に気づいた天才が現れます。それが前節にも登場した**レオンハルト・オイラー**です。オイラーは虚数単位を導入し、やがて「世界で最も美しい数式」と呼ばれることも多い**オイラーの公式**にたどりつきます（オイラーの公式はあとで紹介します）。また本節のメインディッシュである 2 階定数係数線形同次微分方程式の一般解を考える際にも、虚数は必要になります。

次はテイラー展開の前段階として、関数を 1 次式で近似する方法を説明します。

■ 1 次近似

$y=f(x)$ が $x=a$ で微分可能であるとき、$x=a$ の近くにおける $f(x)$ の値を近似する式を求めてみましょう。

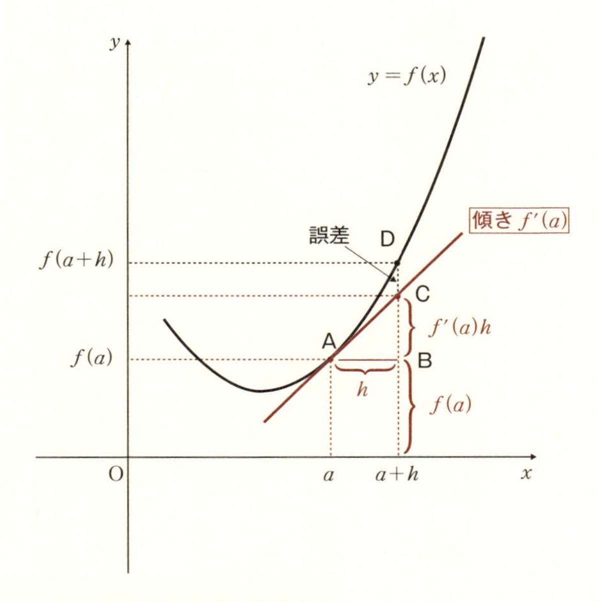

図 3-17 ●接線は 1 次近似を表す

図 3-17 で直線 AC は $\boldsymbol{y=f(x)}$ の $x=a$ における接線ですから AC の傾きは微分係数 $\boldsymbol{f'(a)}$ (p.16) です。ここで AB の長さを h とすると

$$傾き=\frac{\mathrm{BC}}{\mathrm{AB}}=\frac{\mathrm{BC}}{h}=f'(a) \quad \Rightarrow \quad \mathrm{BC}=f'(a)h \tag{3-177}$$

よって図 3-17 より

$$f(a+h)=f(a)+f'(a)h+\mathrm{CD} \tag{3-178}$$

となります。

$\boldsymbol{h}$ が十分小さいとき CD の長さは小さくなるので

$$f(a+h) \fallingdotseq f(a)+f'(a)h \tag{3-179}$$

と近似できます。

$a+h=x$
$\Rightarrow \ h=x-a$

(3-179) は $a+h=x$ とすると

$$f(x) \fallingdotseq f(a)+f'(a)(x-a) \tag{3-180}$$

とも書けます。

(3-180) は、**x が a に近いとき、$f(x)$ を１次関数（直線）で近似できる**ことを示しています。このような近似を「**１次近似**」と言います。特に $a=0$ のとき (3-180) より

$$f(x) \fallingdotseq f(0)+f'(0)x \tag{3-181}$$

です。

１次近似

x の値が a に近いとき

$$\boldsymbol{f(x) \fallingdotseq f(a)+f'(a)(x-a)}$$

特に x の値が 0 に近いとき

$$\boldsymbol{f(x) \fallingdotseq f(0)+f'(0)x}$$

１次近似の例①　$f(x)=(1+x)^n$ の場合

$\{g(ax+b)\}'=ag'(ax+b)$

$$f'(x)=1\cdot n(1+x)^{n-1}=n(1+x)^{n-1} \tag{3-182}$$

なので、x が 0 に近い値のとき

$$\begin{aligned} & f(x) \fallingdotseq f(0)+f'(0)x \\ \Rightarrow\quad & (1+x)^n \fallingdotseq (1+0)^n+n(1+0)^{n-1}x \\ \Rightarrow\quad & (1+x)^n \fallingdotseq \boldsymbol{1+nx} \end{aligned} \tag{3-183}$$

です。

この近似式は物理でもとてもよく使います。

たとえば、図 3-18 のように直角三角形で横の長さ L に対して縦の長さ h が十分短いとき、

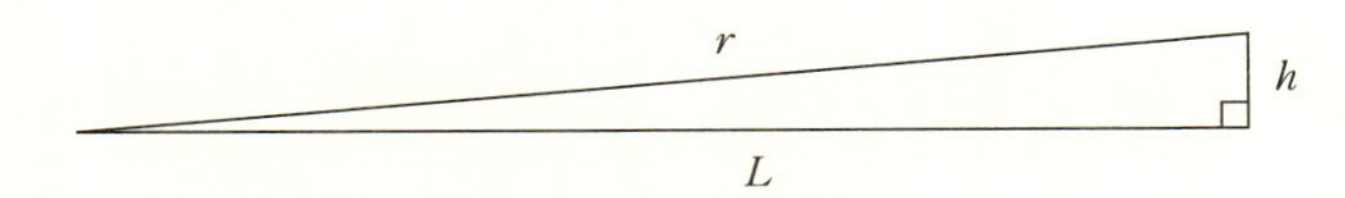

図 3-18 ● L に対して h が十分小さいときの r の近似

斜辺の長さ r は三平方の定理より

$\sqrt{a} = a^{\frac{1}{2}}$

$$r^2 = L^2 + h^2$$

$$\Rightarrow \quad r = \sqrt{L^2 + h^2} = L\sqrt{1+\left(\frac{h}{L}\right)^2} = L\left\{1+\left(\frac{h}{L}\right)^2\right\}^{\frac{1}{2}} \qquad (3\text{-}184)$$

ですが、$\frac{h}{L}$ は十分小さく 0 に近い値なので　$(1+x)^n \fallingdotseq 1+nx$

$$r = L\left\{1+\left(\frac{h}{L}\right)^2\right\}^{\frac{1}{2}} \fallingdotseq L\left\{1+\frac{1}{2}\left(\frac{h}{L}\right)^2\right\} \qquad (3\text{-}185)$$

と近似することができます。

ここで「以前（p.30）x^n の微分公式を導いたとき n は正の定数だったはず。それなのに（3-183）を $n=\frac{1}{2}$ のケースに適用するのはおかしいのでは？」と思った人は鋭い人です。確かにそのとおりです。(^_^;)

でも（後出しになってしまいましたが）、$(x^n)'=nx^{n-1}$ の公式は n が分数でも無理数でも成立します。このことを示しておきましょう。

r を実数とするとき、関数 $y=x^r (x>0)$ の導関数を求めます（n は整数の印象が強いので、n を r に置き換えました）。

$y=x^r$ の両辺に底を e とする対数（自然対数）を取る（p.302）と

$p = q \iff \log p = \log q$

$\log_a M^r = r\log_a M$

$$y=x^r \iff \log y = \log x^r = r\log x$$

$\log y = r\log x$ の両辺を x で微分します。

$$\frac{d}{dx}\log y = \frac{d}{dx} r \log x$$

$$\Rightarrow \quad \frac{dy}{dx} \cdot \frac{d}{dy}\log y = r\frac{d}{dx}\log x$$

$$\Rightarrow \quad \frac{dy}{dx} \cdot \frac{1}{y} = r \cdot \frac{1}{x}$$

$$\Rightarrow \quad \frac{dy}{dx} = r\frac{y}{x} = r\frac{x^r}{x} = rx^{r-1}$$

合成関数の微分（p.125）

$$\frac{dy}{dx} = \frac{du}{dx} \cdot \frac{dy}{du}$$

$$(\log x)' = \frac{1}{x}$$

$$y = x^r$$

$$\frac{a^m}{a^n} = a^{m-n}$$

以上より、次の公式を得ます。

関数 x^r の微分公式

r が実数のとき

$$(x^r)' = rx^{r-1}$$

$(x^n)' = nx^{n-1}$ と同じ形ですね。(^_-)- ☆

よって、これを用いた (3-183) の近似式は n が分数でも無理数でも使えます。

$(1+x)^r$ の近似

x が 0 に近い値で、r が実数であるとき

$$(1+x)^r \fallingdotseq 1+rx$$

１次近似の例②　$f(x) = \sin x$ の場合

$$f'(x) = (\sin x)' = \cos x \qquad (3\text{-}186)$$

なので、x が 0 に近い値のとき

$$f(x) \fallingdotseq f(0)+f'(0)x$$

$$\Rightarrow \quad \sin x \fallingdotseq \sin 0+\cos 0\cdot x=0+1\cdot x$$

$$\Rightarrow \quad \sin x \fallingdotseq x \tag{3-187}$$

です。

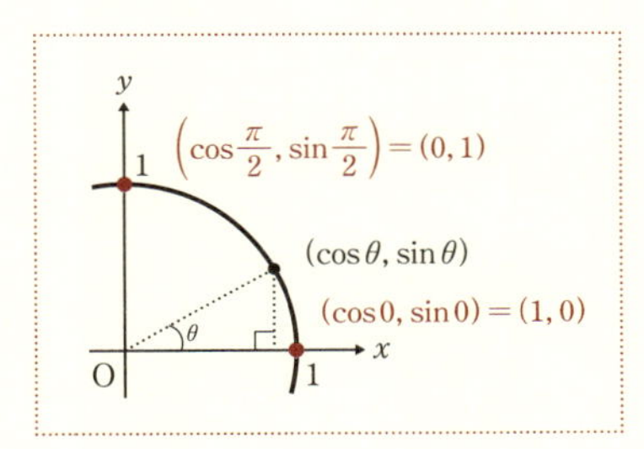

$a°$ は弧度法（p.54）では

$$\theta=\frac{a\pi}{180}$$

実際、$x=\frac{\pi}{180}$（$=1°$）のとき、関数電卓を使って計算してみると

$$\sin x=\sin\frac{\pi}{180}=0.017452406\cdots\cdots$$

$$x=\frac{\pi}{180}=0.017453292\cdots\cdots$$

と、小数第 5 位まで等しくなります。

1 次近似の例③　$f(x)=\cos x$ の場合

$$f'(x)=(\cos x)'=-\sin x \tag{3-188}$$

なので、x が 0 に近い値のとき

$$f(x) \fallingdotseq f(0)+f'(0)x$$

$$\Rightarrow \quad \cos x \fallingdotseq \cos 0-\sin 0\cdot x=1+0\cdot x$$

$$\Rightarrow \quad \boldsymbol{\cos x \fallingdotseq 1} \tag{3-189}$$

です……1次の項が消えて定数になってしまいました。(>_<)

確かに $\cos x$ は x が0に近いとき1に近い値を取りますが、関数を定数で近似する（0次近似と言います）のは心許ないですね。そこで、**2次近似**や**3次近似**というものも考えてみたいと思います。

■2次近似と3次近似

1次近似の

$$f(x) \fallingdotseq f(0)+f'(0)x$$

というのは、結局、微分可能な関数 $f(x)$ を

$$f(x) \fallingdotseq K_0+K_1x \qquad (3\text{-}190)$$

と1次関数で近似するわけですから、ここでは

$$f(x) \fallingdotseq K_0+K_1x+K_2x^2 \qquad (3\text{-}191)$$

のように $f(x)$ を2次関数で近似することを考えてみます。

なお、以下 $f(x)$ は $x=0$ を含む区間で3回以上微分可能なものとします。

(3-191) で $x=0$ とすると、

$$f(0) \fallingdotseq K_0+K_1\cdot 0+K_2\cdot 0^2=K_0$$

$$\Rightarrow \quad K_0 \fallingdotseq f(0) \qquad (3\text{-}192)$$

ですね。次に (3-191) の両辺を x で微分します。

$$f'(x) \fallingdotseq \{K_0+K_1x+K_2x^2\}'=K_1+2K_2x \qquad (3\text{-}193)$$

(3-193) で $x=0$ とすると、

$$f'(0) \fallingdotseq K_1+2K_2\cdot 0=K_1$$

$$\Rightarrow \quad K_1 \fallingdotseq f'(0) \qquad (3\text{-}194)$$

さらに (3-193) の両辺を x で微分します。

$$f''(x) \fallingdotseq \{K_1+2K_2x\}'=2K_2 \tag{3-195}$$

（3-195）で $x=0$ とすると、

$$f''(0) \fallingdotseq 2K_2$$

$$\Rightarrow \quad K_2 \fallingdotseq \frac{f''(0)}{2} \tag{3-196}$$

（3-192）、（3-194）、（3-196）を（3-191）に代入すると $f(x)$ を2次式で近似した式

$$\textbf{2次近似：} \boldsymbol{f(x) \fallingdotseq f(0)+f'(0)x+\frac{f''(0)}{2}x^2} \tag{3-197}$$

が得られます。

これを使うと、先ほどの $\cos x$ について以下の近似式を得ます。

2次近似の例　$f(x)=\cos x$ の場合

$$f'(x)=(\cos x)'=-\sin x$$

$$f''(x)=(\cos x)''=(-\sin x)'=-\cos x \tag{3-198}$$

なので、x が0に近い値のとき（3-197）より

$$f(x) \fallingdotseq f(0)+f'(0)x+\frac{f''(0)}{2}x^2$$

$$\Rightarrow \quad \cos x \fallingdotseq \cos 0-\sin 0 \cdot x-\frac{\cos 0}{2}x^2$$

$\cos 0=1$、$\sin 0=0$

$$\Rightarrow \quad \boldsymbol{\cos x \fallingdotseq 1-\frac{1}{2}x^2} \tag{3-199}$$

（3-199）の近似がどれほどの精度か、ふたたび $x=\frac{\pi}{180}$（$=1°$）の場合で計算してみましょう。

$$\cos x = \cos\frac{\pi}{180} = 0.9998476952\ldots$$

$$1-\frac{1}{2}x^2 = 1-\frac{1}{2}\cdot\left(\frac{\pi}{180}\right)^2 = 0.9998476913\ldots$$

と、小数第８位まで等しくなります！

ではこの調子で、$f(x)$ の３次式による近似を考えてみましょう。今度は

$$f(x) \fallingdotseq K_0+K_1x+K_2x^2+K_3x^3 \tag{3-200}$$

とします。

K_0、K_1、K_2 は (3-192)、(3-194)、(3-196) とまったく同じようにすれば次のように求まります（確認してくださいね）。

$$K_0 \fallingdotseq f(0) \quad K_1 \fallingdotseq f'(0) \quad K_2 \fallingdotseq \frac{f''(0)}{2} \tag{3-201}$$

K_3 を求めるために、(3-200) を３回微分します。

$$\begin{aligned} f'''(x) &\fallingdotseq (K_0+K_1x+K_2x^2+K_3x^3)''' \\ &=(K_1+2K_2x+3K_3x^2)'' \\ &=(2K_2+6K_3x)'=6K_3 \end{aligned} \tag{3-202}$$

(3-202) で $x=0$ とすると、

$$f'''(0) \fallingdotseq 6K_3$$

$$\Rightarrow \quad K_3 \fallingdotseq \frac{f'''(0)}{6} \tag{3-203}$$

となります。(3-201) と (3-203) を (3-200) に代入すると $f(x)$ を３次式で近似した

$$f(x) \fallingdotseq f(0)+f'(0)x+\frac{f''(0)}{2}x^2+\frac{f'''(0)}{6}x^3 \tag{3-204}$$

を得ます。分数の分母を階乗で表すと、見栄えがよくなります。

$$\textbf{3次近似：} f(x) \fallingdotseq f(0)+f'(0)x+\frac{f''(0)}{2!}x^2+\frac{f'''(0)}{3!}x^3 \quad (3\text{-}205)$$

（注）階乗は $n!=n(n-1)(n-2)\cdots\cdots3\cdot2\cdot1$ でしたね。よって

$2!=2\cdot1=2$、$3!=3\cdot2\cdot1=6$

です。

■テイラー展開

3 次近似の式から予測すると、n 次近似の式は次のようになりそうです。

$$f(x) \fallingdotseq f(0)+f'(0)x+\frac{f''(0)}{2!}x^2+\frac{f'''(0)}{3!}x^3\cdots\cdots$$
$$+\frac{f^{(n-1)}(0)}{(n-1)!}x^{n-1}+\frac{f^{(n)}(0)}{n!}x^n \quad (3\text{-}206)$$

実際、関数 $f(x)$ が $x=0$ を含む区間で何回でも微分可能なとき、

$$f(x)=f(0)+f'(0)x+\frac{f''(0)}{2!}x^2+\frac{f'''(0)}{3!}x^3\cdots\cdots$$
$$+\frac{f^{(n-1)}(0)}{(n-1)!}x^{n-1}+\frac{f^{(n)}(c)}{n!}x^n \quad (3\text{-}207)$$

を満たす c が 0 と x の間に存在することが証明されています。これを**テイラーの定理**と言います。（3-207）で右辺の最後の項 $\frac{f^{(n)}(c)}{n!}x^n$ を**剰余項**と言います。（3-207）の右辺は $f(x)$ と等しいので、（3-206）の誤差は

$$\frac{f^{(n)}(c)}{n!}x^n-\frac{f^{(n)}(0)}{n!}x^n=\frac{f^{(n)}(c)-f^{(n)}(0)}{n!}x^n$$

です。

(注) テイラーの定理の肝は (3-207) の = を成立させる剰余項の存在が保証されることにありますが、これを証明するには平均値の定理の証明にも用いる「ロルの定理」を使います（詳細は本書では割愛します）。m(_ _)m

$n \to \infty$ のとき剰余項 →0 となる関数 $f(x)$ は次のように**無限次の多項式**で書き表せることになります。これを **$x=0$ のまわりのテイラー展開**（あるいは**マクローリン展開**）と言います。

$x=0$ のまわりのテイラー展開（マクローリン展開）

関数 $f(x)$ が $x=0$ を含む区間で何回でも微分可能で、かつ $n \to \infty$ のとき剰余項 →0 となるならば、

$$f(x) \fallingdotseq f(0)+f'(0)x+\frac{f''(0)}{2!}x^2+\frac{f'''(0)}{3!}x^3+\cdots+\frac{f^{(n)}(0)}{n!}x^n+\cdots$$

(注) $x=a$ のまわりのテイラー展開は一般に

$$f(x) \fallingdotseq f(a)+f'(a)(x-a)+\frac{f''(a)}{2!}(x-a)^2+\frac{f'''(a)}{3!}(x-a)^3+\cdots+\frac{f^{(n)}(a)}{n!}(x-a)^n+\cdots$$

となります。上の式を $n-1$ 次近似までにしたときの剰余項は a と x の間の数 c を用いて $\frac{f^{(n)}(c)}{n!}(x-a)^n$ です。

例）

$$e^x = 1+x+\frac{x^2}{2!}+\frac{x^3}{3!}+\cdots+\frac{x^{2k}}{(2k)!}+\frac{x^{2k+1}}{(2k+1)!}+\cdots \tag{3-208}$$

$$\sin x = x-\frac{x^3}{3!}+\frac{x^5}{5!}-\frac{x^7}{7!}+\cdots+(-1)^k\frac{x^{2k+1}}{(2k+1)!}+\cdots \tag{3-209}$$

$$\cos x = 1-\frac{x^2}{2!}+\frac{x^4}{4!}-\frac{x^6}{6!}+\cdots+(-1)^k\frac{x^{2k}}{(2k)!}+\cdots \tag{3-210}$$

これらの関数はすべて $n\to\infty$ のとき剰余項 $\to 0$ となることがわかっています。

（注） $\sin x$ のテイラー展開は奇数乗の多項式、$\cos x$ のテイラー展開は偶数乗の多項式になります。また e^x のテイラー展開はふつう

$$e^x = 1+\frac{x}{1!}+\frac{x^2}{2!}+\frac{x^3}{3!}+\cdots+\frac{x^n}{n!}+\cdots$$

と書きますが、ここでは $\sin x$ や $\cos x$ と比較しやすいように、あえて奇数乗の項と偶数乗の項の区別がわかるように書きました。

$n\to\infty$ のとき剰余項 $\to 0$ となる関数はすべて、テイラー展開できますので、さまざまな関数が x の多項式で表せることになります。これはいわば、多様な関数を直接比較するためのモノサシを手に入れたようなものです。

実際、テイラー展開を使って指数関数と三角関数を比べてみると、これまで何の関係もないように思われた2つの関数の間に、とてもシンプルで美しい関係があることがわかります。それが次に紹介する**オイラーの公式**です。

$$(ix)^{2k} = i^{2k} x^{2k} = (i^2)^k x^{2k}$$

$$(ix)^{2k+1} = i^{2k+1} x^{2k+1} = i^{2k} \cdot ix^{2k+1} = (i^2)^k ix^{2k+1}$$

■オイラーの公式

(3-208) の x に ix を代入します。i は虚数単位 (p.) です。

$$e^{ix} = 1 + ix + \frac{(ix)^2}{2!} + \frac{(ix)^3}{3!} + \cdots + \frac{(ix)^{2k}}{(2k)!} + \frac{(ix)^{2k+1}}{(2k+1)!} + \cdots$$

$$= 1 + ix + \frac{i^2 x^2}{2!} + \frac{i^2 \cdot ix^3}{3!} + \cdots + \frac{(i^2)^k x^{2k}}{2k!} + \frac{(i^2)^k ix^{2k+1}}{(2k+1)!} + \cdots$$

$$= 1 + ix - \frac{x^2}{2!} - \frac{ix^3}{3!} + \cdots + (-1)^k \frac{x^{2k}}{2k!} + (-1)^k \frac{ix^{2k+1}}{(2k+1)!} + \cdots$$

$$= \left\{1 - \frac{x^2}{2!} + \cdots + (-1)^k \frac{x^{2k}}{2k!} + \cdots\right\}$$

$$i^2 = 1$$

$$+ i\left\{x - \frac{x^3}{3!} + \cdots + (-1)^k \frac{x^{2k+1}}{(2k+1)!} + \cdots\right\} \quad (3\text{-}211)$$

(3-211) で最初の { } は偶数乗の多項式、後の { } は奇数乗の多項式になっていますね。(3-209)、(3-210) と見比べると

$$\sin x = x - \frac{x^3}{3!} + \frac{x^5}{5!} - \frac{x^7}{7!} + \cdots + (-1)^k \frac{x^{2k+1}}{(2k+1)!} + \cdots \quad (3\text{-}209)$$

$$\cos x = 1 - \frac{x^2}{2!} + \frac{x^4}{4!} - \frac{x^6}{6!} + \cdots + (-1)^k \frac{x^{2k}}{(2k)!} + \cdots \quad (3\text{-}210)$$

であることから、(3-211) は次のように書き換えられます。

$$\boldsymbol{e^{ix} = \cos x + i \sin x} \quad (3\text{-}212)$$

(3-212) を**オイラーの公式**と言います。

(注) 厳密には e^x の x に複素数 ix を代入する前に、**解析接続**と呼ばれる手法を用いて定義域を実数から複素数全体に拡張する必要があります。

オイラーの公式はしばしば「**世界で最も美しい数式**」と呼ばれます。また「人類の至宝」と言う人もいます。それは、オイラーの公式の x に π（円周率）を代入すると

$$e^{i\pi} = \cos\pi + i\sin\pi = -1 + i\cdot 0 = -1$$

$$\Rightarrow \quad e^{i\pi} + 1 = 0 \tag{3-213}$$

という、美しい式が得られるからです。

(3-213) には**自然対数の底** e（p.300）と**虚数単位** i（p.328）と**円周率** π と **1（乗法の単位元）**と **0（加法の単位元）**という数学全体を司る重要な数同士の関係が非常にシンプルな形で示されています。

オイラーの公式

$$e^{ix} = \cos x + i\sin x$$

特に、$x = \pi$ のとき

$$e^{i\pi} + 1 = 0$$

さあ、お待たせしました！　これで、**互いに定数倍の関係になっていない $y'' + ay' + by = 0$ の解を2つ見つける**準備が整いました。話を 2 階定数係数線形同次微分方程式に戻しましょう。(^_-)- ☆

■ $y'' + ay' + by = 0$ の３種類の解

いったいどんな関数が $y'' + ay' + by = 0$ の解になるのでしょうか？……と言っておきながらいきなりの種明かしで恐縮ですが (^_^;)、実は

$$y = e^{\lambda x} \quad (\lambda\text{は定数}) \tag{3-214}$$

とすると、都合のよい解が見つかります。さっそく計算してみましょう。

(注1) λ（ラムダ）はアルファベットの l に相当するギリシャ文字で、物理では波長を表す際などにもよく使わる記号です。
(注2) とは言っても、「いやいや、いきなり『こうすると都合のよい解が見つかります』と言われても納得できない！」という方のために、あと（p.355 ～）で別の考え方（結論は同じです）も紹介します。(^_-)- ☆

$$y'' = ay' + by = 0$$

$$\Rightarrow \quad (e^{\lambda x})'' + a(e^{\lambda x})' + b(e^{\lambda x}) = 0$$

$$\Rightarrow \quad \lambda^2 e^{\lambda x} + a\lambda e^{\lambda x} + be^{\lambda x} = 0$$

$$\Rightarrow \quad (\lambda^2 + a\lambda + b)e^{\lambda x} = 0$$

$e^x > 0$

$$\Rightarrow \quad \boldsymbol{\lambda^2 + a\lambda + b = 0} \tag{3-215}$$

(注) $e^{\lambda x}$ を微分する度に定数 λ が前に出ます。

$$(e^{\lambda x})' = \frac{d}{dx}(e^{\lambda x}) = \lambda e^{\lambda x}$$

$\{g(ax+b)\}' = ag'(ax+b)$　$(e^x)' = e^x$

$$(e^{\lambda x})'' = \frac{d^2}{dx^2}(e^{\lambda x}) = \frac{d}{dx}\left\{\frac{d}{dx}(e^{\lambda x})\right\} = \frac{d}{dx}(\lambda e^{\lambda x}) = \lambda\frac{d}{dx}(e^{\lambda x}) = \lambda\cdot\lambda e^{\lambda x} = \lambda^2 e^{\lambda x}$$

(3-215) を満たす λ を (3-214) に代入すれば $y''+ay'+by=0$ の解が見つかるので、(3-215) を $y''+ay'+by=0$ の**特性方程式**と言います。

(3-215) は λ についての2次方程式なので、解の公式を使って解いてみましょう。

$$\lambda^2 + a\lambda + b = 0$$

$$\Rightarrow \quad \lambda = \frac{-a \pm \sqrt{a^2 - 4b}}{2} \tag{3-216}$$

こうすると判別式 **$D=a^2-4b$ の符号によって特性方程式の解には次の3種類がある**ことがわかります。

(i)　**$D>0$ のとき、異なる2つの実数解**
(ii)　**$D=0$ のとき、重解**
(iii)　**$D<0$ のとき、異なる2つの虚数解**

$ax^2+bx+c=0$

$\Rightarrow\ x=\dfrac{-b\pm\sqrt{b^2-4ac}}{2a}$

判別式（$\sqrt{\ }$ の中）：$D=\sqrt{b^2-4ac}$

ひとつずつ見ていきましょう。

(i)　$D>0$ のとき

(3-215) は異なる2つの実数解を持つので、それぞれ α、β とします ($\alpha\neq\beta$)。このとき (3-214) より

$$y_1=e^{\alpha x}、\ y_2=e^{\beta x} \tag{3-217}$$

の2つは $y''+ay'+by=0$ の解です。

ここで、$y_1=ky_2$（k は実数）とすると

$$e^{\alpha x}=ke^{\beta x}$$

$$\Rightarrow\quad \frac{e^{\alpha x}}{e^{\beta x}}=k$$

$$\Rightarrow\quad e^{\alpha x-\beta x}=k$$

$$\Rightarrow\quad e^{(\alpha-\beta)x}=k \tag{3-218}$$

を得ます。

(3-218) は $e^{(\alpha-\beta)x}$ が x の値によらず一定値 k になることを示していますが、$\alpha\neq\beta$ よりそのようなことはあり得ません。よって、$y_1\neq ky_2$ です。もちろん、まったく同様にして $y_2\neq ly_1$（l は実数）であることも示せます。つまり、**$y_1=e^{\alpha x}$ と $y_2=e^{\beta x}$ は互いに定数倍の関係になっていません（線形独立です）**。よって、$y_1=e^{\alpha x}$ と $y_2=e^{\beta x}$ は $y''+ay'+by=0$ の一般解を表す

ための2つの解として「合格」です。(^_-)- ☆

以上より、$y''+ay'+by=0$ において $\boldsymbol{a^2-4b>0}$ ならば、一般解は

$$\boldsymbol{y=C_1e^{\alpha x}+C_2e^{\beta x}} \quad (C_1、C_2 \text{は任意定数}) \tag{3-219}$$

です。

(ii) $D=0$ のとき

$\lambda^2+a\lambda+b=0$ は重解になるので、その解を α とします。すなわち

$$\alpha^2+a\alpha+b=0 \tag{3-220}$$

です。また (3-216) より

$$\alpha=\frac{-a\pm\sqrt{0}}{2}=\frac{-a}{2} \qquad \Rightarrow \qquad 2\alpha=-a \tag{3-221}$$

であることにも気をつけます。ここで

$$y_1=e^{\alpha x} \tag{3-222}$$

とすると、y_1 は $y''+ay'+by=0$ の解です。

ただし、一般解を表すためには (3-222) の定数倍になっていない（線形独立の）解をもうひとつ探す必要があります。そこで

$$y_2=(mx+n)e^{\alpha x} \tag{3-223}$$

という関数をつくり、これが $y''+ay'+by=0$ の解になり得るかを計算してみましょう。

（注1） 今、「どうして、そんな関数を思いつくのだ⁉」と思いましたよね？　苦し紛れに弁明すれば (3-222) の定数倍になっていない関数を探す必要があるので、単純な1次関数を y_1 に掛けたものを検討しようと思ったと言えなくもないですが、先人の知恵を拝借したというのが正直なところです。m(_ _)m
（注2） これも「いやいや納得できない！」という方のために、あと（p.355 ～）で別の考え方（結論は同じです）を紹介します。(^_-)- ☆

(3-223) を $y''+ay'+by=0$ の左辺に代入します。

$$y_2''+ay_2'+by_2$$

$$=\{(mx+n)e^{\alpha x}\}''+a\{(mx+n)e^{\alpha x}\}'+b\{(mx+n)e^{\alpha x}\} \tag{3-224}$$

このあとはやや複雑になるので、各項ごとに計算します。積の微分 (p.87) が登場しますから注意してください。

$$\{(mx+n)e^{\alpha x}\}'$$

$$=\frac{d}{dx}\{(mx+n)e^{\alpha x}\}$$

$\{f(x)g(x)\}'=f'(x)g(x)+f(x)g'(x)$

$$=(mx+n)'e^{\alpha x}+(mx+n)(e^{\alpha x})'$$

$(e^{\alpha x})'=\alpha e^{x}$

$$=me^{\alpha x}+(mx+n)\alpha e^{\alpha x}$$

$$=(\alpha mx+\alpha n+m)e^{\alpha x} \tag{3-225}$$

$$\{(mx+n)e^{\alpha x}\}''$$

$$=\frac{d}{dx}\{(mx+n)e^{\alpha x}\}'$$

$$=\frac{d}{dx}\{(\alpha mx+\alpha n+m)e^{\alpha x}\}$$

$$=(\alpha mx+\alpha n+m)'e^{\alpha x}+(\alpha mx+\alpha n+m)(e^{\alpha x})'$$

$$=\alpha me^{\alpha x}+(\alpha mx+\alpha n+m)\alpha e^{\alpha x}$$

$$=(\alpha^2 mx+\alpha^2 n+2\alpha m)e^{\alpha x} \tag{3-226}$$

(3-225) と (3-226) を (3-224) に代入します。

$$
\begin{aligned}
&y_2'' + ay_2' + by_2 \\
&= \{(mx+n)e^{\alpha x}\}'' + a\{(mx+n)e^{\alpha x}\}' + b\{(mx+n)e^{\alpha x}\} \\
&= (\alpha^2 mx + \alpha^2 n + 2\alpha m)e^{\alpha x} + a(\alpha mx + \alpha n + m)e^{\alpha x} + b(mx+n)e^{\alpha x} \\
&= (\alpha^2 mx + \alpha^2 n + 2\alpha m)e^{\alpha x} + (a\alpha mx + a\alpha n + am)e^{\alpha x} + (bmx + bn)e^{\alpha x} \\
&= \{(\alpha^2 + a\alpha + b)mx + (\alpha^2 + a\alpha + b)n + 2\alpha m + am\}e^{\alpha x} \qquad (3\text{-}227)
\end{aligned}
$$

ここで、(3-220) と (3-221) を思い出すと $\alpha^2 + a\alpha + b = 0$、$2\alpha = -a$ なので (3-187) から

$$
\begin{aligned}
&y_2'' + ay_2' + by_2 \\
&= (0 \cdot mx + 0 \cdot n - am + am)e^{\alpha x} = 0 \cdot e^{\alpha x} = 0 \qquad (3\text{-}228)
\end{aligned}
$$

(3-228) は

$$
y_2 = (mx+n)e^{\alpha x} \qquad (3\text{-}223)
$$

が **m, n の値によらず** $y'' + ay' + by = 0$ の解であることを示しています。そこでシンプルに $m=1$、$n=0$ のケースを考えて $\boldsymbol{y_2 = xe^{\alpha x}}$ としましょう。

「え？　勝手に決めちゃって大丈夫？」と思うでしょう？　でも $y_1 = e^{\alpha x}$ と $y_2 = xe^{\alpha x}$ が互いに定数倍の関係になっていなければ（線形独立であれば）、やはりこれらは $y'' + ay' + by = 0$ の一般解を表すための２つの解として「合格」です！＼(^o^)／

さっそく確かめてみましょう。

ここで、$y_1 = ky_2$（k は実数）とすると

$$
\begin{aligned}
&e^{\alpha x} = kxe^{\alpha x} \\
&\Rightarrow \quad 1 = kx \qquad (3\text{-}229)
\end{aligned}
$$

を得ます。

しかし x は変数、k は定数なのでこれは明らかに不適です。よって $y_1 \neq ky_2$ です。同様にして $y_2 \neq ly_1$（l は実数）であることも示せます。

以上より $y_1 = e^{\alpha x}$ と $y_2 = xe^{\alpha x}$ は互いに定数倍の関係になっていないので、$y'' + ay' + by = 0$ において $\boldsymbol{a^2 - 4b = 0}$ ならば、一般解は

$$\boldsymbol{y = C_1 e^{\alpha x} + C_2 xe^{\alpha x}} \quad (C_1、C_2 \text{は任意定数}) \tag{3-230}$$

です。

(iii)　$D < 0$ のとき

$\lambda^2 + a\lambda + b = 0$ は虚数解になります。(3-216) より

$$D = a^2 - 4b < 0 \quad \Rightarrow \quad -a^2 + 4b > 0$$

なので

$$\begin{aligned} \lambda &= \frac{-a \pm \sqrt{a^2 - 4b}}{2} \\ &= \frac{-a}{2} \pm \frac{\sqrt{-(-a^2 + 4b)}}{2} \\ &= \frac{-a}{2} \pm \frac{\sqrt{-a^2 + 4b}}{2}\sqrt{-1} \\ &= \frac{-a}{2} \pm \frac{\sqrt{-a^2 + 4b}}{2} i \end{aligned} \tag{3-231}$$

$$p = \frac{-a}{2}、\ q = \frac{\sqrt{(-a^2 + 4b)}}{2}$$

とすれば、実数 p、q を用いて $\lambda^2 + a\lambda + b = 0$ の解は

$$\lambda_1 = p + qi、\ \lambda_2 = p - qi \tag{3-232}$$

と書けます。このとき、(3-214) より

$$y_1 = e^{\lambda_1 x} = e^{(p+qi)x} = e^{px+iqx} = e^{px}e^{iqx}$$

$a^{m+n} = a^m a^n$

$$y_2 = e^{\lambda_2 x} = e^{(p-qi)x} = e^{px-iqx} = e^{px}e^{-iqx} \quad (3\text{-}233)$$

は、どちらも $y''+ay'+by=0$ の解です。

　でも……これらは虚数を含む関数（複素関数と言います）なので、できれば実数の範囲で解を探したいものです。そこでオイラーの公式（p.343）を使います。

(3-212) より

$$e^{ix} = \cos x + i\sin x$$

でした。x に qx を代入すると

$$e^{iqx} = \cos qx + i\sin qx \quad (3\text{-}234)$$

　さらに (3-234) の i に $-i$ を代入すると

$$e^{-iqx} = \cos qx - i\sin qx \quad (3\text{-}235)$$

(3-234)、(3-235) を (3-233) にそれぞれ代入すると、

$$y_1 = e^{px}e^{iqx} = e^{px}(\cos qx + i\sin qx)$$

$$y_2 = e^{px}e^{-iqx} = e^{px}(\cos qx - i\sin qx) \quad (3\text{-}236)$$

(3-236) から次のようにして、２通りの方法で i を消去します。まずは y_1+y_2 を作ります。

$$y_1 + y_2 = e^{px}(\cos qx + i\sin qx) + e^{px}(\cos qx - i\sin qx)$$

$$= e^{px}(\cos qx + i\sin qx + \cos qx - i\sin qx)$$

$$= 2e^{px}\cos qx$$

$$\Rightarrow \quad \frac{y_1 + y_2}{2} = \boldsymbol{e^{px}\cos qx} \qquad (3\text{-}237)$$

次に $y_1 - y_2$ を作ります。

$$y_1 - y_2 = e^{px}(\cos qx + i\sin qx) - e^{px}(\cos qx - i\sin qx)$$

$$= e^{px}(\cos qx + i\sin qx - \cos qx + i\sin qx)$$

$$= 2ie^{px}\sin qx$$

$$\Rightarrow \quad \frac{y_1 - y_2}{2i} = \boldsymbol{e^{px}\sin qx} \qquad (3\text{-}238)$$

私たちは p.322-326 で $y_1 = p(x)$ と $y_2 = q(x)$ が $y'' + ay' + by = 0$ の解ならば $y = C_1y_1 + C_2y_2$ は $y'' + ay' + by = 0$ の解であることを確かめたので、(3-237) と (3-238) で得られた実数の関数を

$$u_1 = \frac{y_1 + y_2}{2} = \boldsymbol{e^{px}\cos qx}$$

$$u_2 = \frac{y_1 - y_2}{2i} = \boldsymbol{e^{px}\sin qx} \qquad (3\text{-}239)$$

と置くと u_1 と u_2 はそれぞれ $y'' + ay' + by = 0$ の解です。

あとは、これらが一般解を表すための2つの解として合格かどうか、すなわち互いに定数倍になっていない（線形独立である）ことを確かめましょう。

ここで、$u_1 = ku_2$（k は実数）とすると

$$e^{px}\cos qx = ke^{px}\sin qx$$

$$\Rightarrow \quad \cos qx = k\sin qx$$

$$\Rightarrow \quad k\sin qx - \cos qx = 0 \tag{3-240}$$

を得ます。

ここで三角関数の合成（p.255）を使うと

$$k\sin qx - \cos qx = 0$$

$\cos\varphi = \dfrac{k}{\sqrt{k^2+1}}$、$\sin\varphi = \dfrac{-1}{\sqrt{k^2+1}}$

$$\Rightarrow \quad \sqrt{k^2+(-1)^2}\sin(qx+\varphi) = 0$$

$$\Rightarrow \quad \sqrt{k^2+1}\sin(qx+\varphi) = 0 \tag{3-241}$$

と変形できますが、x は変数、k、q、φ は定数なのでこれは明らかに不適です。よって $u_1 \neq ku_2$ です。同様にして $u_2 \neq lu_1$(l は実数）であることも示せます。以上より $u_1 = \boldsymbol{e^{px}\cos qx}$ と $u_2 = \boldsymbol{e^{px}\sin qx}$ は互いに定数倍の関係になっていません。

つまり、$\boldsymbol{a^2-4b<0}$ のとき、$y''+ay'+by=0$ の一般解は

$$\boldsymbol{y = C_1e^{px}\cos qx + C_2e^{px}\sin qx} \quad (C_1\text{、}C_2\text{は任意定数}) \tag{3-242}$$

です。

これでやっと $y''+ay'+by=0$ の３種類の解が出揃いましたね。まとめておきましょう。(^_-)- ☆

2階定数係数線形同次微分方程式の解法

$y''+ay'+by=0$ のとき

【特性方程式】

$$\boldsymbol{\lambda^2+a\lambda+b=0}$$

【一般解】

(i)　$D>0$ のとき：$\lambda=\alpha$、β

$$\boldsymbol{y=C_1e^{\alpha x}+C_2e^{\beta x}}$$

(ii)　$D=0$ のとき：$\lambda=\alpha$

$$\boldsymbol{y=C_1e^{\alpha x}+C_2xe^{\alpha x}}$$

(iii)　$D<0$ のとき：$\lambda=p+qi$、$p-qi$

$$\boldsymbol{y=C_1e^{px}\cos qx+C_2e^{px}\sin qx}$$

（C_1、C_2は任意定数）

慣れるために、いくつか例題を解いてみましょう。

例 1）　$y''-5y'+6y=0$

特定方程式は

$$\lambda^2-5\lambda+6=0$$

ですね。判別式は

$ax^2+bx+c=0 \Rightarrow D=\sqrt{b^2-4ac}$

$$D=(-5)^2-4\cdot1\cdot6=25-24=1>0$$

なので、特性方程式が異なる2つの実数解を持つ(i)のケースです。

$$\lambda^2-5\lambda+6=0$$

$$\Rightarrow \quad (\lambda-2)(\lambda-3)=0$$

$$\Rightarrow \quad \lambda=2、3$$

よって、一般解は

$$\boldsymbol{y=C_1e^{2x}+C_2e^{3x}}$$

$D>0$ のとき：$\lambda=\alpha$、β

$y=C_1e^{\alpha x}+C_2e^{\beta x}$

例２） $\boldsymbol{y''-4y'+4y=0}$

特定方程式は

$$\lambda^2-4\lambda+4=0$$

ですね。判別式は

$ax^2+bx+c=0 \Rightarrow D=\sqrt{b^2-4ac}$

$$D=(-4)^2-4\cdot1\cdot4=16-16=0$$

なので、特性方程式が重解を持つ (ii) のケースです。

$$\lambda^2-4\lambda+4=0$$

$$\Rightarrow \quad (\lambda-2)^2=0$$

$$\Rightarrow \quad \lambda=2$$

よって、一般解は

$D=0$ のとき：$\lambda=\alpha$

$y=C_1e^{\alpha x}+C_2xe^{\alpha x}$

$$\boldsymbol{y=C_1e^{2x}+C_2xe^{2x}}$$

例３） $\boldsymbol{y''-2y'+3y=0}$

特定方程式は

$$\lambda^2-2\lambda+3=0$$

ですね。判別式は

$ax^2+bx+c=0 \Rightarrow D=\sqrt{b^2-4ac}$

$$D=(-2)^2-4\cdot1\cdot3=4-12=-8<0$$

なので、特性方程式が異なる２つの虚数解を持つ (iii) のケースです。

$$\lambda^2 - 2\lambda + 3 = 0$$

$$\Rightarrow \quad \lambda = \frac{-(-2) \pm \sqrt{(-2)^2 - 4 \cdot 1 \cdot 3}}{2}$$

$$= \frac{2 \pm \sqrt{-8}}{2}$$

$$= \frac{2 \pm \sqrt{8}\sqrt{-1}}{2}$$

$\sqrt{-1} = i$

$$= \frac{2 \pm 2\sqrt{2}\,i}{2}$$

$$\Rightarrow \quad \lambda = 1 + \sqrt{2}\,i、\ 1 - \sqrt{2}\,i$$

$D < 0$ のとき：$\lambda = p + qi$、$p - qi$

$y = C_1 e^{px} \cos qx + C_2 e^{px} \sin qx$

よって、一般解は

$$\boldsymbol{y = C_1 e^x \cos\sqrt{2}\,x + C_2 e^x \sin\sqrt{2}\,x}$$

【補足】$y'' + ay' + by = 0$ の３種類の解を求める別の方法

これまでの論の展開に「納得できない！」という方のために、別の視点で $y'' + ay' + by = 0$ の3種類の解を求める方法もお伝えしておきましょう。

一般に、

$$x^2 + ax + b = 0 \tag{3-243}$$

の2つの解が α、β であるとき、(3-243) の左辺は

$$x^2 + ax + b = (x - \alpha)(x - \beta) \tag{3-244}$$

と因数分解できます。(3-244) の右辺を改めて展開すると

$$x^2 + ax + b = (x - \alpha)(x - \beta) = x^2 - (\alpha + \beta)x + \alpha\beta \tag{3-245}$$

となるので、(3-245) の最左辺と最右辺を見比べると

$$-(\alpha+\beta)=+a、+\alpha\beta=+b$$

$$\Rightarrow \boldsymbol{\alpha+\beta=-a、\alpha\beta=b} \qquad (3\text{-}246)$$

です。これを**２次方程式の解と係数の関係**と言います。

（注）解の公式を使えば

$$x^2+ax+b=0 \Rightarrow x=\frac{-a\pm\sqrt{a^2-4b}}{2}$$

であることから

$$\alpha=\frac{-a-\sqrt{a^2-4b}}{2}、\beta=\frac{-a+\sqrt{a^2-4b}}{2}$$

とすると（$\sqrt{\ }$の中の符号＝判別式の符号によらず）

$$\alpha+\beta=-a、\alpha\beta=b$$

になることが確かめられます。すなわち（3-246）の２次方程式の解と係数の関係は、**解が重解**でも、**虚数解**でも成立する関係です。

２階定数係数線形同次微分方程式

$$y''+ay'+by=0 \qquad (3\text{-}247)$$

が与えられたとき、特性方程式

$$\lambda^2+a\lambda+b=0$$

の２解を α、β とすると、解と係数の関係（3-246）より（3-247）は次のように変形することができます。

$$y''+ay'+by=0$$

$a=-(\alpha+\beta)$、$b=\alpha\beta$

$$\Rightarrow y''-(\alpha+\beta)y'+\alpha\beta y=0$$

$$\Rightarrow y''-\alpha y'-\beta y'+\alpha\beta y=0$$

$$\Rightarrow y''-\alpha y'=\beta(y'-\alpha y) \qquad (3\text{-}248)$$

ここで、

$$u = y' - \alpha y \tag{3-249}$$

とすると、

$$\frac{du}{dx} = \frac{d}{dx}(y' - \alpha y) = y'' - \alpha y' \tag{3-250}$$

なので、(3-249) と (3-250) を (3-248) に代入すると

$$\frac{du}{dx} = \beta u \ \Rightarrow\ \frac{1}{u}du = \beta dx \tag{3-251}$$

と変形できる変数分離形の1階微分方程式になります。これは p.311 の **《例題２》**と同様にして

$$\frac{1}{u}du = \beta dx \quad \Rightarrow \quad \int \frac{1}{u}du = \int \beta dx$$

$\int$をつける

$$\Rightarrow \quad \log|u| + A_1 = \beta x + A_2$$

$\int \frac{1}{x}dx = \log|x| + C$

$$\Rightarrow \quad \log|u| = \beta x + (A_2 - A_1) = \beta x + A_3$$

$(A_2 - A_1) = A_3$ とした

$a^{m+n} = a^m a^n$

$$\Rightarrow \quad |u| = e^{\beta x + A_3} = e^{A_3} e^{\beta x}$$

$$\Rightarrow \quad u = \pm e^{A_3} e^{\beta x}$$

$\pm e^{A_3} = A$とした

$u = y' - \alpha y$

$$\Rightarrow \quad y' - \alpha y = Ae^{\beta x} \tag{3-252}$$

（A_1、A_2、A_3、Aは任意の定数）

と解くことができます。

また (3-248) は α と β を入れ換えて

$$y'' - \beta y' = \alpha(y' - \beta y) \tag{3-253}$$

と変形することもできるので、(3-252) とまったく同様にして

$$y'-\beta y=Be^{\alpha x} \quad [B\text{は任意の定数}] \tag{3-254}$$

を得ます。次に (3-254) − (3-252) をつくると

$$(y'-\beta y)-(y'-\alpha y)=Be^{\alpha x}-Ae^{\beta x}$$

$$\Rightarrow \quad (\alpha-\beta)y=Be^{\alpha x}-Ae^{\beta x} \tag{3-255}$$

です。

ここでもし、**$\alpha-\beta\neq 0$** なら、すなわち α と β が特性方程式の異なる実数解や異なる虚数解なら (3-255) から

$$y=\frac{1}{\alpha-\beta}(Be^{\alpha x}-Ae^{\beta x})=\frac{B}{\alpha-\beta}e^{\alpha x}+\frac{-A}{\alpha-\beta}e^{\beta x} \tag{3-256}$$

となります。任意の定数 C_1、C_2 を使って次のように書き換えれば

$$\frac{B}{\alpha-\beta}=C_1 \qquad \frac{-A}{\alpha-\beta}=C_2$$

(3-256) は

$$y=C_1e^{\alpha x}+C_2e^{\beta x}$$

となり、特性方程式の判別式 D が $D>0$ の場合の一般解 (3-219) に一致します！　また判別式 D が $D<0$ の場合も、(3-233) から一般解

$$y=C_1y_1+C_2y_2=C_1e^{\lambda_1 x}+C_2e^{\lambda_2 x}$$

を作れば同じ形になります。ただし $D<0$ の場合、λ_1 や λ_2 は虚数なので実数の範囲で一般解を探すなら、先ほど (p.349-352) と同じようにオイラーの定理を用いた工夫が必要になります。その結果はもちろん (3-242) に一致します。

問題は、**$\alpha-\beta=0 \ \Rightarrow\ \alpha=\beta$ のケース**、すなわち特性方程式が重解を持つ場合です。このときはもう一工夫必要になります。

(3-252) に $\beta=\alpha$ を代入し、右辺から $e^{\alpha x}$ を消すために、両辺に $e^{-\alpha x}$ を掛けましょう。

$$y' - \alpha y = Ae^{\alpha x}$$

$$\Rightarrow \quad (y' - \alpha y)e^{-\alpha x} = Ae^{\alpha x} \cdot e^{-\alpha x} \qquad e^{\alpha x}e^{-\alpha x} = e^{\alpha x + (-\alpha x)} = e^0 = 1$$

$$\Rightarrow \quad y'e^{-\alpha x} - \alpha ye^{-\alpha x} = Ae^0 = A \tag{3-257}$$

ここで（3-257）の右辺は、次のように「$ye^{-\alpha x}$」を微分したものになっています（積の微分と 1 次関数を含む合成関数の微分を使います）。

$$(ye^{-\alpha x})' = y' \cdot e^{-\alpha x} + y \cdot (e^{-\alpha x})' \qquad \{f(x)g(x)\}' = f'(x)g(x) + f(x)g'(x)$$

$$= y' \cdot e^{-\alpha x} + y(-\alpha e^{-\alpha x}) \qquad \{g(ax+b)\}' = ag'(ax+b)$$

$$= y'e^{-\alpha x} - \alpha ye^{-\alpha x} \tag{3-258}$$

（3-258）を（3-257）に代入すると

$$y'e^{-\alpha x} - \alpha ye^{-\alpha x} = A$$

$$\Rightarrow \quad (ye^{-\alpha x})' = A$$

$$\Rightarrow \quad \int (ye^{-\alpha x})' dx = \int A dx$$

$$\Rightarrow \quad ye^{-\alpha x} = Ax + B \tag{3-259}$$

（A、B は任意の定数）

（3-259）の両辺に $e^{\alpha x}$ を掛けると

$$ye^{-\alpha x} = Ax + B$$

$$\Rightarrow \quad ye^{-\alpha x} \cdot e^{\alpha x} = (Ax + B)e^{\alpha x}$$

$$\Rightarrow \quad ye^0 = Axe^{\alpha x} + Be^{\alpha x}$$

$$\Rightarrow \quad y = Be^{\alpha x} + Axe^{\alpha x} \tag{3-260}$$

(3-260) は

$$B=C_1、A=C_2$$

> $D=0$のとき
> $y=C_1e^{\alpha x}+C_2xe^{\alpha x}$

とすれば、特性方程式の判別式Dが$D=0$の場合（重解の場合）の一般解 (3-230) に一致します。＼(^o^)／

物理への展開……減衰振動

2 階定数係数線形同次微分方程式が解けるようになれば、ばねに繋がれた物体が速度に比例する抵抗力を受ける場合の運動方程式を解くことができます。(^_-)- ☆

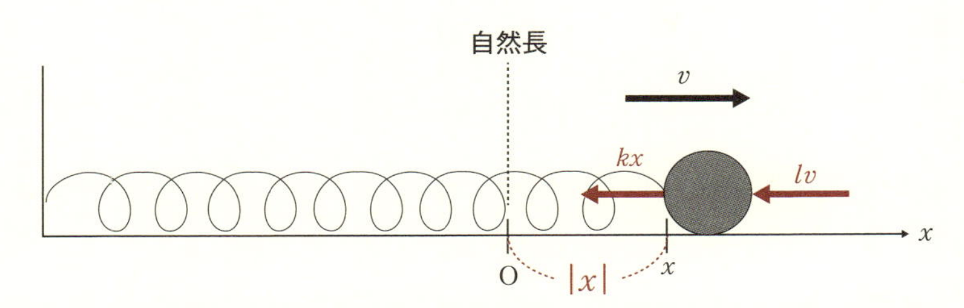

図 3-19 ●ばねに繋がれた物体が速度に比例する抵抗力を受ける場合の運動

図 3-19 のようにばね定数 k のばねに繋がれた物体が速度に比例する抵抗力 lv（l は比例定数）を受ける場合、運動方程式は

$$ma = -kx - lv \tag{3-261}$$

です（p.370 の注参照）。微分を使って書き直せば

$$m\frac{d^2x}{dt^2} = -kx - l\frac{dx}{dt}$$

$$\Rightarrow \quad m\frac{d^2x}{dt^2} + l\frac{dx}{dt} + kx = 0$$

$$\Rightarrow \quad \frac{d^2x}{dt^2} + \frac{l}{m}\frac{dx}{dt} + \frac{k}{m}x = 0 \tag{3-262}$$

ここで、

$$\frac{d^2x}{dt^2} = x''、\frac{dx}{dt} = x'、\frac{l}{m} = \gamma、\frac{k}{m} = \omega^2 \tag{3-263}$$

と置き換えると、

(注) ここで

$$\frac{l}{m}=\gamma、\frac{k}{m}=\omega^2$$

と置き換えるのは物理の慣習です。ちなみに、ω（オメガ）は前にも出てきましたが、**角振動数**という名前が付いています。γ（ガンマ）はやはりギリシャ文字です。

(3-262) は

$$x''+\gamma x'+\omega^2 x=0 \quad [\gamma, \omega\text{は正の定数}] \tag{3-264}$$

となって、この節で苦労して一般解を求めた2階定数係数線形同次微分方程式そのものですね。特性方程式は

$$\lambda^2+\gamma\lambda+\omega^2=0 \tag{3-265}$$

です。判別式 $D=\gamma^2-4\omega^2$ の符号によって一般解が異なるので、場合分けしていきます。

(i) ***D*>0のとき**、すなわち

$$D=\gamma^2-4\omega^2>0 \Rightarrow \gamma^2>4\omega^2$$

$$\Rightarrow \gamma>2\omega \tag{3-266}$$

$\gamma>0$、$\omega>0$

のとき、特性方程式 (3-265) は異なる2つの実数解を持つので、それらを α、β とすると解の公式より

$$\alpha=\frac{-\gamma+\sqrt{\gamma^2-4\omega^2}}{2}、\beta=\frac{-\gamma-\sqrt{\gamma^2-4\omega^2}}{2} \tag{3-267}$$

$D>0$ のとき：$\lambda=\alpha$、β

$y=C_1e^{\alpha x}+C_2e^{\beta x}$

であり、一般解は

$$x=C_1e^{\alpha t}+C_2e^{\beta t} \tag{3-268}$$

です。ただし (3-267) と $\gamma>0$ から

$$\beta < \alpha < 0 \tag{3-269}$$

なので $e^{\alpha t}$ と $e^{\beta t}$ は時間の経過とともに段々と小さくなります（図 3-20 は $\alpha=-1$、$\beta=-3$ の場合のグラフです）。

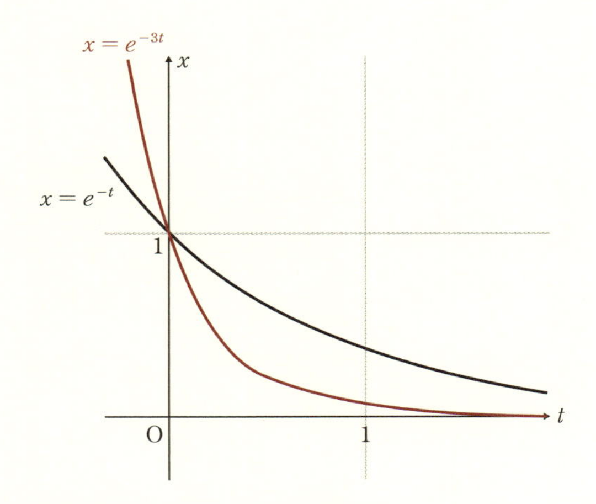

図 3-20 ● $x=e^{-t}$ と $x=e^{-3t}$ のグラフ

たとえば、$t=0$ における初期条件が $x=0$、$v=v_0>0$ の場合、(3-268) から

$$0=C_1e^0+C_2e^0=C_1+C_2 \tag{3-270}$$

$$v=\frac{dx}{dt}=(C_1e^{\alpha t}+C_2e^{\beta t})'=C_1\alpha e^{\alpha t}+C_2\beta e^{\beta t}$$

$$\Rightarrow \quad v_0=C_1\alpha e^0+C_2\beta e^0=C_1\alpha+C_2\beta \tag{3-271}$$

(3-270) と (3-271) を C_1 と C_2 の連立方程式として解くと

$$C_1=\frac{v_0}{\alpha-\beta}、\ C_2=\frac{-v_0}{\alpha-\beta} \tag{3-272}$$

と求まります。(3-272) を (3-268) に代入すると

$$x = \frac{v_0}{\alpha-\beta}e^{\alpha t} - \frac{v_0}{\alpha-\beta}e^{\beta t}$$

$$= \frac{v_0}{\alpha-\beta}(e^{\alpha t} - e^{\beta t}) \qquad (3\text{-}273)$$

ここで、$v_0>0$、(3-269) より $\beta<\alpha<0$ なので (3-273) で与えられる運動の様子を表すグラフは概ね図 3-21 のようになります。

（注） 図 3-21 では $\alpha=-1$、$\beta=-3$ としました。これは特性方程式 (3-265) が、$\lambda^2+4\lambda+3=0$ のケースなので、$\gamma=4$、$\omega=\sqrt{3}$ です。また初速度は $v_0=6$ にしてあります。

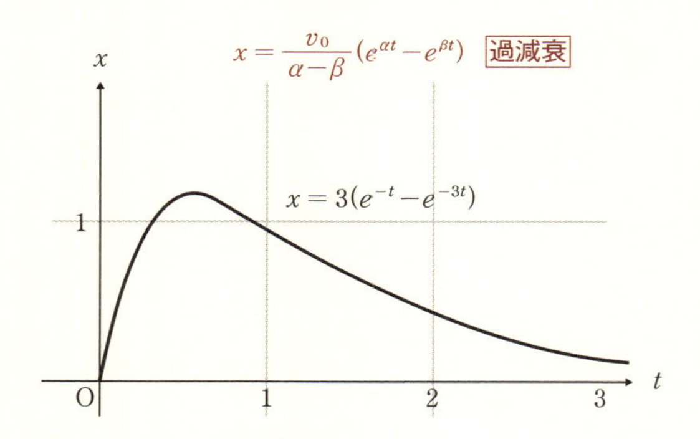

図 3-21 ●過減衰のグラフ

このケースでは抵抗力が強いため、振動が起きません。これを**過減衰**と言います。

(ii)　**$D=0$ のとき**、すなわち

$$D = \gamma^2 - 4\omega^2 = 0 \;\Rightarrow\; \gamma^2 = 4\omega^2$$

$$\Rightarrow\; \gamma = 2\omega \qquad (3\text{-}274)$$

（$\gamma>0$、$\omega>0$）

のとき、特性方程式 (3-265) は重解を持つので、それを α とすると、解の

公式より

$\lambda^2+\gamma\lambda+\omega^2=0$

$$\alpha=\frac{-\gamma+\sqrt{\gamma^2-4\omega^2}}{2}=\frac{-\gamma+\sqrt{0}}{2}=-\frac{\gamma}{2} \tag{3-275}$$

$D=0$ のとき：$\lambda=\alpha$

$y=C_1e^{\alpha x}+C_2xe^{\alpha x}$

です。このとき一般解は

$$x=C_1e^{\alpha t}+C_2te^{\alpha t}=(C_1+C_2t)e^{-\frac{\gamma}{2}t} \tag{3-276}$$

です。

先ほどと同じ初期条件を考えて、$t=0$ で $x=0$、$v=v_0>0$ とすると

$$0=(C_1+C_2\cdot 0)e^0=C_1 \tag{3-277}$$

$$\begin{aligned} v &= \frac{dx}{dt}=\left\{(C_1+C_2t)e^{-\frac{\gamma}{2}t}\right\}' \\ &= C_2e^{-\frac{\gamma}{2}t}+(C_1+C_2t)\cdot\left(-\frac{\gamma}{2}\right)e^{-\frac{\gamma}{2}t} \\ &= C_2\left(1-\frac{\gamma}{2}t\right)e^{-\frac{\gamma}{2}t} \end{aligned}$$

$C_1=0$

$$\Rightarrow\quad v_0=C_2\left(1-\frac{\gamma}{2}\cdot 0\right)e^{-\frac{\gamma}{2}\cdot 0}=C_2 \tag{3-278}$$

(3-277) と (3-278) を (3-276) に代入すると

$$\boldsymbol{x=v_0te^{-\frac{\gamma}{2}t}} \tag{3-279}$$

を得ます。

(3-279) で与えられる運動の様子を先ほどの過減衰のグラフの上に重ねてみます（次頁図 3-22）。

(注) 図 3-22 の赤いグラフは特性方程式 (3-265) が、$\lambda^2+4\lambda+4=0$ のケースです。すなわち γ は黒のグラフ（図 3-21）と同じく $\gamma=4$ で、ω は $\gamma=2\omega$ (3-274) より $\omega=2$ です。また初速度はどちらも $v_0=6$ にしてあります。

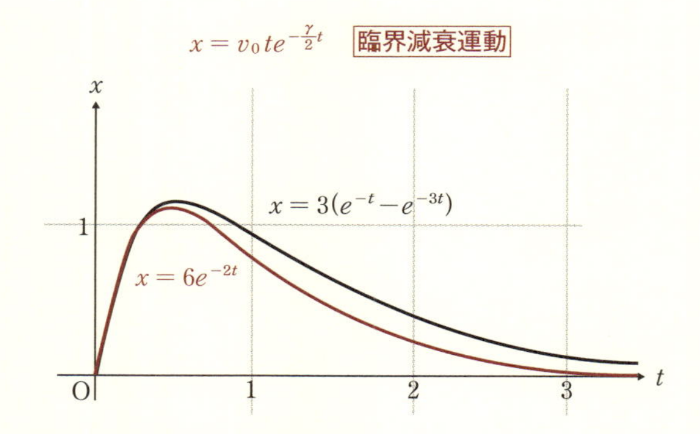

図 3-22 ●臨界減衰運動のグラフ（赤）

$\gamma = 2\omega$ のときの運動を**臨界減衰運動**と言います。これよりも抵抗力が弱くなれば（あるいはばねの弾性力が強くなれば）物体は振動します。そのケースを次に見てみましょう。

(iii)　**$D < 0$ のとき**、すなわち

$$D = \gamma^2 - 4\omega^2 < 0 \quad \Rightarrow \quad \gamma^2 < 4\omega^2$$

$\gamma > 0$、$\omega > 0$

$$\Rightarrow \quad \boldsymbol{\gamma < 2\omega} \tag{3-280}$$

のとき、特性方程式 (3-265) は虚数解を持ちます。解の公式より

$$\lambda = \frac{-\gamma \pm \sqrt{\gamma^2 - 4\omega^2}}{2}$$

$\lambda^2 + \gamma\lambda + \omega^2 = 0$

$$= \frac{-\gamma}{2} \pm \frac{\sqrt{-(4\omega^2 - \gamma^2)}}{2}$$

$\gamma^2 - 4\omega^2 < 0 \quad \Rightarrow \quad 4\omega^2 - \gamma^2 > 0$

$$= \frac{-\gamma}{2} \pm \frac{\sqrt{4\omega^2 - \gamma^2}}{2}\sqrt{-1}$$

$\sqrt{-1} = i$

$$= \frac{-\gamma}{2} \pm \frac{\sqrt{4\omega^2 - \gamma^2}}{2}i \tag{3-281}$$

です。ここで2つの解をα、βとすれば

$$\alpha=\frac{-\gamma}{2}+\frac{\sqrt{4\omega^2-\gamma^2}}{2}i、\beta=\frac{-\gamma}{2}-\frac{\sqrt{4\omega^2-\gamma^2}}{2}i \tag{3-282}$$

ですね。さらに、

$$\omega_1=\frac{\sqrt{4\omega^2-\gamma^2}}{2} \tag{3-283}$$

と置き換えると

$$\alpha=\frac{-\gamma}{2}+\omega_1 i、\beta=\frac{-\gamma}{2}-\omega_1 i \tag{3-284}$$

$D<0$のとき：$\lambda=p+qi$、$p-qi$

$y=C_1e^{px}\cos qx+C_2e^{px}\sin qx$

となるので、一般解は

$$x=C_1e^{-\frac{\gamma}{2}t}\cos\omega_1 t+C_2e^{-\frac{\gamma}{2}t}\sin\omega_1 t \tag{3-285}$$

となります。

(3-285) は三角関数の合成（p.255）を用いて

$$x=e^{-\frac{\gamma}{2}t}(C_1\cos\omega_1 t+C_2\sin\omega_1 t)$$

$$=e^{-\frac{\gamma}{2}t}\cdot A\sin(\omega_1 t+\varphi) \tag{3-286}$$

とまとめられます。ただし、

$$A=\sqrt{C_1{}^2+C_2{}^2}、\sin\varphi=\frac{C_1}{\sqrt{C_1{}^2+C_2{}^2}}、\cos\varphi=\frac{C_2}{\sqrt{C_1{}^2+C_2{}^2}} \tag{3-287}$$

です。

これまでと同じ初期条件を考えて、$t=0$で$x=0$、$v=v_0>0$とすると

$$0=e^0\cdot A\sin(0+\varphi)=A\sin\varphi \quad\Rightarrow\quad \sin\varphi=0 \tag{3-288}$$

$e^0=1$

$\sin\varphi=0$

$$v=\frac{dx}{dt}=\left\{e^{-\frac{\gamma}{2}t}\cdot A\sin(\omega_1 t+\varphi)\right\}'$$

$$=-\frac{\gamma}{2}e^{-\frac{\gamma}{2}t}A\sin(\omega_1 t+\varphi)+e^{-\frac{\gamma}{2}t}A\omega_1\cos(\omega_1 t+\varphi)$$

$$=Ae^{-\frac{\gamma}{2}t}\left\{-\frac{\gamma}{2}\sin(\omega_1 t+\varphi)+\omega_1\cos(\omega_1 t+\varphi)\right\}$$

$\sin\varphi=0$

$$\Rightarrow \quad v_0=Ae^0\left(-\frac{\gamma}{2}\sin\varphi+\omega_1\cos\varphi\right)=A\omega_1\cos\varphi \qquad \text{(3-289)}$$

(3-288) より $\varphi=0$ or π なので、$\cos\varphi=1$ or -1 ですが、(3-289) において $v_0>0$、$A>0$、$\omega_1>0$ なので $\cos\varphi>0$。よって $\varphi=0$、$\cos\varphi=1$ とわかります。このとき、(3-289) より

$$v_0=A\omega_1 \quad \Rightarrow \quad A=\frac{v_0}{\omega_1} \qquad \text{(3-290)}$$

$\varphi=0$ と (3-290) を (3-286) に代入して

$$\boldsymbol{x=e^{-\frac{\gamma}{2}t}\cdot\frac{v_0}{\omega_1}\sin\omega_1 t} \qquad \text{(3-291)}$$

を得ます。

(3-291) で与えられる運動の様子を p.366 の図 3-22 に重ねてみましょう (次頁図 3-23)。

$\gamma<2\omega$ のときは、ご覧のように振幅がだんだん小さくなる振動が起こります。これを**減衰振動**と言います。

(注) 図 3-23 の赤い線のグラフは特性方程式 (3-265) が、$\lambda^2+4\lambda+40=0$ のケースです。今回も γ は図 3-21 や図 3-22 と同じく $\gamma=4$ で、ω は $\omega=2\sqrt{10}$ にしました (3-283 より $\omega_1=6$)。また初速度はいずれのケースも $v_0=6$ にしてあります。

既にお気づきの読者も多いと思いますが、速度に比例する抵抗力がないとき、すなわち $\gamma=0$ のとき、(3-286) は (3-39) で求めた単振動の式に一致します。

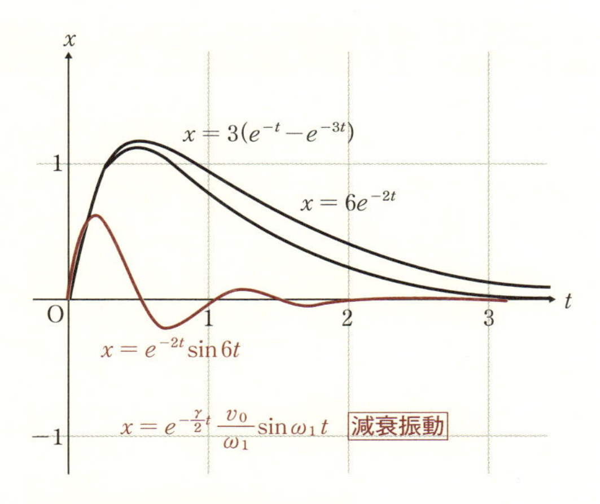

図 3-23●減衰振動のグラフ（赤）

$$x = e^{-\frac{\gamma}{2}t}\cdot A\sin(\omega_1 t + \varphi) \tag{3-286}$$

$$\gamma = 0 \Rightarrow \omega_1 = \frac{\sqrt{4\omega^2 - \gamma^2}}{2} = \omega$$

$$x = A\sin(\omega t + \varphi) \tag{3-39}$$

p.256 で紹介した (3-39) を求める計算はやや場当たり的でしたが、こうして 2 階定数係数線形同次微分方程式の解法を学んだあとは、単振動の運動方程式が 1 階微分の項を含まない特別なケースであることも理解してもらえると思います。(^_-)- ☆

オリジナル問題に挑戦

さて、いよいよ本書も大詰めです。最後に入試問題を解いてみましょう……と言いたいところですが、本節の内容は完全に大学で学ぶ内容なので、適当な大学入試問題がありません。

そこで、今回はオリジナル問題です。

問題10　オリジナル問題

x 軸上を動く質量 m の物体が、ばね定数 k のばねに繋がれています。この物体が速度 v に比例する抵抗力 lv を受けるとき、次の問題に答えなさい。

(1)　臨界減衰運動になるための条件を l、k、m で表しなさい。
(2)　物体を $t=0$ で $x=x_0$ に置き、そっと離した。$k=101m$、$l=2m$ とするとき、任意の時刻 t における物体の位置を t の関数として表しなさい。
(3)　k と l が (2) の値のとき、この物体の速度が 0 となる瞬間の時刻を求めなさい。

◇ 解説

運動方程式は (3-261) と同じく

$$ma=-kx-lv$$

で与えられます。

(注) v は速さ（速度の絶対値）ではなく、速度（x 軸の正の方向に動くときは $v>0$、x 軸の負の方向に動くときは $v<0$ になる符号付きの値）なので運動方程式における抵抗力の項はつねに「$-lv$」になることに注意しましょう。

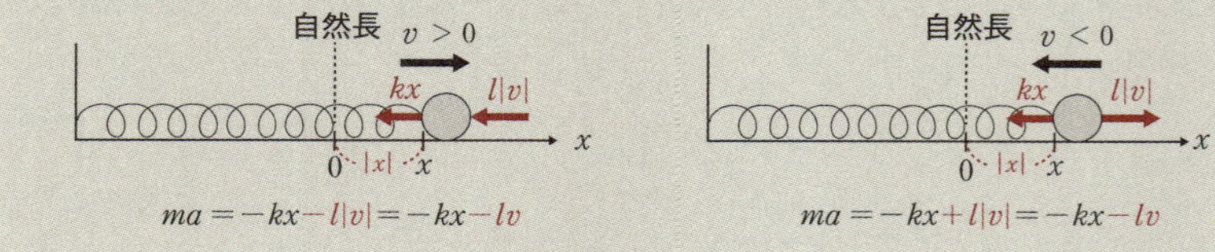

$ma=-kx-l|v|=-kx-lv$　　　$ma=-kx+l|v|=-kx-lv$

(1) 臨界減衰運動になるのは、**特性方程式が重解を持つ場合**です。
(2) (3) は**特性方程式が虚数解を持つ**ケースなので、**減衰振動**になります。また、ここでは三角関数の合成は使わないほうが x や v をスッキリ表わせます。

❖ 解答

(1)　運動方程式は

$$ma=-kx-lv \tag{3-292}$$

となるので、微分を使って書き直せば

$$m\frac{d^2x}{dt^2}=-kx-l\frac{dx}{dt}$$

$$\Rightarrow \quad m\frac{d^2x}{dt^2}+l\frac{dx}{dt}+kx=0$$

$$\Rightarrow \quad \frac{d^2x}{dt^2}+\frac{l}{m}\frac{dx}{dt}+\frac{k}{m}x=0 \tag{3-293}$$

です。2 階定数係数線形同次微分方程式である (3-293) の特性方程式は

$$\lambda^2+\frac{l}{m}\lambda+\frac{k}{m}=0 \tag{3-294}$$

臨界減衰運動になるのは特性方程式 (3-294) が重解をもつときなので判別式が 0。よって求める条件は

$ax^2+bx+c=0 \ \Rightarrow \ D=\sqrt{b^2-4ac}$

$$D=\left(\frac{l}{m}\right)^2-4\frac{k}{m}=0 \ \Rightarrow \ \boldsymbol{l^2=4km} \tag{3-295}$$

(2)　$l=2m$、$k=101m$ より

$$\frac{l}{m}=2、\frac{k}{m}=101 \tag{3-296}$$

これらを (3-294) に代入すると

$$\lambda^2+2\lambda+101=0$$

$$\Rightarrow \quad \lambda=\frac{-2\pm\sqrt{2^2-4\cdot1\cdot101}}{2}$$

$ax^2+bx+c=0 \Rightarrow x=\frac{-b\pm\sqrt{b^2-4ac}}{2a}$

$$=-1\pm\frac{\sqrt{-(404-4)}}{2}$$

$$=-1\pm\frac{\sqrt{400}}{2}\sqrt{-1}$$

$\sqrt{-1}=i$

$$=-1\pm10i \qquad (3\text{-}297)$$

よって一般解は

$D<0$ のとき：$\lambda=p+qi$、$p-qi$

$y=C_1e^{px}\cos qx+C_2e^{px}\sin qx$

$$x'=C_1e^{-t}\cos10t+C_2e^{-t}\sin10t$$

$$=e^{-t}(C_1\cos10t+C_2\sin10t) \qquad (3\text{-}298)$$

となります（C_1、C_2 は任意定数）。

$t=0$ で $x=x_0$、$v=0$ とすると

$e^0=1$

$$x_0=e^0(C_1\cos0+C_2\sin0)=C_1 \qquad (3\text{-}299)$$

$\{f(x)g(x)\}'=f'(x)g(x)+f(x)g'(x)$

$(e^{ax})'=ae^x$

$(\cos ax)'=-a\sin x$、$(\sin ax)'=a\cos ax$

$$v=\frac{dx}{dt}=\{e^{-t}(C_1\cos10t+C_2\sin10t)\}'$$

$$=-e^{-t}(C_1\cos10t+C_2\sin10t)+e^{-t}(-10C_1\sin10t+10C_2\cos10t)$$

$$=e^{-t}\{(10C_2-C_1)\cos10t-(10C_1+C_2)\sin10t\} \qquad (3\text{-}300)$$

$t=0$ で $v=0$

$\cos0=1$、$\sin0=0$

$$\Rightarrow \quad 0=e^0\{(10C_2-C_1)\cos0-(10C_1+C_2)\sin0\}$$

$$\Rightarrow \quad 10C_2-C_1=0 \Rightarrow C_2=\frac{1}{10}C_1 \qquad (3\text{-}301)$$

(3-299) と (3-301) から

$$C_1 = x_0、C_2 = \frac{1}{10}x_0 \tag{3-302}$$

(3-302) を (3-298) に代入して

$$x = e^{-t}\left(x_0\cos 10t + \frac{1}{10}x_0\sin 10t\right)$$

$$= \boldsymbol{x_0 e^{-t}\left(\cos 10t + \frac{1}{10}\sin 10t\right)} \tag{3-303}$$

(3)　(3-300) に (3-302) を代入して

$$v = e^{-t}\left\{\left(10\cdot\frac{1}{10}x_0 - x_0\right)\cos 10t - \left(10x_0 + \frac{1}{10}x_0\right)\sin 10t\right\}$$

$$= -\left(10 + \frac{1}{10}\right)x_0 e^{-t}\sin 10t \tag{3-304}$$

$e^{-t} > 0$

なので、$v=0$ のとき

$$\sin 10t = 0 \quad \Rightarrow \quad 10t = n\pi$$

$$\Rightarrow \quad \boldsymbol{t = \frac{n\pi}{10} \quad (n = 0, 1, 2, 3\cdots\cdots)} \tag{3-305}$$

(注) $\sin\theta = 0$ のとき、一般角 (p.82) で考えれば

$$\theta = 0 + 2n\pi \quad \text{or} \quad \theta = \pi + 2n\pi \quad \Rightarrow \quad \theta = n\pi$$

参考までに (3-303) のグラフを示しておきます。

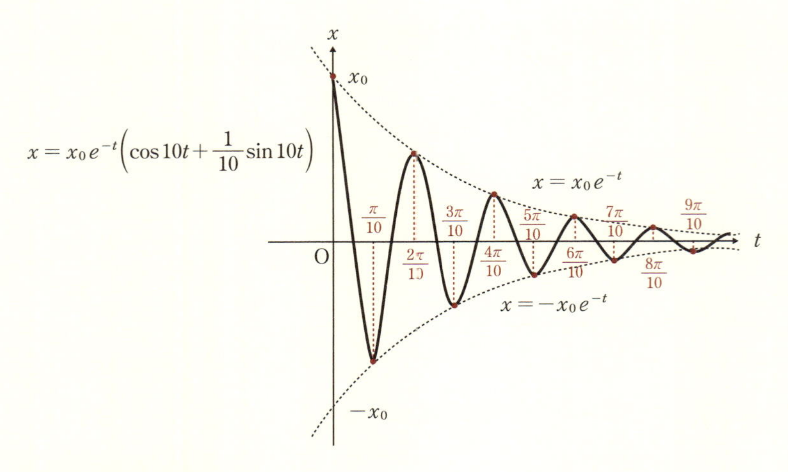

図 3-24 ●減衰運動

（注） 点線は、$x = \pm x_0 e^{-t}$、赤い点は速度 v が 0 になる瞬間の点

質問コーナー

生徒●いよいよこれで先生ともお別れですね……。（特に名残惜しくはないけど）ここまでこれて感慨深いものはあります。(^_-)- ☆

先生●お疲れ様でした。本当によくがんばりましたね。

生徒●この節は特に数式がてんこ盛りでした……。

先生●でも、だからこそ、物理を意識することが大切なんです。

生徒●どういうことですか？

先生●私たちは長い準備と計算の後に 2 階定数係数線形同次微分方程式の一般解は特性方程式の判別式の符号によって、3 つに分類できることを学びました。ただ、そこまでの理解で終わってしまうと、微分方程式の本質を捉えたとは言えません。

生徒●はあ。

先生●実際、多くの大学生は 2 階定数係数線形同次微分方程式の 3 種類の解を公式として暗記するだけで終わってしまうようです。

生徒●（まあ、そうでしょうね……）。

先生●でも、2 階定数係数線形同次微分方程式を、ばねに繋がれた物体が速度に比例する抵抗力を受けながら運動するときの運動方程式として理解すれば、それぞれの解とグラフは納得がいくものになっていたのではないでしょうか？

生徒●確かに計算は難しかったですが、「物理への展開」に入って、ちょっとほっとした気持ちにはなりました。

先生●そうでしょう！　結局、特性方程式の判別式の符号による解の分類は、ばねの力（ばね定数 k）に対して、抵抗力の大きさ（抵抗力の比例定数 l）が大きければ**過減衰**、小さければ**減衰振動**になることを示しているにすぎません。抵抗力が大きいとき、物体が自然長の長さに戻る前に（振動せずに）止まってしまうのは、直感的に理解できることですよね。

生徒●ばねの力に対して抵抗力が小さい場合の、振動はしつつも徐々に振動の振幅が小さくなっていく結果も想像はつきます。

先生●微分方程式は、そういうイメージや「実感」を伴ってはじめて理解したと言うことができるのです。

生徒●それが、最初に先生がおっしゃっていた「数学と物理を一緒に学ぶ醍醐味」ですか？

先生●そのとおりです！　数学が高度になり、数式変形が複雑になればなるほど、得られた結果は単なる文字や数字の羅列に見えてしまうものです。でも物理という「現象」は数式に活き活きとしたイメージを与えてくれます。これが数学そのものに対する理解を飛躍的に高めてくれるのです。そういう意味では**数学と物理は車の両輪みたいなもので、両方を学んではじめてバランスが取れる**と私は思っています。

生徒●でも、微分積分って物理だけでなく他の分野にも広く応用されているんですよね？

先生●はい。ただ、物理以外の分野への応用は、現象を物理現象になぞらえて考えることで発展してきたという側面が多分にあります。いずれにしても、物理を通して微分積分学を理解しておくことは、さまざまなシーンで大きなアドバンテージになると思いますよ。

(^_-)- ☆

おわりに

まずは、決して薄くない本書を最後まで読んで頂いたことに、心からの感謝と敬意を表します。

本書が読者の皆様にとって有益であるかどうかは、もちろんあなた自身に決めて頂く他はありませんが、数学と物理を同時に学ぶことの意味と意義を感じてくれる読者の方が本書を通じて1人でも多くなることを強く期待しています。

私自身は高校生のときに、運良く微分積分を物理に使うことの感動を味わう機会があって、それが今の私につながっていると常々感じていましたので、今回「物理数学の本を」とご依頼を頂いたことは、大きな喜びでした。

貴重な機会を与えて下さったSBクリエイティブの則松直樹さんにはこの場を借りて深く御礼申し上げます。則松さんは編集者さんには珍しく（？）数学科のご出身で理系ならではの貴重なアドヴァイスをたくさん頂戴しました。また、本文中で紙面に読みやすさとやわらかさを加えて下さったイラストのshimanoさん、数式に「物語」があることをアピールして下さった切り絵作家の辻恵子さん、カバーと本文で素晴らしいデザインをして下さった米谷テツヤさん、多くの数式や図版を含む組版にご尽力頂いたスタヂオ・ポップの海汐亮太さん、細かく校正を見て頂いた小山和子さん他、本書の成立にご尽力を頂いた皆様にも心から感謝申し上げます。

最後に、微分積分と物理をもっと学びたい！と思う読者の方（たくさんいらっしゃいますように！）に私からのお勧め本をいくつか紹介しておきます。

《参考図書》

● 小島寛之著『ゼロから学ぶ微分積分』講談社

数学の入門書を書かせたらこの方の右に出る者はいないのではないかと個人的には思っています。本書もさすがのクオリティで説明がわかりやすく、また直感的です。説明の仕方が独特なので、一般的な教科書・参考書と並べて読むと立体的な理解が進むことでしょう。

● 石村園子著『やさしく学べる微分方程式』共立出版

やはりわかりやすさには定評のある石村園子先生による微分方程式の参考書です。まず「やさしく学べる」シリーズ全体に共通する高校数学と大学数学の溝を感じさせない構成の妙があります。例題も工夫されているので読み進めるうちに自然と微分方程式を解くことができるようになると思います。

● 山本義隆著『新・物理入門』駿台文庫

高校生向けに書かれた物理の参考書として、誰もが認める金字塔的な参考書です。私が高校時代に感銘を受けた物理の講義が再現されています。高校生にとっては決して易しくありませんが、難関大学を目指す人には是非チャレンジしてほしいです。もちろん力学だけでなく、高校物理のすべての単元が網羅されています。ちなみに私は、高校時代にウンウンと唸りながらもここに書いてある内容を理解してあったおかげで、入試はもちろん、大学に入ってからもしばらくは講義が簡単に感じました。

● 市村宗武・狩野覚著『物理学入門〈1〉力学』東京化学同人

大学１年生のとき、教科書に指定されたのは市村宗武先生の名著『力学』(朝倉書店) でした。上の『新・物理入門』の内容をさらに発展させてあり、微分積分を使って大学レベルの力学を理解するのに非常に有益でした。ただ、残念ながら絶版になってしまったようなので、こちらをお勧めしておきます。

平成28年秋　横浜にて

永野裕之

索 引

●数字・欧文

●ア行

●カ行

●サ行

●タ行

●ナ行

●ハ行

●マ行

●ヤ行

●ラ行

はじめての物理数学

2017年1月25日　初版発行

著　者……………………… 永野裕之
発行者……………………… 小川　淳
発行所……………………… SBクリエイティブ株式会社
〒106-0032　東京都港区六本木2-4-5
営業　03(5549)1201
組　版……………………… スタヂオ・ポップ
印　刷……………………… 株式会社シナノ パブリッシング プレス
カバー・扉切り絵 ……… 辻　恵子
本文イラスト …………… shimano

落丁本, 乱丁本は小社営業部にてお取り替え致します。
定価はカバーに記載されています。

ISBN978-4-7973-8457-4